Farming

GAOZHI GAOZHUAN
XUMU SHOUYI LEI ZHUANYE
XILIE JIAOCAI

高职高专
畜牧兽医类专业
系列教材

动物繁殖 （第2版）

DONGWU FANZHI

主　编　阎慎飞
副主编　柴建亭　王申锋　左春生　毛兴奇
参　编　刘玉涛　曹智　高文平　刘万平

U0240455

重庆大学出版社

内容提要

本书内容主要包括:动物的生殖器官,生殖激素,雄雌动物生殖生理,人工授精,受精、妊娠及妊娠诊断,分娩与助产,发情控制技术,胚胎工程以及动物繁殖力等。书中有关动物繁殖基础理论部分,以必需、够用为度,突出现代实用的繁殖技术,另外,广泛吸取和借鉴国内外先进成熟的技术和经验,所涉及的各项繁殖技能新颖,系统性、可操作性强。书中附有大量插图,每章有本章导读、思考练习题及相对应的实训内容,具有较强的可读性及可操作性。

本书适用于全国高职高专院校畜牧兽医专业学生使用,也可作为广大畜牧兽医工作者学习和工作的参考书。

图书在版编目(CIP)数据

动物繁殖/阎慎飞主编 . —2 版.—重庆:重庆
大学出版社,2011.9(2023.1 重印)
高职高专畜牧兽医类专业系列教材
ISBN 978-7-5624-6263-7

Ⅰ.①动… Ⅱ.①阎… Ⅲ.①动物—繁殖—高等职业
教育—教材 Ⅳ.①S814

中国版本图书馆 CIP 数据核字(2011)第 144294 号

高职高专畜牧兽医类专业系列教材
动物繁殖
(第 2 版)
主 编 阎慎飞
副主编 柴建亭 王申锋 左春生 毛兴奇
责任编辑:袁文华 版式设计:袁文华
责任校对:刘雯娜 责任印制:赵 晟

*

重庆大学出版社出版发行
出版人:饶帮华
社址:重庆市沙坪坝区大学城西路 21 号
邮编:401331
电话:(023)88617190 88617185(中小学)
传真:(023)88617186 88617166
网址:http://www.cqup.com.cn
邮箱:fxk@cqup.com.cn(营销中心)
全国新华书店经销
重庆升光电力印务有限公司印刷

*

开本:787mm×1092mm 1/16 印张:14.5 字数:362 千
2011 年 9 月第 2 版 2023 年 1 月第 9 次印刷
印数:15 101—17 100
ISBN 978-7-5624-6263-7 定价:38.00 元

高职高专畜牧兽医类专业
系列教材

编委会

顾　问　向仲怀

主　任　聂　奎

委　员（按姓氏笔画为序）

马乃祥	王三立	文　平	邓华学	毛兴奇
王利琴	丑武江	乐　涛	左福元	刘万平
毕玉霞	李文艺	李光寒	李　军	李苏新
朱金凤	阎慎飞	刘鹤翔	杨　文	张　平
陈功义	陈　琼	张玉海	扶　庆	张建文
严佩峰	陈　斌	宋清华	何德肆	欧阳叙向
周光荣	周翠珍	郝民忠	姜光丽	聂　奎
梁学勇	韩建强			

arming
GAOZHI GAOZHUAN
XUMU SHOUYI LEI ZHUANYE
XILIE JIAOCAI

**高职高专畜牧兽医类专业
系列教材**

序

  高等职业教育是我国近年高等教育发展的重点。随着我国经济建设的快速发展,对技能型人才的需求日益增大。社会主义新农村建设为农业高等职业教育开辟了新的发展阶段。培养新型的高质量的应用型技能人才,也是高等教育的重要任务。

  畜牧兽医不仅在农村经济发展中具有重要地位,而且畜禽疾病与人类安全也有密切关系。因此,对新型畜牧兽医人才的培养已迫在眉睫。高等职业教育的目标是培养应用型技能人才。本套教材是根据这一特定目标,坚持理论与实践结合,突出实用性的原则,组织了一批有实践经验的中青年学者编写。我相信,这套教材对推动畜牧兽医高等职业教育的发展,推动我国现代化养殖业的发展将起到很好的作用,特为之序。

中国工程院院士

2007 年 1 月于重庆

arming
GAOZHI GAOZHUAN
XUMU SHOUYI LEI ZHUANYE
XILIE JIAOCAI

高职高专畜牧兽医类专业
系列教材

第2版编者序

　　随着我国畜牧兽医职业教育的迅速发展,有关院校对具有畜牧兽医职业教育特色教材的需求也日益迫切,根据国发〔2005〕35号《国务院关于大力发展职业教育的决定》和教育部《普通高等学校高职高专教育指导性专业目录专业简介》,重庆大学出版社针对畜牧兽医类专业的发展与相关教材的现状,在2006年3月召集了全国开设畜牧兽医类专业精品专业的高职院校教师以及行业专家,组成这套"高职高专畜牧兽医类专业系列教材"编委会,经各方努力,这套"以人才市场需求为导向,以技能培养为核心,以职业教育人才培养必需知识体系为要素,统一规范并符合我国畜牧兽医行业发展需要"的高职高专畜牧兽医类专业系列教材得以顺利出版。

　　几年的使用已充分证实了它的必要性和社会效益。2010年4月重庆大学出版社再次组织教材编委会,增加了参编单位及人员,使教材编委会的组成更加全面和具有新气息,参编院校的教师以及行业专家针对这套"高职高专畜牧兽医类专业系列教材"在使用中存在的问题以及近几年我国畜牧兽医业快速发展的需要进行了充分的研讨,并对教材编写的架构设计进行统一,明确了统稿、总纂及审阅。通过这次研讨与交流,教材编写的教师将这几年的一些好的经验以及最新的技术融入到了这套再版教材中。可以说,本套教材内容新颖,思路创新,实用性强,是目前国内畜牧兽医领域不可多得的实用性实训教材。本套教材既可作为高职高专院校畜牧兽医类专业的综合实训教材,也可作为相关企事业单位人员的实务操作培训教材和参考书、工具书。本套再版教材的主要特点有:

　　第一,结构清晰,内容充实。本教材在内容体系上较以往同类教材有所调整,在学习内容的设置、选择上力求内容丰富、技术新颖。同时,能够充分激发学生的学习兴趣,加深他们的理解力,强调对学生动手能力的培养。

　　第二,案例选择与实训引导并用。本书尽可能地采用最新的案例,同时针对目前我国畜牧兽医业存在的实际问题,使学生对畜牧兽医业生产中的实际问题有明确和深刻的理解和认识。

　　第三,实训内容规范,注重其实践操作性。本套教材主要在模板和样例的选择中,注

意集系统性、工具性于一体，具有"拿来即用""改了能用""易于套用"等特点，大大提高了实训的可操作性，使读者耳目一新，同时也能给业界人士一些启迪。

值这套教材的再版之际，感谢本套教材全体编写老师的辛勤劳作，同时，也感谢重庆大学出版社的专家、编辑及工作人员为本书的顺利出版所付出的努力！

高职高专畜牧兽医类专业系列教材编委会

2010 年 10 月

Farming
GAOZHI GAOZHUAN
XUMU SHOUYI LEI ZHUANYE
XILIE JIAOCAI

高职高专畜牧兽医类专业
系列教材

第1版编者序

我国作为一个农业大国,农业、农村和农民问题是关系到改革开放和现代化建设全局的重大问题,因此,党中央提出了建设社会主义新农村的世纪目标。如何增加经济收入,对于农村稳定乃至全国稳定至关重要,而发展畜牧业是最佳的途径之一。目前,我国畜牧业发展迅速,畜牧业产值占农业总产值的32%,从事畜牧业生产的劳动力就达1亿多人,已逐步发展成为最具活力的国家支柱产业之一。然而,在我国广大地区,从事畜牧业生产的专业技术人员严重缺乏,这与我国畜牧兽医职业技术教育的滞后有关。

随着职业教育的发展,特别是在周济部长于2004年四川泸州发表"倡导发展职业教育"的讲话以后,各院校畜牧兽医专业的招生规模不断扩大,截至2006年底,已有100多所院校开设了该专业,年招生规模近两万人。然而,在兼顾各地院校办学特色的基础上,明显地反映出了职业技术教育在规范课程设置和专业教材建设中一系列亟待解决的问题。

虽然自2000年以来,国内几家出版社已经相继出版了一些畜牧兽医专业的单本或系列教材,但由于教学大纲不统一,编者视角各异,许多高职院校在畜牧兽医类教材选用中颇感困惑,有些职业院校的老师仍然找不到适合的教材,有的只能选用本科教材,由于理论深奥,艰涩难懂,导致教学效果不甚令人满意,这严重制约了畜牧兽医类高职高专的专业教学发展。

2004年底教育部出台了《普通高等学校高职高专教育指导性专业目录专业简介》,其中明确提出了高职高专层次的教材宜坚持"理论够用为度,突出实用性"的原则,鼓励各大出版社多出有特色的、专业性的、实用性较强的教材,以繁荣高职高专层次的教材市场,促进我国职业教育的发展。

2004年以来,重庆大学出版社的编辑同志们,针对畜牧兽医类专业的发展与相关教材市场的现状,咨询专家,进行了多次调研论证,于2006年3月召集了全国以开设畜牧兽医专业为精品专业的高职院校,邀请众多长期在教学第一线的资深教师和行业专家组成编委会,召开了"高职高专畜牧兽医类专业系列教材"建设研讨会,多方讨论,群策群力,推出了本套高职高专畜牧兽医类专业系列教材。

本系列教材的指导思想是适应我国市场经济、农村经济及产业结构的变化、现代化养殖业的出现以及畜禽饲养方式等引起疾病发生的改变的实践需要,为培养适应我国现代化养殖业发展的新型畜牧兽医专业技术人才。

本系列教材的编写原则是力求新颖、简练,结合相关科研成果和生产实践,注重对学生的启发性教育和培养解决问题的能力,使之能具备相应的理论基础和较强的实践动手能力。在本系列教材的编写过程中,我们特别强调了以下几个方面:

第一,考虑高职高专培养应用型人才的目标,坚持以"理论够用为度,突出实用性"的原则。

第二,遵循市场的认知规律,在广泛征询和了解学生和生产单位的共同需要,吸收众多学者和院校意见的基础之上,组织专家对教学大纲进行了充分的研讨,使系列教材具有较强的系统性和针对性。

第三,考虑高等职业教学计划和课时安排,结合各地高等院校该专业的开设情况和差异性,将基本理论讲解与实例分析相结合,突出实用性,并在每章中安排了导读、学习要点、复习思考题、实训和案例等,编写的难度适宜、结构合理、实用性强。

第四,按主编负责制进行编写、审核,再经过专家审稿、修改,经过一系列较为严格的过程,保证了整套书的严谨和规范。

本套系列教材的出版希望能给开办畜牧兽医类专业的广大高职院校提供尽可能适宜的教学用书,但需要不断地进行修改和逐步完善,使其为我国社会主义建设培养更多更好的有用人才服务。

高职高专畜牧兽医类专业系列教材编委会

2006 年 12 月

Preface
第2版前言

　　《动物繁殖学》已被全国高职高专职业院校广泛使用4年之久,在教学中发挥了积极作用。为了适应学科发展和教学改革的新需要,我们在第1版的基础上进行修订,编写了《动物繁殖(第2版)》。本次修订保持第1版的基本框架不变,在调整和完善各章节内容的同时,着重充实了新的观点、新的概念以及新的生物技术等内容。在编写过程中,注重内容的精练性,力求文字的通俗性和对技术问题表达的准确性,加强了结构的整体性与逻辑性,图文并茂,融理论和实践于一体,既注重教学的适用性,又兼顾自学的可读性和生产实践的可参考性。

　　《动物繁殖》是高职高专院校畜牧兽医类专业的一门主干课程。本教材是依据国务院《关于加强高职高专教育教学建设的若干意见》、教育部《关于加强高职高专教育人才培养工作的意见》精神和21世纪农业部高职高专"动物繁殖"课程教学大纲编写的,适用于2~3年学制的畜牧兽医类专业学生。

　　本书共分10章。其中第5章、实训4~实训9、实训11、实训13~实训16由河南农业职业学院柴建亭编写;第1章、第4章和实训1~实训3由河南农业职业学院王申锋编写;第6章和实训10由信阳农业高等专科学校左春生编写;第9章由内江职业技术学院毛兴奇编写;绪论、第7章和实训12由廊坊职业技术学院刘玉涛编写;第2章和第3章由河南农业职业学院曹智高编写;第8章由宜宾职业技术学院文平编写;第10章由商丘职业技术学院刘万平编写。柴建亭承担了文字录入、图像处理工作。最后由河南农业职业学院阎慎飞教授统稿。

　　在本书的编写过程中,参考和引用了国内外许多作者的观点和有关资料,得到了重庆大学出版社的各位领导、河南农业职业学院和郑州牧专张长兴等同行专家的关心、帮助和指导,在此一并表示感谢。

　　本书力图在编写内容、体系及结构上有所突破和创新,但因编者水平有限,遗漏和错误在所难免,恳切希望广大读者和同行专家学者不吝赐教。

编　者

2011年6月

Preface 第1版前言

为了适应我国职业教育发展形势的要求,我们根据教育部《关于加强高职高专教育教材建设的若干意见》的精神,编写了《动物繁殖学》这本教材。

本教材以发展学生智力,培养学生能力为出发点,并本着以能力为主线,基础理论必需、够用为度,在充分反映畜牧业中的现代实用的繁殖技术的基础上,广泛地吸收和借鉴国内外先进成熟的技术和经验。在编写的内容上,力求做到各项繁殖技能新颖、齐全、系统、完整、可操作性强。

本教材结构紧凑,图文并茂,文字浅显易懂,讲述通俗简练,职业特色明显。每章前附有导读,章末有思考练习题,章后有实验实训,以便学生学习和巩固。

本书由河南农业职业学院阎慎飞任主编,信阳农业高等专科学校左春生、内江职业技术学院生物技术系毛兴奇、宜宾职业技术学院文平任副主编。全书具体分工如下:阎慎飞编写了绪论和第2章;毛兴奇和河南农业职业学院的曹智高编写了第1章和第3章;左春生和李俊先编写了第6章和第7章;廊坊职业技术学院的刘玉涛编写了第8章;商丘职业技术学院的刘万平和柴建亭编写了第9章和第10章;文平和河南农业职业学院的王申锋和田超编写了第4章和第5章;左春生、曹智高和柴建亭编写了实验实训内容。最后由阎慎飞统稿。

本书参考和引用了国内外许多作者的观点和有关资料,在此谨向有关作者表示深切的谢意。

在本书的编写过程中,得到了重庆大学出版社的各位领导、河南农业职业学院和郑州牧专张长兴等同行专家的关心、帮助和指导,王申锋、曹智高等承担了文字录入、图像处理工作,在此一并表示感谢。

本教材意欲在编写内容、体系及结构上有所突破和创新,但因编者水平、学力有限,仓促成书,遗漏和错误在所难免,恳切希望广大读者和同行专家学者不吝赐教。

编　者
2007 年 4 月

Directory 目录

0 绪论 …………………………………………………………………………… 1
  0.1 动物繁殖的概念 …………………………………………………… 1
  0.2 动物繁殖在动物生产中的意义和作用 …………………………… 1
  0.3 动物繁殖的研究内容 ……………………………………………… 2
  0.4 动物繁殖的主要任务 ……………………………………………… 2
  0.5 动物繁殖技术的发展概况 ………………………………………… 2
  0.6 动物繁殖与其他学科的关系 ……………………………………… 3

第1章 动物的生殖器官 …………………………………………………… 4
  1.1 雄性动物的生殖器官 ……………………………………………… 4
  1.2 雌性动物的生殖器官 ……………………………………………… 12
  复习思考题 …………………………………………………………… 17
  实训1 动物生殖器官观察 …………………………………………… 19

第2章 生殖激素 …………………………………………………………… 22
  2.1 概述 ………………………………………………………………… 22
  2.2 神经激素 …………………………………………………………… 25
  2.3 垂体促性腺激素 …………………………………………………… 28
  2.4 性腺激素 …………………………………………………………… 31
  2.5 前列腺素(PG) ……………………………………………………… 33
  2.6 外激素 ……………………………………………………………… 34
  复习思考题 …………………………………………………………… 35

第3章 雄性动物生殖生理 ………………………………………………… 38
  3.1 雄性动物生殖机能的发育和性行为 ……………………………… 38
  3.2 精子的发生 ………………………………………………………… 39
  3.3 精液的组成、理化特性及精子的生理特性 ……………………… 42
  3.4 外界因素对体外精子的影响 ……………………………………… 46
  3.5 精子的凝集 ………………………………………………………… 47
  复习思考题 …………………………………………………………… 48

第 4 章　雌性动物生殖生理 ·· 50
　4.1　雌性动物生殖机能的发育和成熟 ························· 50
　4.2　卵泡发育和卵子的发生 ···································· 52
　4.3　发情与发情周期 ·· 59
　4.4　发情鉴定 ·· 63
　复习思考题 ··· 65
　实训 2　雌性动物的发情鉴定技术 ·························· 67
　实训 3　母牛的直肠检查 ···································· 71

第 5 章　人工授精 ··· 74
　5.1　概述 ·· 74
　5.2　采精 ·· 76
　5.3　精液品质检查 ·· 82
　5.4　精液的稀释 ·· 87
　5.5　精液保存 ·· 90
　5.6　输精 ··· 101
　复习思考题 ·· 106
　实训 4　人工授精器械的识别及假阴道的安装 ·············· 108
　实训 5　精液品质检查 ····································· 111
　实训 6　精液稀释液配制及精液稀释 ······················ 116
　实训 7　牛精液冷冻与解冻 ································· 118
　实训 8　输精技术 ··· 119
　实训 9　鸡的人工授精技术 ································· 121

第 6 章　受精、妊娠及妊娠诊断 ······································ 124
　6.1　受精 ··· 124
　6.2　妊娠生理 ··· 131
　6.3　妊娠诊断 ··· 136
　复习思考题 ·· 142
　实训 10　妊娠诊断技术 ····································· 143
　实训 11　犬的配种与妊娠诊断 ······························ 146

第 7 章　分娩与助产 ·· 149
　7.1　分娩 ··· 149
　7.2　助产与难产处理 ··· 158
　7.3　产后母畜及仔畜的护理 ··································· 161
　复习思考题 ·· 164
　实训 12　母畜的分娩和助产 ································· 166

第 8 章　发情控制技术 ················· 168

8.1　诱导发情 ······························· 168

8.2　同期发情 ······························· 170

8.3　超数排卵 ······························· 174

复习思考题 ·································· 176

第 9 章　胚胎工程 ························ 178

9.1　胚胎移植 ······························· 178

9.2　配子和胚胎生物技术 ············· 188

复习思考题 ·································· 192

实训 13　胚胎移植技术 ················· 193

实训 14　兔的超数排卵、胚胎移植及早期胚胎观察 ··· 196

第 10 章　动物的繁殖力 ··············· 199

10.1　繁殖力的概念和评定指标 ······ 199

10.2　动物繁殖障碍 ······················ 203

10.3　提高繁殖力的措施 ··············· 208

复习思考题 ·································· 211

实训 15　观看录像 ······················· 212

实训 16　配种站和种牛站的参观实习 ··· 212

参考文献 ·································· 214

0 绪　论

本章导读: 本章主要介绍了动物繁殖在动物生产中的重要意义和巨大作用,动物繁殖的研究内容、主要任务、与其他学科的联系及动物繁殖技术的发展概况等内容。通过学习,让大家对动物繁殖的内容有一个全面的了解,树立应用繁殖新技术是提高动物生产经济效益的重要手段的观念,为更好地为学好本门课程奠定良好的思想意识基础。

动物繁殖是动物生产中的关键环节,动物的繁殖确保了其种质的连续性和畜牧业产品的扩大再生产。动物繁殖是畜牧科学的一个重要组成部分,现已发展成为一个独立的分支学科。动物繁殖课程是高职高专院校畜牧兽医类专业的必修课程。

0.1　动物繁殖的概念

动物繁殖是指在研究动物生殖生理客观规律的基础上,采取一定的技术措施,保证动物数量不断增长,质量不断提高的一门系统的独立学科。

0.2　动物繁殖在动物生产中的意义和作用

0.2.1　提高生产效率

在动物生产中,应用繁殖管理技术合理调节动物群结构,或应用先进的繁殖技术提高雄性动物和雌性动物繁殖力,均可提高生产效率。

0.2.2　提高动物品种质量

动物繁殖技术是动物育种的重要工具,应用先进的动物繁殖技术既可加快育种进程,又可提高优秀种动物的利用率,因而可以提高动物生产质量。我国瘦肉型猪、优质细毛羊、中国荷斯坦奶牛等新品种的培育成功,其先进的繁殖技术起了重要作用。

0.2.3　减少生产资料占有量

在动物生产过程中,种雄性动物和种雌性动物实际是重要的生产资料。应用人工授

精、胚胎移植、显微受精、克隆等先进的繁殖技术提高种动物利用率后,种动物饲养量减少,生产成本降低,不仅可以提高动物生产的经济效益,而且可以减少饲草、饲料资源的占用量,对于保护生态环境、促进资源的合理利用具有重要意义。

0.3　动物繁殖的研究内容

动物繁殖的研究内容主要包括繁殖理论、繁殖技术和繁殖管理。

0.3.1　繁殖理论

动物繁殖理论主要研究动物生殖生理的客观依存条件即雄性动物精子发生、雌性动物发情、卵泡发育和排卵、性行为、受精、胚胎发育与妊娠、分娩、泌乳等一系列生殖活动的发生、发展规律及其调控机理。

0.3.2　繁殖技术

繁殖技术由繁殖调控技术和繁殖监测技术两部分内容组成。繁殖调控技术包括调控发情、排卵、人工授精、胚胎发育、性别控制、妊娠维持、分娩、泌乳等生殖活动的技术,是提高动物繁殖效率、加快育种速度的基本手段。例如,近期发展起来的显微授精和胚胎生物工程技术等,是提高雄性动物和雌性动物繁殖效率的重要手段。繁殖监测技术包括发情鉴定、妊娠诊断、性别鉴定等技术,是促进繁殖管理、提高繁殖效率或畜牧生产效率的重要工具。

0.3.3　繁殖管理

主要从动物群角度研究提高动物繁殖效率的理论与技术措施,包括繁殖管理指标和繁殖管理技术的标准等内容。

0.4　动物繁殖的主要任务

首先是阐述动物生殖生理的普遍规律及其种属特征,使同学们掌握和运用这些规律去指导动物的繁殖实践;其次,阐述现代繁殖技术的理论基础,传授操作技术,组织学生的技能训练;第三,阐述动物繁殖力的概念和提高繁殖力的基本途径,培养学生综合运用多种学科知识,为提高繁殖力和改善动物种群品质而工作的能力。

0.5　动物繁殖技术的发展概况

在养殖业中,为了提高动物的繁殖力所采取的一些新的现代化技术手段越来越多,如冷冻精液、人工授精、发情控制、妊娠检查及胚胎移植等。目前动物繁殖技术已发展到一个新的阶段,即繁殖控制阶段,如改变某些繁殖过程,缩短繁殖周期,开发繁殖潜力以及对配子和胚胎的操作和"加工"。这些技术可以概括为动物的"生物技术"或"生物工程"。

特别是进入 21 世纪以来,以配子和胚胎为研究材料的胚胎生物工程研究取得了令人瞩目的进展,如动物的体外受精、克隆技术、精子的分离和性别控制、胚胎性别鉴定和转基因技术等。这些技术的研究发展,使人们可以在实验室内对配子胚胎进行显微塑造和加工,按人类的需求发展变化。1997 年世界第一只体细胞核转移(克隆)绵羊"多莉"的诞生,是生物技术一项标志性成果。它标志着哺乳动物的无性繁殖已经成为可能,其意义已远远超出了生物科学本身,对高等哺乳动物的繁殖方式产生了极其深远的影响。特别是人类基因组图谱的公布以及小鼠和人类干细胞系的建立,又将给医学、畜牧、水产、制药等领域带来一场新的技术革命。

0.6 动物繁殖与其他学科的关系

动物繁殖以有机化学、生物化学、动物解剖学、动物组织胚胎学、动物遗传学、细胞生物学、动物生理学、动物营养学、生物统计学等为基础,并与动物饲养学、动物育种学、动物环境卫生学、兽医产科学、兽医传染病学、兽医免疫学等有密切联系。实际上,在解释某些生殖活动规律,研究与开发动物繁殖新技术必须应用上述某些或所有学科的知识。

动物繁殖与多个学科有交叉的事实,说明在分析与解决动物生产中的实际问题时,不能孤立地从动物繁殖角度看问题,而必须综合分析各相关学科,即辩证地运用相关学科的知识解决动物繁殖问题。

第1章
动物的生殖器官

本章导读:本章主要介绍了动物生殖器官的解剖构造及功能。因为动物的繁殖依靠生殖器官来实现其种族的繁衍,所以要求学生掌握动物生殖器官的解剖构造、形态特点及各部位之间的相互关系。

1.1 雄性动物的生殖器官

雄性动物的生殖器官包括4个部分:①性腺:睾丸;②输精管道:包括附睾、输精管和尿生殖道;③副性腺:包括精囊腺、前列腺和尿道球腺;④外生殖器:阴茎。图1.1分别列出了公猪、公牛、公羊及公马的生殖器官。

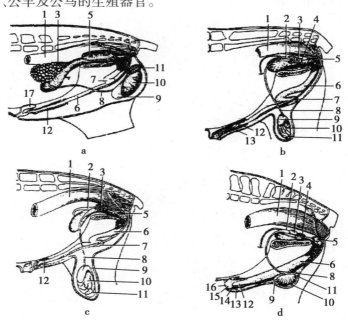

图1.1 雄性动物的生殖器官

a.公猪生殖器官 b.公牛生殖器官 c.公羊生殖器 d.公马生殖器官

1.直肠 2.输精管壶腹 3.精囊 4.前列腺 5.尿道球腺 6.阴茎 7.S状弯曲 8.输精管 9.附睾头
10.睾丸 11.附睾尾 12.阴茎游离端 13.内包皮鞘 14.外包皮鞘 15.龟头 16.尿道突起 17.包皮憩室

(引自张忠诚主编.家畜繁殖学[M].北京:中国农业出版社,2004.)

1.1.1　睾丸

1)睾丸的形态

正常哺乳动物的睾丸成对存在,均为长卵圆形。不同种动物睾丸的大小、重量有较大差别,猪、绵羊和山羊的睾丸相对较大。牛、马的左侧睾丸大于右侧。各种动物睾丸重量如表1.1所示。

表1.1　各种动物睾丸重量比较表

动物种类	两个睾丸重量		左右睾丸大小差别
	绝对重量/g	相对重量/占体重%	
牛	550~650	0.08~0.09	左侧稍大
水牛	500~650	0.069	—
牦牛	180	0.04	—
马	550~650	0.09~0.13	左侧稍大
驴	240~300	—	—
猪	900~1 000	0.34~0.38	无固定差别
绵羊	400~500	0.57~0.70	—
山羊	150	0.37	—
狗	30	0.32	无固定差别
家兔	5~7	0.20~0.30	无固定差别
猫	4.0~5.0	0.12~0.16	无固定差别

(引自中国农业大学主编.家畜繁殖学[M].北京:中国农业出版社,2000.)

雄性动物两个睾丸分居于阴囊的两个腔内。牛、羊睾丸的长轴和地面垂直,附睾位于睾丸的后外缘,附睾头朝上、尾朝下;马、驴的睾丸长轴和地面平行,附睾附着于睾丸的背外缘,头朝前、尾朝后;猪睾丸的长轴与地面倾斜,前低后高,附睾位于背外缘,头朝前下方,尾朝后上方。

2)睾丸的组织结构

睾丸的表面被覆以浆膜(即固有鞘膜),其下为致密结缔组织构成的白膜,白膜由睾丸的一端(即和附睾头相接触的一端)形成一条结缔组织伸向睾丸实质,构成睾丸纵隔。纵隔向四周发出许多放射状结缔组织小梁伸向白膜,称为中隔。它将睾丸实质分成上百个锥体形小叶,小叶的尖端朝向睾丸的中央,基部朝表面。每个小叶内有一条或数条盘曲的精细管,管腔内充满液体。精细管在各小叶的尖端先各自汇合,穿入纵隔结缔组织内形成弯曲的导管网,称作睾丸网(马无睾丸网),为精细管的收集管,最后由睾丸网分出10~30条睾丸输出管,汇入附睾头的附睾管,如图1.2所示。

精细管的管壁由外向内是结缔组织纤维、基膜和复层的生殖上皮构成。生殖上皮主要由生精细胞和足细胞两种细胞构成。

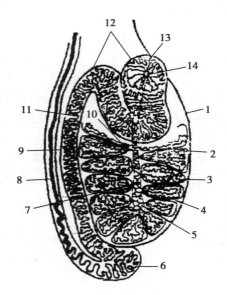

图 1.2　睾丸及附睾的组织结构

1.睾丸　2.曲精细管　3.小叶　4.中隔　5.纵隔　6.附睾尾　7.睾丸网　8.输精管
9.附睾体　10.直精细管　11.附睾管　12.附睾头　13.输出管　14.睾丸网

（引自张忠诚主编.家畜繁殖学[M].北京:中国农业出版社,2004.）

（1）生精细胞

生精细胞数量比较多,成群地分布在足细胞之间,大致排成 3～7 层。根据不同时期的发育特点,它可分为精原细胞、初级精母细胞、次级精母细胞、精子细胞和精子。

①精原细胞。它位于最基层,紧贴基膜。常显示分裂现象,细胞体积较小,呈圆形,核大而圆,是形成精子的干细胞。对于绵羊,一个精原干细胞理论上可分裂成 16 个初级精母细胞（猪和牛为 24 个）,每个初级精母细胞经 2 次分裂,最终变成 64 个精子细胞。

②初级精母细胞。它位于精原细胞的内侧,排列成数层,也常显示有分裂现象。细胞呈圆形,体积较大,核呈球形。因其染色体处于不同的活动期而呈细线状、棒状或粒状。在发育初期与精原细胞不易区别,随着精细胞向管腔中央移动而离开基膜,同时胞浆不断增多,胞体变大,具有明显的胞核,核内染色体的数目减少一半成为单倍体。

③次级精母细胞。它位于初级精细胞的内侧。体积较小,细胞呈圆形。细胞核为球形,染色质呈细粒状。由于该细胞很快分裂成为两个精子细胞,因此在切片上很难找到它。

④精子细胞。它位于次级精母细胞内侧,靠近精细管的管腔。常排列成数层,并且多集中在足细胞游离端的周围。细胞体积更小,胞浆少,核小呈球形,着色深。精子细胞不再分裂,经过一系列的形态变化,即变为精子。

⑤精子。它位于或靠近精细管的管腔内,有明显的头部和尾部,呈蝌蚪状。头部含有核物质,染色很深,常深入足细胞的顶部胞浆中,尾部朝向管腔。精子发育成熟后脱离精细管的管壁,游离在管腔中,随后进入附睾。

（2）足细胞

足细胞又称支持细胞。其体积较大而细长,但数量较少,属体细胞。足细胞呈辐射状排列在精细管中,分散在各期生殖细胞之间,其底部附着在精细管的基膜上,游离端朝向管腔,常有许多精子镶嵌在上面。由于它的顶端有数个精子深入胞浆内,故一般认为此种细胞对生精细胞起着支持、营养、保护等作用。足细胞失去功能,精子便不能成熟。

3）睾丸的功能

（1）生精机能

精细管的生精细胞经多次分裂后最终形成精子,并储存在附睾。公牛每克睾丸组织平均每天可产生精子1 300万～1 900万个,公猪2 400万～3 100万个,公羊2 400万～2 700万个,马2 400万～3 200万个。

（2）分泌雄激素

间质细胞分泌的雄激素,能激发雄性动物的性欲及性兴奋,刺激第二性征,刺激阴茎及副性腺的发育,维持精子发生及附睾精子的存活。

（3）产生睾丸液

由精细管和睾丸网产生大量的睾丸液,含有较高浓度的钙、钠等离子成分和少量的蛋白质成分。其主要作用是:维持精子的生存,并有助于精子向附睾头部移动。

1.1.2　阴囊

阴囊是包被在睾丸、附睾及部分输精管的袋状皮肤组织。其皮层较薄、被毛稀少,内层为具有弹性的平滑肌构成的肉膜。马、牛、羊的阴囊位于两股内侧,牛、羊较马俏靠前的腹股沟部;猫、猪、狗位于肛门的正下方。

正常情况下,阴囊能维持睾丸保持低于体温的温度,这对于维持生精机能至关重要。阴囊皮肤有丰富的汗腺,肉膜能调整阴囊壁的厚薄及其表面积,并能改变睾丸和腹壁的距离。气温高时,肉膜松弛,睾丸位置下降,阴囊变薄,散热表面积增加;气温低时,阴囊肉膜皱缩以及提睾肌收缩,使睾丸靠近腹壁并使阴囊壁变厚,散热面积减小。

睾丸在其发育过程中,到胎儿期后才由腹腔下降入阴囊内。各种动物睾丸下降入阴囊的时间是:牛、羊在胎儿期的中期,马在出生前后,猪在胎儿期的后1/4期。成年雄性动物有时一侧或两侧睾丸并未下降入阴囊,称为隐睾。隐睾睾丸的内分泌机能虽然未受损害,但睾丸对一定温度的特殊要求不能得到满足,从而影响生殖机能。如果是双侧隐睾,虽多少有点正常性欲,但无生殖能力。

1.1.3　附睾

1）附睾的形态

附睾附着于睾丸的附着缘,由头、体、尾3部分组成。头、尾两端粗大,体部较细。附睾头由睾丸网发出十多条睾丸输出管组成,这些管呈螺旋状,借结缔组织联结成若干附睾小叶(也称血管圆锥),再由附睾小叶联结成扁平而略呈杯状的附睾头,贴附于睾丸的前端或上缘。各附睾小叶管汇成一条弯曲的附睾管。弯曲的附睾管从附睾头沿睾丸的附着缘伸延逐渐变细,延续为细长的附睾体。在睾丸的远端,附睾体变为附睾尾,其中附睾管弯曲减少,最后逐渐过渡为输精管,经腹股沟管进入腹腔。

2）附睾的组织结构

附睾管壁由环形肌纤维、单层或部分复层柱状纤毛上皮构成。附睾管大体可分为3部分,起始部具有长而直的静纤毛,管腔狭窄,管内精子数很少;中段的静纤毛不太长,且管腔变宽,管内有较多精子存在;末端静纤毛较短,管腔很宽,充满精子。

3）附睾的功能

（1）吸收和分泌作用

吸收作用是附睾头及尾的一个重要作用。牛、猪、绵羊和山羊的睾丸液的精子浓度为1亿/ml,而附睾尾液中的精子浓度约为50亿/ml。另外,睾丸液中精子所占的体积约为1%,而附睾尾液中约占40%。大部分睾丸液在附睾头部被吸收,使得管腔中的Na^+与Cl^-量减少。在附睾内储存的精子经60 d后仍具有受精能力,但如储存过久,则活力降低,畸形精子增加,最后死亡而被吸收。

附睾液中有许多睾丸液中所不存在的有机化合物,如甘油磷酰胆碱、三甲基羟基丁酰甜菜碱、精子表面的附着蛋白质,这些物质与维持渗透压、保护精子及促进精子成熟有关。

（2）附睾是精子最后成熟的场所

由睾丸精细管生产的精子,刚进入附睾时,颈部常有原生质滴存在,说明精子尚未发育成熟。精子通过附睾的过程中,原生质滴向后移行。这种形态变化与附睾的物理及化学的变化有关,它能增加精子的运动和受精能力。

精子通过附睾管时,附睾管分泌的磷脂质及蛋白质裹在精子表面,形成脂质蛋白膜,将精子包被起来,可在一定程度上防止精子膨胀,也能抵抗外界环境的不良影响。精子通过附睾管时,获得负电荷,可以防止精子彼此凝集。

（3）附睾是精子的储存库

一头成年公牛两侧附睾聚集的精子数约为700多亿,等于睾丸在3.6 d所产生的精子,其中约有54%储存于附睾尾。公猪附睾储存的精子数为2 000亿左右,其中70%在附睾尾。公羊附睾储存的精子数在1 500亿以上。

（4）附睾管的运输作用

精子在附睾内缺乏主动运动的能力,由附睾头运送至附睾尾是靠纤毛上皮的活动,以及附睾管平滑肌的收缩作用。

1.1.4 输精管

1）输精管的形态结构

附睾管在附睾尾端延续为输精管,管壁由内向外分为黏膜层、肌层和浆膜层。输精管的起始端有些弯曲,很快变直,并与血管、淋巴管、神经、提睾内肌等同包于睾丸系膜内而组成精索,经腹股沟管进入腹腔,折向后进入盆腔,在生殖褶中沿精囊腺内侧向后延伸,变粗形成输精管壶腹(如图1.3),其末端变细,穿过尿生殖道起始部背侧壁,与精囊腺的排泄管共同开口于精阜后端的射精孔。壶腹富含分支管状腺体,马的壶腹部最发达,其次是牛、羊,而猪和猫则没有明显的壶腹部。

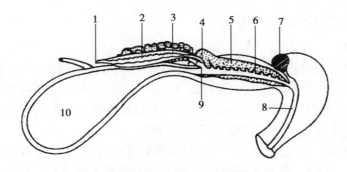

图1.3　公牛尿生殖道骨盆部及副性腺（正中矢状面）

1.输精管　2.输精管壶腹　3.精囊腺　4.前列腺体部　5.前列腺扩散部
6.尿生殖道骨盆部　7.尿道球腺　8.尿生殖道阴茎部　9.精阜及射精孔　10.膀胱

（引自中国农业大学主编.家畜繁殖学［M］.北京：中国农业出版社,2000.）

2）输精管的功能

①输送精子。射精时,在催产素和神经系统的支配下,输精管肌层发生规律性收缩,使得输精管内和附睾尾储存的精子排入尿生殖道。

②分泌作用。输精管壶腹部也可视为副性腺的一种,马的硫组氨酸分泌,牛和羊精液中部分果糖来自壶腹部。

③分解和吸收作用。输精管可分解和吸收死亡及老化的精子。

1.1.5　副性腺

精囊腺、前列腺及尿道球腺统称为副性腺（如图1.4）。射精时,它们的分泌物,加上输精管壶腹的分泌物混合在一起称为精清,并将来自输精管和附睾高密度的精子稀释,形成精液。当动物达到性成熟时,其形态和机能得到迅速发育。相反,去势和衰老的动物腺体萎缩、机能丧失。

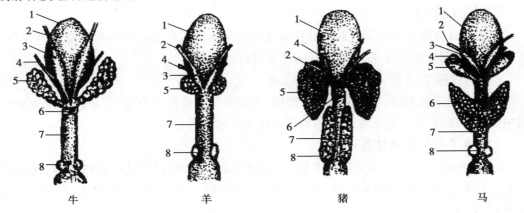

牛　　　　羊　　　　猪　　　　马

图1.4　各种雄性动物的副性腺（背面图）

1.膀胱　2.输精管　3.输精管壶腹　4.输尿管　5.精囊腺　6.前列腺　7.前列腺扩散部　8.尿道球腺

（引自张忠诚主编.家畜繁殖学［M］.北京：中国农业出版社,2004.）

1）副性腺的形态与结构

（1）精囊腺

精囊腺成对存在，位于输精管末端的外侧。牛、羊、猪的精囊腺为致密的分叶状腺体，腺体组织中央有一较小的腔。马的精囊腺为长圆形盲囊，其黏膜层含分支的管状腺。牛、羊精囊腺的排泄管和输精管共同开口于尿道起始端顶壁上的精阜，形成射精孔。猪则各自独立开口于尿道。狗、猫和骆驼没有精囊腺。

精囊腺分泌液是呈白色或黄色、偏酸性的黏稠液体，在精液中所占比例，猪为25%～30%，牛为40%～50%。其组成成分特点是：果糖和柠檬酸含量高，果糖是精子的主要能量来源，柠檬酸和无机物共同维持精子的渗透压。

（2）前列腺

牛、猪前列腺分为体部和扩散部，体部较小，而扩散部较大。体部从外观可见到，可延伸至尿道骨盆部。扩散部在尿道海绵体和尿道肌之间，它们的腺管成行开口于尿生殖道内。马的前列腺位于尿道的背面，并不围绕在尿道的周围，分左右两个叶，以"峡"相连，前列腺为复管状腺，有十多根排泄管开口于精阜两侧。山羊和绵羊的前列腺仅有扩散部，且为尿道肌包围，故外观上看不到。牛的前列腺呈复合管状的泡状腺体，其体部和扩散部皆能见到。

（3）尿道球腺

尿道球腺又称考贝氏腺，在坐骨弓背侧，位于尿生殖道骨盆部的外侧附近的一对腺体。猪的尿道球腺体积最大，呈圆筒状，马次之，牛、羊的最小，呈球状。牛、羊的尿道球腺埋藏在海绵肌内，其他动物则为尿道肌覆盖。一侧尿道球腺一般有一个排出管，通入尿生殖道的背侧顶壁中线两侧，只有马的每侧有6～8个排出管，开口形成两列小乳头。多种动物的尿道球腺的分泌量很少，但猪例外，其分泌量占精液量的15%～20%。山羊的尿道球腺分泌物中含有卵黄凝固因子。

2）副性腺的机能

前面已经介绍了组成副性腺液的化学成分以及各种副性腺分泌物参与精液的成分。下面，根据目前的研究成果，概略介绍一下副性腺的功能：

（1）冲洗尿生殖道，为精液通过作准备

交配前阴茎勃起时，所排出的少量液体，主要是尿道球腺所分泌，它可以冲洗尿生殖道中残留的尿液，使通过尿生殖道的精子避免受到尿液的危害。

（2）精子的天然稀释液

附睾排出的精子，其周围只有少量液体，待与副性腺混合后，精子即被稀释，从而也扩大了精液容量。射出的精液中，精清占精液容量的百分数约为：牛85%、马92%、猪93%、羊70%。

（3）供给精子营养物质

精子内某些营养物质是在其与副性腺液混合后才得到的，如附睾内的精子不含果糖，当精子与精清（特别是精囊腺液）混合时，果糖即很快地扩散入精子细胞内。果糖的分解是精子能量的主要来源。

（4）活化精子

副性腺液的 pH 一般为偏碱性,碱性环境能刺激精子的运动能力。副性腺液中的某些成分能够在一定程度上吸收精子运动所排出的 CO_2,从而可以在一定程度上维持精液的偏碱性,以利于精子的运动。另外,副性腺液的渗透压低于附睾处,可使精子吸收适量的水分而得以活动。

（5）帮助推动和运送精液到体外

精液的射出,无疑是借助于附睾管、副性腺平滑肌及尿生殖道肌肉的收缩。但在排出过程中,副性腺的液流也有推动作用。副性腺管壁收缩排出的腺体分泌物在与精子混合的同时,随即运送精子排出体外。精液射入雌性动物生殖道后,精子在雌性动物生殖道借助于一部分精清(还包括雌性动物生殖道的分泌物)为媒介而泳动至受精地点。

（6）缓冲不良环境对精子的危害

精清中含有柠檬酸盐及磷酸盐,这些物质具有缓冲作用,给精子保持良好的环境,从而延长精子的存活时间,维持精子的受精能力。

（7）形成阴道栓,防止精液倒流

有些动物的精清有部分和全部凝固的现象。一般认为,这是一种在自然交配时防止精液倒流的天然措施。这种凝固成分有的来自精囊腺(如马、小鼠),有的来自尿道球腺(如猪),并与酶的作用有关。

1.1.6 尿生殖道

雄性动物的尿生殖道是尿和精液共同的排出管道,可分为两部分:①骨盆部。它由膀胱颈直达坐骨弓,位于骨盆底壁,为一长的圆柱形管,外面包有尿道肌。②阴茎部。它位于阴茎海绵体腹面的尿道沟内,外面包有尿道海绵体和球海绵体肌。在坐骨弓处,尿道阴茎部在左右阴茎脚之间稍膨大形成尿道球。

射精时,从壶腹聚集来的精子,在尿道骨盆部与副性腺的分泌物相混合,在膀胱颈部的后方,有一个小的隆起,即精阜,在其上方有壶腹和精囊腺导管的共同开口。精阜主要由海绵组织构成,它在射精时可以关闭膀胱颈,从而阻止精液流入膀胱。

1.1.7 阴茎

阴茎为雄性的交配器官,主要由勃起组织及尿生殖道阴茎部组成,自坐骨弓沿中线先向下,再向前延伸,达于脐部。马的阴茎较粗大,呈两侧稍扁的圆柱形;牛、羊的阴茎较细,在阴囊之后折成一"S"形弯曲;猪的阴茎也较细,在阴囊之前形成"S"状弯曲。

阴茎的后端称阴茎根,前端称阴茎头(龟头)。阴茎根借左右阴茎脚(阴茎海绵体的起始部)附着于坐骨弓的腹后缘。

阴茎体由背侧的两个阴茎海绵体及腹侧的尿道海绵体构成。

阴茎头为阴茎前端的膨大部,也称龟头(如图 1.5),主要由龟头海绵体构成。龟头的外形因畜种的不同而有所区别。牛的龟头较小,且沿纵轴呈扭转形,在顶端左侧有凹的龟头窝,窝内有一长约 2.5 cm 的尿道突;猪的龟头呈螺旋状,上有一浅的螺旋沟;羊的龟头呈帽状隆突,尿道前端突出于龟头前方;绵羊的长 3~4 cm,呈扭曲状细长突起,山羊的较短而直。

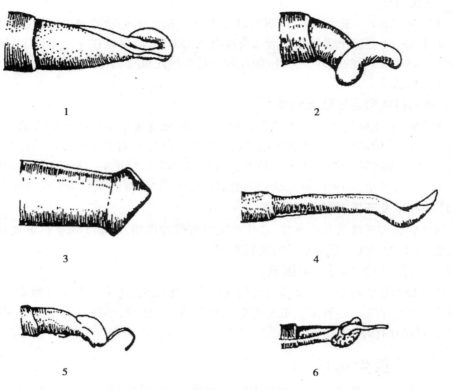

图 1.5　各种雄性动物的龟头

1.公牛的龟头　2.公牛的龟头(刚交配后的形状)　3.公马的龟头　4.公猪的龟头

5.公绵羊的龟头　6.公山羊的龟头

(引自中国农业大学主编.家畜繁殖学[M].北京:中国农业出版社,2000.)

1.1.8　包皮

包皮是由游离皮肤凹陷而发育成的阴茎套。在未勃起时,阴茎头位于包皮腔内,牛包皮较长,包皮口周围有一丛长而硬的包皮毛,包皮腔长 35～40 cm;马的包皮形成内外二鞘,有伸缩性,阴茎勃起时,内外二鞘被拉展而紧贴于阴茎的表面。猪的包皮腔很长,背侧壁有一圆孔通入包皮憩室,室内常常聚集带有异味的浓稠液体。包皮的黏膜形成许多褶,并含有许多弯曲的管状腺,分泌油脂性物质,这种分泌物与脱落的上皮细胞及细菌混合后形成带有异味的包皮垢。

1.2　雌性动物的生殖器官

雌性动物的生殖器官包括 3 个部分:①性腺:即卵巢;②生殖道:包括输卵管、子宫、阴道;③外生殖器官:包括尿生殖道前庭、阴唇、阴蒂。如图 1.6 所示。

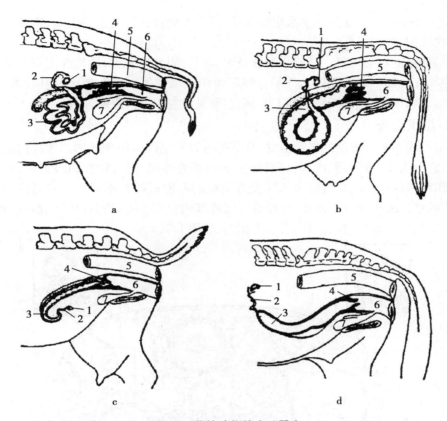

图1.6　雌性动物的生殖器官

a.母猪的生殖器官　b.母牛的生殖器官　c.母羊的生殖器官　d.母马的生殖器官

1.卵巢　2.输卵管　3.子宫角　4.子宫颈　5.直肠　6.阴道　7.膀胱

（引自张忠诚主编.家畜繁殖学［M］.北京：中国农业出版社,2004.）

1.2.1　卵巢

1）卵巢的形态位置及组织构造

（1）形态位置

卵巢是雌性动物的重要生殖腺体,其形态位置因品种、年龄、发情周期和妊娠而异。

①猪卵巢的形态位置。猪卵巢的形态位置和大小因年龄不同而有很大变化。小母猪在性成熟前,卵巢较小,呈豆形,表面光滑,色淡红,位于荐骨岬两旁稍后方或在骨盆腔前口两侧的上部。接近性成熟时(4~5月龄),由于许多卵泡发育而呈桑椹形,其位置下垂前移,约位于髋结节前端的横断面上。性成熟后,根据发情周期中各时期的不同,有大小不等的卵泡、红体和黄体突出于卵巢表面,凹凸不平,似串状葡萄。性成熟后及经产母猪的卵巢移向前下方,在膀胱之前,达髋结节前约4 cm的横断面上或髋结节与膝关节之间中点水平位置。

②牛、羊卵巢的形态位置。牛卵巢呈扁圆形,位于子宫角端部的两侧,初产或经产胎次少的母牛,卵巢均在耻骨前缘之后;经产多次的母牛,子宫角因胎次增多而逐渐垂入腹腔,卵巢也随之前移至耻骨前缘的前下方。羊的卵巢比牛的圆,也比牛的小,但位置与牛

相同。牛、羊的卵巢表面除卵巢系膜附着外,其余表面都被覆有生殖上皮,所以在这些部位都有排卵的可能。

③马卵巢的形态位置。马卵巢呈蚕豆形,较长,附着缘宽大,游离缘上有凹陷的排卵窝,卵泡均在此凹陷内破裂排出卵子。卵巢由卵巢系膜吊在腹腔腰区肾脏后方,左卵巢位于第四、第五腰椎左侧横突末端下方,而右卵巢比左卵巢稍向前,位置较高。

(2)组织构造

卵巢的表层为一单层的生殖上皮,其下是由致密结缔组织构成的白膜。白膜下为卵巢实质,它分为皮质部和髓质部,皮质部在髓质部的外周,两者没有明显界限,其基质都是结缔组织。皮质部内含有许多不同发育阶段的卵泡或处在不同发育和退化阶段的黄体,皮质的结缔组织内含有血管、神经等。髓质部内含有丰富的弹性纤维、血管、神经、淋巴管等,它们经卵巢门出入,与卵巢系膜相连,如图1.7所示。

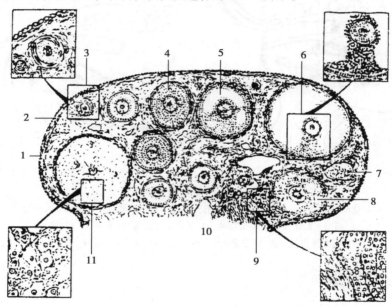

图1.7 卵巢的组织构造

1.生殖上皮 2.白膜 3.初级卵泡 4.次级卵泡 5.生长卵泡 6.成熟卵泡
7.白体(旧的黄体) 8.闭锁卵泡 9.间质细胞 10.卵巢门 11.黄体

(引自张周主编.动物繁殖[M].北京:中国农业出版社,2001.)

2)卵巢的生理机能

(1)卵泡发育和排卵

卵巢皮质部分布着许多原始卵泡,它经过次级卵泡、生长卵泡、成熟卵泡几个发育阶段,最终有一部分卵泡发育成熟,破裂排出卵子,原卵泡腔处便形成黄体。多数卵泡在发育到不同阶段时退化、闭锁。

(2)分泌雌激素和孕酮

在卵泡发育过程中,包围在卵泡细胞外的两层卵巢皮质基质细胞形成卵泡膜。卵泡膜分为内膜和外膜,其中的内膜可分泌雌激素,雌激素是导致雌性动物发情的直接因素。

而排卵后形成的黄体,可分泌孕酮,它是维持怀孕所必需的激素之一。

1.2.2　输卵管

1)形态位置

输卵管是一对多弯曲的细管,它位于每侧卵巢和子宫角之间,是卵子进入子宫必经的通道,由子宫阔韧带外缘形成的输卵管系膜所固定。

输卵管可分为3个部分:①输卵管的前端(卵巢端)接近卵巢,扩大成漏斗状,称为漏斗。漏斗的边缘形成许多皱褶,称为输卵管伞,牛、羊的输卵管伞不发达,马的发达。伞的一端附着于卵巢的上端(马的附着于排卵窝),漏斗的中心有输卵管腹腔口,与腹腔相通。②输卵管的前1/3段较粗,称为输卵管壶腹部,是卵子受精的地方。③输卵管的其余部分较细,称为峡部。壶腹和峡部连接处叫壶峡连接部。峡部的末端以小的输卵管子宫口与子宫角相通,此处称为宫管接合处。由于牛羊的子宫角尖端细,因此,输卵管与子宫角之间无明显分界,括约肌也不发达。马的宫管接合处明显,输卵管子宫口开口于子宫角尖端黏膜的乳头上。猪的输卵管卵巢端和伞包在卵巢囊内,宫管连接处与马的相似。

2)组织构造

输卵管管壁从外向内由浆膜、肌层和黏膜构成。肌层从卵巢端到子宫端逐渐增厚,黏膜上有许多纵褶,其大多数上皮细胞表面有纤毛,能向子宫端蠕动,有助于卵子的运送。

3)生理机能

(1)运送卵子和精子

借助纤毛的运动、管壁蠕动和分泌液的流动,使卵子经过伞部向壶腹部运送,同时将精子反向由峡部向壶腹部运送。

(2)精子获能、卵子受精和受精卵分裂的场所

子宫和输卵管为精子获能部位。输卵管壶腹部为精子、卵子结合的部位。

(3)具有分泌机能

输卵管的分泌物主要是黏多糖和黏蛋白,是精子、卵子的运载工具,也是精子、卵子和早期胚胎的培养液。输卵管的分泌作用受激素控制,发情时分泌增多。

1.2.3　子宫

1)形态位置

子宫是一个有腔的肌质性器官,富于伸展性。它前接输卵管,后接阴道,背侧为直肠,腹侧为膀胱。子宫大部分在腹腔,小部分在骨盆腔,借子宫阔韧带附着于腰下和骨盆的两侧。各种动物的子宫都分为子宫角、子宫体及子宫颈3部分。子宫角成对,角的前端接输卵管,后端会合而成子宫体,最后由子宫颈接阴道。

猪的子宫有两个长而弯曲的子宫角,经产母猪可长达 1.2~1.5 m,宽 1.5~3 cm,形

似小肠。两角基部之间的纵隔不明显,子宫体短,为双角子宫;子宫颈较长,管腔中有若干个断面为半圆形突起的环形皱襞,后端逐渐过渡为阴道,没有明显的子宫颈阴道部。

牛子宫两侧子宫角基部内有纵隔将两角分开,为对分子宫。青年母牛及经产胎次少的母牛,子宫角弯曲如绵羊角,位于骨盆腔内。经产胎次多的子宫并不能完全恢复原来的形状和大小,所以其子宫不同程度地展开,垂入腹腔。两角基部之间的纵隔处有一纵沟,称角间沟。子宫黏膜有 70 ~ 120 个突出于表面的半圆形子宫阜,妊娠时子宫阜发育为母体胎盘。子宫颈口突出于阴道,颈管发达,壁厚而硬,直肠检查时容易摸到。

羊的子宫与牛的基本相同,只是羊的子宫较小,其子宫颈为极不规则的弯曲管道。

马的子宫为双角子宫,无纵隔,形成"Y"字形,角与体均呈扁圆管状。子宫体发达,子宫颈较牛的细,壁薄而软,黏膜上有纵行皱褶。不发情时,子宫颈封闭,但收缩不紧,可容纳一指,发情时开放很大。如图 1.8 所示。

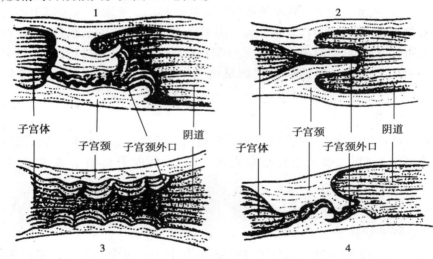

图 1.8 各种雌性动物的子宫颈(正中矢状剖面)

1. 牛的子宫颈 2. 马的子宫颈 3. 猪的子宫颈 4. 羊的子宫颈

(引自张周主编. 动物繁殖[M]. 北京:中国农业出版社,2001.)

2)组织构造

子宫的组织构造从外向里为浆膜、肌膜和黏膜。浆膜与子宫阔韧带的浆膜相连续。肌层由较薄的外纵行肌和较厚的内环行肌构成,肌层间有血管网和神经,黏膜层又称子宫内膜,其上皮为柱状细胞,膜内有分支盘曲的管状腺(子宫腺)。子宫阜以子宫角最发达。子宫体较少。

3)生理机能

(1)储存、筛选和运送精子,有助于精子获能

雌性动物发情配种后,子宫颈口开张,有利于精子逆流进入,并可阻止死精子和畸形精子进入。大量的精子储存在子宫颈隐窝内,进入的精子在子宫内膜分泌物作用下使精子获能,并借助于子宫肌的收缩作用运送到输卵管。

(2)孕体的附植、妊娠和分娩

子宫内膜还可供孕体附植,附植后子宫内膜(牛、羊为子宫阜)形成母体胎盘,与胎儿

胎盘结合,为胎儿的生长发育创造良好的条件。妊娠时,子宫颈黏液高度黏稠形成栓塞,封闭子宫颈口,起屏障作用,既可保护胎儿,又可防止子宫感染。分娩前栓塞液化,子宫颈扩张,以便胎儿排出。

(3)调节卵巢黄体功能,导致发情

配种未孕的雌性动物在发情周期的一定时间,子宫分泌前列腺素 $F_{2\alpha}$,使卵巢的周期黄体消融退化,在促卵泡素的作用下引起卵泡发育,导致再次发情。妊娠后,子宫内膜不再分泌前列腺素,周期黄体转化为妊娠黄体,维持妊娠。

1.2.4　阴道

阴道是雌性动物的交配器官,也是产道。阴道的背侧为直肠,腹侧为膀胱和尿道。尿道腔为一扁平的缝隙,前端有子宫颈阴道部突入其中。子宫颈阴道部周围的阴道腔称为阴道穹隆。后端以阴瓣与尿生殖前庭分开。

各种动物的阴道长度:猪阴道约长 10 cm,牛阴道长 22~28 cm,羊阴道长 8~14 cm,马阴道长 20~30 cm。

1.2.5　外生殖器官

1)尿生殖前庭

尿生殖前庭为从阴瓣到阴门裂的短管。前高后低,稍微倾斜,既是生殖道,又是尿道。猪的前庭自阴门下连合至尿道外口 5~8 cm,牛约 10 cm,羊 2.5~3 cm,马 8~12 cm。

2)阴唇

阴唇构成阴门的两侧壁,两阴唇间的开口为阴门裂。阴唇的外面是皮肤,内为黏膜,两者之间有阴门括约肌及大量结缔组织。

3)阴蒂

阴蒂由勃起组织构成,相当于雄性动物的阴茎。陷起于阴门下角内的阴蒂窝中。

复习思考题

一、名词解释(每题 2 分,共 8 分)

1.睾丸下降　2.隐睾　3.副性腺　4.子宫阜

二、填空题(每空 1 分,共 46 分)

1.睾丸一般在胎儿期或出生后不久由腹腔降至阴囊内,若未能降至阴囊称为_____。

2.精子和卵子受精通常在动物输卵管的_____部位进行。

3.曲精细管内生殖细胞包括_____、_____、_____和_____。

4. 睾丸的功能有_____、_____和_____。

5. 精清是由_____的分泌物与输精管壶腹腺体的分泌物一起组成。

6. _____是精子的储存库和精子成熟的场所。

7. _____、_____和_____统称为副性腺。

8. 母畜的生殖器官由_____、_____、_____、_____、_____和_____等组成。

9. 母畜输卵管可分为_____、_____和_____ 3 部分。

10. 子宫可分为_____、_____和_____ 3 部分。

11. 卵巢上具有特定排卵部位"排卵窝"的动物是_____。

12. 母牛的卵巢为_____形,母羊卵巢呈_____形或_____形。

13. 性成熟后和经产母猪的卵巢呈_____状。

14. 成年马的卵巢略呈_____形。

15. 母牛的子宫角呈_____状,母马的子宫呈_____形。

16. 卵泡分为_____、_____和_____。

17. 卵巢_____分泌雌激素,_____分泌孕酮。

18. _____是公畜重要的生殖腺体,_____是母畜重要的生殖腺体。

19. 附睾的结构包括_____、_____和_____ 3 部分。

20. 精子是在睾丸的_____内不断产生的。

三、选择题(每题 1 分,共 12 分)

1. 卵巢游离缘上有排卵窝的家畜是(   )。

A. 猪   B. 马   C. 牛   D. 羊

2. 睾丸中无睾丸网的家畜是(   )。

A. 猪   B. 马   C. 牛   D. 羊

3. 附睾头由 10~30 条(   )构成。

A. 精细管   B. 曲精细管   C. 睾丸输出管   D. 直精细管

4. 精细管中的(   )是直接形成精子的细胞。

A. 支持细胞   B. 生精细胞   C. 间质细胞   D. 足细胞

5. 子宫颈阴道部不明显的家畜是(   )。

A. 猪   B. 马   C. 牛   D. 羊

6. 公畜副性腺的发育决定于(   )的存在。

A. 雌激素   B. 雄激素   C. FSH   D. LH

7. (   )是子宫的门户。

A. 子宫腔   B. 子宫体   C. 子宫角   D. 子宫颈

8. 睾丸分泌雄激素的细胞是(   )。

A. 支持细胞   B. 生精细胞   C. 间质细胞   D. 足细胞

9. 睾丸中精子密度最大的部位是(   )。

A. 睾丸网   B. 附睾头   C. 附睾体   D. 附睾尾

10. 接近初情期的母猪,其卵巢形状为(   )。

A.蚕豆形　　　　　　B.肾脏形　　　　　　C.桑椹形　　　　　　D.串状葡萄

11.猪的子宫角形似(　　)状。

A.绵羊角　　　　　　B.牛角　　　　　　C.扁圆桶　　　　　　D.小肠

12.牛的子宫角形似(　　)状。

A.绵羊角　　　　　　B.牛角　　　　　　C.扁圆桶　　　　　　D.小肠

四、判断题(每题 1 分,共 10 分)

1.公羊的精囊腺最不发达。(　　　　)

2.公猪的尿道球腺最为发达。(　　　　)

3.公猪、公牛的输精管壶腹部都很发达。(　　　　)

4.公马(驴)输精管壶腹部很发达。(　　　　)

5.间质细胞能不断地形成精细胞。(　　　　)

6.母牛、母羊、母马的子宫内都有子宫阜。(　　　　)

7.母牛的子宫阜表面有一浅窝。(　　　　)

8.母猪没有明显的子宫阴道部。(　　　　)

9.排卵窝为马所特有。(　　　　)

10.卵巢的内膜及黄体分泌雌激素和孕酮。(　　　　)

五、简答题(共 24 分)

1.简述副性腺的主要生理机能。

2.简述睾丸和卵巢的组织构造特点。

3.简述附睾的主要生理机能。

4.比较各种动物卵巢形态位置特点。

5.比较各种动物的子宫形态结构特点。

实训 1　动物生殖器官观察

1. 目的要求

通过观察雄性动物和未孕雌性动物生殖器官的形态、大小,了解各部分之间的关系,掌握猪、牛、羊、兔、犬、猫等生殖器官的形态、位置。观察睾丸、卵巢的组织结构。为学习生殖器官生理和掌握繁殖技术奠定基础。

2. 材料用具

(1)各种雄性动物生殖器官标本、模型、挂图、投影机(胶片)及幻灯片。

(2)各种未孕雌性动物生殖器官标本、模型、挂图、投影机(胶片)及幻灯片。

(3)睾丸、卵巢的组织切片。

(4)解剖刀、剪、镊子、探针和搪瓷盘等。

3. 方法步骤

（1）雄性生殖器官的观察

①睾丸和附睾的形态观察。注意观察睾丸的前后端及附着缘。认识附睾头、附睾体和附睾尾。比较各种公畜的睾丸,注意它们各自的特征。

②精索、输精管的观察。了解其相互关系和经过路线,注意观察比较各种公畜输精管壶腹之异同。

③副性腺的观察。比较各种公畜精囊腺、前列腺、尿道球腺的大小、形态、位置。

④阴茎和包皮。观察各种公畜阴茎的外形特征,尤其注意比较各种公畜的龟头形态和尿道的特点。

⑤睾丸组织切片的观察。先用低倍镜观察,分出睾丸白膜、纵隔,进一步观察睾丸纵隔、小叶及许多曲精细管的断面。然后在高倍镜下观察睾丸小叶中曲精细管及间质细胞的形状,选一清晰的曲精细管进一步观察复层上皮和致密结缔组织。注意支持细胞和不同发育阶段生精细胞的形态特点。

（2）雌性动物生殖器官的观察

①卵巢的形态观察。注意各种母畜的卵巢形态、大小及位置。观察未孕母畜发情周期各时期卵巢的外形。

②输卵管的观察。注意观察输卵管与卵巢和子宫的关系。认识输卵管的漏斗部、壶腹部和峡部,特别要找到输卵管壶腹腔口和子宫口。

③子宫的观察。观察子宫角和子宫体的形态、粗细、长度及黏膜上的特点。观察子宫颈的粗细、长度及其结构特点。

④阴道的观察。阴道是阴道穹隆至尿道外口的管道部分。

⑤外生殖器官的观察。注意观察不同母畜尿生殖道前庭、阴唇及阴蒂的情况。

⑥卵巢组织切片的观察。先用低倍镜观察,找出卵巢的生殖上皮和白膜,皮质部和髓质部;然后在高倍镜下仔细观察不同发育阶段的卵泡及黄体的特征。

4. 作业

（1）根据表实 1.1 所列项目,将各种雄性动物生殖器官的观察结果填于表内。

表实 1.1　各种雄性动物生殖器官的观察结果

观察项目	动物类别	猪	牛	羊	犬	猫
睾丸	长轴					
	直径					
	重量					
附睾	管长					
	重量					

续表

观察项目＼动物类别		猪	牛	羊	犬	猫
输精管壶腹	粗细					
	形状					
精囊腺	大小					
	形状					
前列腺	体部					
	弥散部					
尿道球腺	大小					
	形状					
阴茎	龟头形状					
	尿道突特点					

（2）按表实 1.2 所列项目,将各种雌性动物生殖器官的观察结果填于表内。

表实 1.2　各种雌性动物生殖器官的观察结果

观察项目＼动物类别		猪	牛	羊	兔	犬	猫
卵巢	形状						
	大小						
	重量						
子宫角	形态						
	长短						
	粗细						
	有无角间沟						
子宫体长度							
子宫颈	长度						
	粗细						
	管道特点						
	有无阴道部						

（3）绘制所观察的睾丸和卵巢的组织切片的剖面图。

第2章
生殖激素

本章导读：本章主要介绍了生殖激素的来源、种类、化学性质、生理功能及其在动物繁殖过程中的应用。要求学生掌握其种类、作用特点、主要生理功能和临床应用方法，能在生产中正确使用生殖激素，以充分发挥动物的繁殖性能。

2.1 概　述

动物机体的活动主要靠神经和内分泌两大系统调节，而内分泌系统的调节是通过内分泌腺和某些细胞分泌的相互依赖又相互制约的激素参与生命活动的每一个进程。

2.1.1 激素的一般概念

1）内分泌

内分泌是动物体一种特殊的分泌方式。它不像一般外分泌腺那样将分泌物通过腺管运送到体外或消化道，而是分泌物——激素直接进入体液，最后到达靶器官或靶组织调节其代谢与功能，此现象叫内分泌。

2）激素

激素是动物体内分泌腺和具有内分泌功能的细胞分泌的一种生物活性物质，借血液循环或血淋巴传播到不同的组织细胞。它是细胞与细胞之间互相交流、信息传递的一种工具，对机体的代谢、生长、发育、生殖等重要生理机能起调节作用。激素的种类很多，几乎所有激素都直接或间接地和生殖机能有关。

3）生殖激素

一般将那些直接作用于生殖活动，并以调节生殖过程为主要生理功能的激素，称为生殖激素。它们有的由生殖器官本身产生，如雌激素、孕激素等；有的则来源于生殖器官之外的组织或器官，如促卵泡素、促黄体素等。

2.1.2 生殖激素与动物繁殖的关系

动物生殖活动是一个极为复杂的过程，如雌性动物卵子的发生、卵泡的发育、卵子的排出、发情的周期性变化;雄性动物精子的发生及交配活动;生殖细胞在生殖管道内的运行;胚胎的附植及其在子宫内的发育;雌性动物的妊娠、分娩及泌乳活动等。所有这些生理机能,都与生殖激素的作用有着密切的关系。一旦分泌生殖激素的器官和组织活动机能失去平衡,就会导致生殖激素的作用紊乱,造成动物的繁殖机能下降,甚至导致不育。

随着畜牧业集约化程度的不断提高,要求动物的繁殖活动更多地在人为控制条件下进行,如采用发情控制、胚胎移植等技术控制动物的繁殖活动等,而这些先进技术的应用都离不开生殖激素。此外,妊娠诊断、分娩控制、某些不孕症的治疗,也往往要借助于生殖激素。被用做外源激素的生殖激素,除天然生殖激素的提取物外,人工合成的各种生殖激素制剂及其类似物,比天然激素的成本低、产量多,且具有更高的活性,因而提高了在生产中的实用价值。

2.1.3　生殖激素的种类

根据来源和功能,生殖激素大致可分为4类:①来自下丘脑的促性腺激素释放激素,可控制垂体合成与释放有关的激素;②来自垂体前叶的促性腺激素,直接关系到配子的成熟与释放,刺激性腺产生类固醇激素;③来自两性性腺的性腺激素,对两性行为、第二性征和生殖器官的发育和维持以及生殖周期的调节,均起着重要的作用;④胎盘激素,胎盘分泌多种激素,有的与垂体促性腺激素类似,有的与性腺激素类似。此外,在体内广泛存在的前列腺素,虽不是经典的激素,但对动物繁殖有重要的调节作用;"外激素"不是激素,而是动物不同个体间的"化学通讯物质",在动物繁殖活动中有重要的意义,因此,也将它们列入生殖激素。主要生殖激素的名称、来源、生理功能详见表2.1。

表2.1　主要生殖激素的名称、来源、生理功能

种类	名　称	英文缩写	来　源	化学特性	主要生理功能
脑部生殖激素	促性腺激素释放激素	GnRH	下丘脑	十肽	促进垂体前叶释放促黄体素(LH)及促卵泡素(FSH)
	促卵泡素(卵泡刺激素或促卵泡成熟素)	FSH	垂体前叶	糖蛋白	促使卵泡发育和成熟及促进精子们发生
	促黄体素	LH	垂体前叶	糖蛋白	促使卵泡排卵,形成黄体,促进孕酮、雄激素分泌
	促乳素(催乳素或促黄体分泌素)	PRL(LTH)	垂体前叶	糖蛋白	刺激乳腺发育及泌乳,促进黄体分泌孕酮,促进睾酮的分泌
	催产素	OXT	下丘脑合成、垂体后叶释放	九肽	促进子宫收缩、排乳
孕体激素	(人)绒毛膜促性腺激素	HCG	灵长类胎盘绒毛膜	糖蛋白	与LH相似
	孕马血清促性腺激素	PMSG	马胎盘	糖蛋白	与FSH相似

续表

种类	名　称	英文缩写	来　源	化学特性	主要生理功能
性腺激素	雌激素（雌二醇为主）	E	卵巢、胎盘	类固醇	促进发情,维持第二性征;促进雌性生殖管道发育,增强子宫收缩力
	孕激素（孕酮为主）	P	卵巢、黄体、胎盘	类固醇	与雌激素协同调节发情,抑制子宫收缩,维持妊娠,促进子宫腺体及乳腺泡的发育,对促性腺激素有抑制作用
	雄激素（睾酮为主）	A	睾丸间质细胞	类固醇	维持雄性第二性征和性欲,促进副性器官发育及精子发生
	松弛素	RX	卵巢、胎盘	类固醇	分娩时促使子宫颈、耻骨联合、骨盆韧带松弛,妊娠后期保持子宫体松弛
其他	前列腺素	PG	广泛分布,精液中最多	脂肪酸	溶解黄体、促进子宫平滑肌收缩等
	外激素	PHE	外分泌腺	脂肪酸	不同个体间的化学通信物质

（引自中国农业大学主编. 家畜繁殖学［M］. 北京:中国农业出版社,2000.）

　　根据化学性质,可将生殖激素分为3类:①含氮激素:包括蛋白质、多肽、氨基酸衍生物和胺类等,垂体分泌的所有生殖激素和脑部分泌的大部分生殖激素都属此类。此外,胎盘和性腺以及生殖器官外的其他组织器官也可分泌蛋白质和多肽类激素。②类固醇类:主要由性腺和肾上腺分泌,对动物性行为和生殖激素的分泌有直接或间接作用。③脂肪酸类:主要由子宫、前列腺、精囊腺（前列腺素）和某些外分泌腺体（外激素）所分泌。

2.1.4　生殖激素的作用特点

1）生殖激素只调节反应的速度,不发动细胞内新的反应

激素只能加快或减慢细胞内的代谢过程,而不能发动细胞内的新反应。

2）在血液中消失很快,但常常有持续性和累积性作用

例如,孕酮经注射到动物体内,在 $10 \sim 20$ min 内就有 90% 从血液中消失。但其作用要在若干小时甚至数天内才能显示出来。

3）在畜体内微量的生殖激素就可以引起很大的生理变化

例如,1 pg（即 10^{-12} g）的雌二醇,直接用到阴道黏膜或子宫内膜上,就可以发生明显的变化。又如,母牛在妊娠时每毫升血液中只含 $6 \sim 7$ ng（1 ng = 10^{-9} g）的孕酮,而产后仍含有 1 ng,两者的含量仅有 $5 \sim 6$ ng 的差异,就可导致母牛的妊娠和非妊娠之间明显的生理变化。

4）生殖激素的作用有明显的选择性

各种生殖激素均有一定的靶组织或靶器官。如促性腺激素作用于卵巢和睾丸,雌激

素作用于乳腺管道,而孕激素则作用于乳腺腺泡等,它们均具有明显的选择性。

5)生殖激素间具有协同和抗衡作用

某些生殖激素之间对某种生理现象有协同作用,例如,子宫的发育要求雌激素和孕酮的共同作用,雌性动物的排卵现象就是促卵泡素和促黄体素协同作用的结果。生殖激素间的抗衡作用现象也常可见到,如雌激素能引起子宫兴奋,增加蠕动,而孕酮则可抵消这种兴奋作用。

2.2　神经激素

2.2.1　神经内分泌和神经激素的概念

神经内分泌是指某些神经细胞合成及分泌激素的生理现象,它们所分泌的激素则称为神经激素。

位于下丘脑视上核和室旁核的神经细胞,一方面保留了一般神经细胞的共同特征,另一方面又具有分泌激素的细胞特征,即在细胞核的周围能合成激素,在发达的高尔基体区域进一步浓缩成为分泌颗粒。分泌颗粒沿着轴突被输送到轴突末梢,在一定的生理刺激下把激素释放到血液循环中,以真正激素的方式影响着其他器官或组织。

目前,在哺乳动物中,神经激素包括由下丘脑的某些神经细胞分泌的下丘脑释放或抑制激素,由下丘脑视上核及室旁核分泌的催素和后叶加压素,由松果腺实质细胞分泌的多种松果腺激素以及由肾上腺髓质嗜铬细胞分泌的肾上腺素等(如图2.1所示)。在上述4个组成部分中,有4种下丘脑释放(或抑制)激素(包括GnRH、TRH、PIF、PRF)、催产素(OXT)、松果腺激素(如褪黑激素、AVT)对生殖功能具有重要作用。

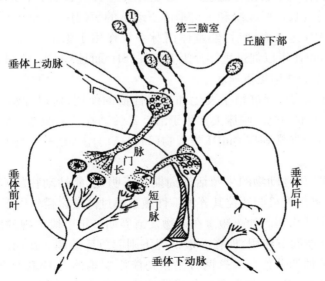

图2.1　丘脑下部与垂体关系示意图
①②丘脑外神经核　③④视上核　⑤室旁核

(引自耿明杰主编.畜禽繁殖与改良[M].北京:中国农业出版社,2006.)

2.2.2 下丘脑激素

1）合成部位

通常，下丘脑前区、视前核和视交叉上核等神经核团可以调控垂体在排卵前促卵泡素（FSH）和促黄体素（LH）的分泌活动，故又将这些区域称为周期分泌中枢。腹中核、弓状核和正中隆起等神经核团可调节垂体 FSH 和 LH 的持续分泌，这些区域又称为持续分泌中枢。

2）种类

由下丘脑神经细胞合成并分泌的激素有 10 种，均为多肽类激素。一些下丘脑分泌物对垂体的分泌和释放活动具有促进作用，故称为释放激素或释放因子；另一些下丘脑分泌物对垂体的分泌和释放活动具有抑制作用，故称为抑制激素或抑制因子。下丘脑生殖激素主要有促性腺激素释放激素、催产素、促乳素释放因子和促乳素释放抑制因子 4 种。

3）下丘脑分泌的几种主要生殖激素

（1）促性腺激素释放激素（GnRH）

GnRH 又名促黄体素释放激素（LH-RH 或 LRH）、促卵泡素释放激素（FSH-RH）等，由分布于下丘脑内侧视前区、下丘脑前部、弓状核、视交叉上核的神经内分泌小细胞分泌，能促进垂体前叶分泌 LH 和 FSH。

①结构。所有哺乳动物下丘脑分泌的 GnRH 均为十肽，并具有相同的分子结构和生物学效应。

②生理作用及在动物繁殖上的应用。下丘脑至垂体并没有直接的神经支配，而是通过来自垂体上动脉的长门脉系统和来自垂体下动脉的短门脉系统将其信息传递给垂体。下丘脑分泌的 GnRH 进入血液后，经垂体门脉系统作用于腺垂体，促进垂体 LH 和 FSH 的分泌和释放。GnRH 可以促进垂体分泌 LH 和 FSH，而且 GnRH 对 LH 分泌的促进作用比对 FSH 分泌的促进作用更迅速。

GnRH 对雄性动物有促进精子发生和增强性欲的作用，对雌性动物有诱导发情、排卵，提高配种受胎率的功能。临床上常用于治疗雄性动物性欲减弱、精液品质下降、雌性动物卵泡囊肿和排卵异常等症 GnRH 类似物（LRH-A1）用于治疗牛卵巢静止和卵泡囊肿等症。

③分泌的调节：雄性动物的生殖活动周期性不明显，雌性动物的 GnRH 分泌活动呈节律性变化，有 3 种反馈机制调控其分泌。性激素通过体液途径作用于下丘脑，对 GnRH 分泌具有长反馈调节作用。如雌激素在动物发情周期一定阶段出现的生理性高水平，对 GnRH 分泌有正反馈调节作用，但在一般情况下则起负反馈调节作用。孕酮对 GnRH 的分泌有强烈的负反馈调节作用。这两种激素还能影响垂体对 GnRH 的反应性。垂体促性腺激素对下丘脑 GnRH 分泌具有短负反馈作用。血液中 GnRH 水平对下丘脑的分泌活动也有自身引发效应，称为超短反馈调节。

近来，在下丘脑发现两个调节 GnRH 分泌的中枢：一个为紧张中枢，位于下丘脑的弓状核和腹内侧核,控制 GnRH 的持续释放量,雌激素对该中枢有负反馈调节作用。另一个为周期中枢,位于视上束交叉及内侧视前核。该中枢受雌激素的正反馈调节,从而在排卵前出现雌激素分泌高峰。孕酮对该中枢有抑制作用,因此大量分泌的孕酮(如黄体期和妊娠期)对 GnRH 的分泌有抑制作用,并阻遏雌激素对垂体分泌的刺激作用。

（2）催产素

①来源。哺乳动物催产素和加压素主要由下丘脑合成、在神经垂体中储存并释放的下丘脑激素。

②生理功能。催产素的主要生理功能有:

A. 刺激哺乳动物乳腺导管肌上皮细胞收缩,导致排乳。在给奶牛挤奶前按摩乳房,就是利用排乳反射引起催产素水平升高而促进乳汁排出。

B. 刺激子宫平滑肌收缩。雌性动物分娩时,催产素水平升高,使子宫阵缩增强,迫使胎儿从阴道产出。产后幼畜吮乳可加强子宫收缩,有利于胎衣排出和子宫复原。

C. 刺激子宫分泌前列腺素 $F_{2\alpha}$,引起黄体溶解而诱导发情。

D. 卵巢黄体产生的催产素通过自分泌和旁分泌作用,调节黄体的功能,促进黄体溶解。

E. 催产素还具有加压素的作用,即抗利尿和使血压升高。同样,加压素也具有微弱的催产素的作用。

③临床应用。催产素常用于促进分娩,治疗胎衣不下、子宫脱出、子宫出血和子宫内容物(如恶露、子宫积脓或木乃衣)的排出等。事先用雌激素处理,可增强子宫对催产素的敏感性。催产素用于催产时必须注意用药时期,在产道未完全扩张前大量使用催产素,易引起子宫撕裂。

（3）**松果腺激素**

松果腺又名松果体,位于脑的上方又称脑上腺。哺乳动物的松果体已经进化成腺体组织,是一个神经内分泌换能器。眼睛把光照周围的信息通过一系列神经元传递给松果腺,影响其分泌活动,其神经通路如下:光→视网膜→视束→视交叉→中脑→桥脑→延脑→脊髓→颈上神经节→交感神经节后纤维。

①来源。主要来源于松果腺。松果腺可分泌吲哚类激素、肽类激素及其他一些物质。吲哚类主要包括褪黑素和5-甲氧基色醇、5-羟氧基色醇、5-甲氧基色胺等几种5-羟色胺衍生物。肽类激素主要包括8-精(赖)加催素、GnRH、TRH 和内皮素等。松果腺还能分泌组胺、儿茶酚胺和氨基酸等化合物。

②生理功能。松果腺的分泌活动受光照周期的调节,即昼夜交替和每年中日照时间的变换周期均影响松果腺激素的分泌,褪黑素的浓度在夜间升高,白天降低;在长日照季节,褪黑素浓度较低,短日照季节浓度较高。因而松果腺是调节动物季节性繁殖的主要器官。

A. 褪黑素的生理功能:对长日照繁殖动物,对生殖系统表现明显的抑制作用;而对短日照动物,则具有促进繁殖的作用。

B.8-精(赖)加催素的作用:许多研究结果表明,分别来自牛和猪松果腺的两种松果腺肽类激素具有抗生殖的作用。

2.3 垂体促性腺激素

垂体是一很小的腺体,成年牛垂体质量不过 1 g,位于蝶骨的下部,分垂体前叶和后叶。垂体前叶主要为腺体组织,包括远侧部和结节部,也是激素分泌的主要部位;垂体后叶主要为神经部。垂体受下丘脑分泌的释放激素以及性腺的反馈,可以释放多种激素,其中垂体前叶分泌的促卵泡素、促黄体素和促乳素与生殖的关系最为密切,它们都直接作用于性腺,但在正常生理状态下很少单独存在,多为协同作用。

2.3.1 促卵泡素(FSH)

1)来源和化学性质

垂体前叶嗜碱性细胞合成、分泌的一类糖蛋白,由 α 亚基和 β 亚基组成,α 有 85 个氨基酸,β 有 115 个氨基酸,特异性由 β 亚基组成。

2)生理功能

(1)对雌性动物可刺激卵泡的生长发育

促卵泡素能提高卵泡壁细胞的摄氧量,增加蛋白质的合成,促进卵泡内膜细胞分化,促进颗粒细胞增生和卵泡液的分泌。一般来说,促卵泡素主要影响生长卵泡的数量。在促黄体素的协同下,促使卵泡内膜细胞分泌雌激素,激发卵泡的最后成熟,诱发排卵并使颗粒细胞变成黄体细胞。

(2)对雄性动物可促进生精上皮细胞发育和精子形成

促卵泡素能促进曲精细管的增大,促进生殖上皮细胞分裂,刺激精原细胞增殖,而且在睾酮的协同作用下促进精子形成。

3)应用

畜牧业上,FSH 通常用于胚胎移植程序中的超数排卵。此外,在诱发排卵、治疗卵巢疾病、治疗性欲缺乏和雄性动物精液品质不良等方面也有应用。

2.3.2 促黄体素(LH)

1)来源和化学性质

垂体前叶嗜碱性细胞合成、分泌的一类糖蛋白,由 α 和 β 两个亚基组成,特异性由 β 亚基组成。半衰期为 30 min,较 FSH 稳定。

2)生理功能

①雌:在 FSH 的作用基础上,促进排卵和形成黄体。

②雄:促进间质细胞产生雄激素睾酮的分泌,对副性腺的发育、精子的生产起决定作用。

3)应用

促黄体素主要用于诱导排卵、治疗黄体发育不全、卵巢囊肿、早期胚胎死亡或早期习惯性流产、雌性动物发情期过短、屡配不孕、雄性动物性欲不强、精液和精子量少等。一般先用 PMSG 或 FSH 促进卵泡发育,然后注射 LH 或 HCG 促进排卵。在临床上常以人绒毛膜促性腺激素代替,因其成本低,且效果较好。

此外,这两种激素制剂还可用于诱发季节性繁殖的雌性动物在非繁殖季节发情和排卵。在同期发情处理过程中,配合使用这两种激素,可增进群体雌性动物发情和排卵的同期率。

2.3.3　促乳素(PRL)

由腺垂体嗜酸性的促乳素细胞分泌,通过垂体门脉系统进入血液循环。主要生理作用如下:

1)促进乳腺发育和乳汁生成

在性成熟前,PRL 与雌激素协同作用,维持乳腺(主要是导管系统)发育。在妊娠期,PRL 与雌激素、孕激素共同作用,维持乳腺腺泡系统的发育。

2)抑制性腺机能发育

在奶牛生产中发现,产奶量高的牛配种受胎率降低,这是因为高产奶牛血液中 PRL 水平较高,可以抑制卵巢机能发育,影响发情周期。在禽类,PRL 通过抑制卵巢对促性腺激素的敏感性而引起抱窝,用溴隐亭处理,可中止抱窝,恢复产蛋周期。

3)行为效应

动物的生殖行为可分为"性爱"与"母爱"两种类型。前者受促性腺激素控制,后者受促乳素的调控。动物在分娩后,促性腺激素和性激素水平降低,PRL 水平升高,母爱行为增强。在鸟类,PRL 对行为的影响更明显。鸟类用 PRL 处理后,出现明显的行为表现,如筑巢、抱窝等。

2.3.4　孕马血清促性腺激素(PMSG)

1)来源与特性

孕马血清促性腺激素主要存在于孕马的血清中,它是由马、驴或斑马子宫内膜的"杯状"细胞所分泌的。一般妊娠后 40 d 左右开始出现,60 d 时达到高峰。此后,可维持至第 120 d,然后逐渐下降,至第 170 d 时几乎完全消失。血清中 PMSG 的含量因品种不同而异,轻型马最高(每毫升血液中含 100 IU),重型马最低(每毫升血液中含 20 IU),兼用品种马居中(每毫升血液中含 50 IU)。在同一品种中,也存在个体间的差异。此外,胎儿的基因型对其分泌量影响最大,如驴怀骡分泌量最高,马怀马次之,马怀骡再次之,驴怀驴最低。

PMSG 是一种糖蛋白激素,含糖量很高,达 41% ~ 45%。其分子量为 53 000 IU。PMSG 的分子不稳定,高温、酸、碱等都能引起失活,分离提纯也比较难。

2)生理功能

①与 FSH 的功能很相似,有着明显的促卵泡发育的作用。
②由于它可能含有类似 LH 的成分,因此它能促进排卵和黄体形成。

③对雄性动物还可促使精细管发育和性细胞分化。

3）应用

①诱导发情,促进排卵。PMSG 对于各种动物均有促进卵泡发育,引起正常发情的效果。在临床上用于治疗动物乏情、安静发情、持久黄体或不排卵等。

②刺激超数排卵。PMSG 来源广,成本低,作用缓慢,半衰期较 FSH 长,故应用广泛。但因系糖蛋白激素,多次连续使用易产生抗体而降低了超排效果。近年来,用 PMSG 进行超排,补用 PMSG 抗体(或抗血清),以中和体内残存的 PMSG,明显改善了超排反应,在生产中常与 HCG 配合使用。

③提高母羊的双羔率。

④治疗雄性动物性欲不强和生精机能减退等有一定效果(如表 2.2)。

表 2.2　孕马血清促性腺激素应用举例

种类	应用	剂量(IU)	皮下或肌肉注射	备注
牛	诱导发情	750	1 次	配合使用 HCG500 ~ 2 000 IU
	安静发情	1 600	1 次	
	超数排卵	2 000 ~ 3 000 800 ~ 1 200(静注)	1 次	
	睾丸机能减退	1 500	连续 2 次	
	持久黄体	1 000 ~ 1 500	1 ~ 2 次	
绵羊	诱导发情	200 ~ 400	1 ~ 2 次	配合使用 HCG200 ~ 500 IU
	提高双羔率	发情前 3 ~ 4 d 500 (或用 10 ml 全血、血清)		
	超数排卵	500 ~ 800		
	睾丸机能衰退	500 ~ 1 200		
猪	诱导发情	750 ~ 1 000(或全血 5 ml)	1 次	配合使用 LRH-A$_3$100 μg 或 HCG300 IU,配合使用 HCG500 ~ 1 000 IU
	超数排卵	750 ~ 1 500	1 次	
马	诱导发情	1 000	2 ~ 3 次	或血清 1 000 ml
	促进排卵	全血 200 ml	连续 3 次	

(引自张周主编.动物繁殖[M].北京:中国农业出版社,2001.)

2.3.5　人绒毛膜促性腺激素(HCG)

1）来源与特性

人绒毛膜促性腺激素由孕妇胎盘绒毛的合胞体层产生,约在受孕第 8 d 开始分泌,妊娠第 8 ~ 9 周时升至最高,至第 21 ~ 22 周时降至最低。

HCG 是一种糖蛋白激素,分子量为 36 700 u,其分子也由 α 亚基和 β 亚基组成,其化学结构与 LH 相似。

2）生理功能

HCG 的功能与 LH 很相似,可促进雌性动物性腺发育,促进卵泡成熟、排卵和形成黄体,对雄性动物能刺激睾丸曲精细管精子的发生和间质细胞的发育。

3）应用

HCG 商品制剂由孕妇尿液或流产刮宫液中提取,是一种经济的 LH 代用品。在生产上主要用于防治雌性动物排卵迟缓及卵泡囊肿,增强超数排卵和同期发情时的同期排卵效果。对雄性动物睾丸发育不良和阳痿也有较显著的治疗效果。常用的剂量为猪 500 ~ 1 000 IU,牛 500 ~ 1 500 IU,马 1 000 ~ 2 000 IU。

2.4　性腺激素

性腺激素主要来自雌性动物的卵巢和雄性动物的睾丸。由卵巢所分泌的主要为雌激素、孕酮和松弛素,由睾丸所分泌的主要为雄激素。这些激素还可由胎盘分泌,肾上腺皮质部也可分泌少量的睾酮、孕酮等。值得注意的是,在雌性个体中也产生少量的雄激素,而在雄性个体中也产生少量的雌激素。

2.4.1　雄激素

1）来源

在雄激素中最主要的形式为睾酮,由睾丸间质细胞所分泌。肾上腺皮质部、卵巢、胎盘也能分泌少量雄激素,但其量甚微。雄性动物摘除睾丸后,不能获得足够的雄激素以维持雄性机能。

睾酮一般不在体内存留,而很快被利用或分解,并通过尿液或胆汁、粪便排出体外。

2）生理功能

①刺激精子发生,延长附睾中精子的寿命。

②促进雄性副性器官的发育和分泌机能,如前列腺、精囊腺、尿道球腺、输精管、阴茎和阴囊等。

③促进雄性第二性征的表现,如骨骼粗大、肌肉发达、外表雄壮等。

④促进雄性动物的性行为和性欲表现。

⑤雄激素量过多时,通过负反馈作用,抑制垂体分泌过多的促性腺激素以保持体内激素的平衡状态。

3）应用

在临床上主要用于治疗雄性动物性欲不强和性机能减退。常用制剂为丙酸睾酮,其使用方法及一般使用剂量如下:①皮下埋藏,牛 0.5 ~ 1.0 g,猪、羊 0.1 ~ 0.25 g。②皮下或肌肉注射,牛 0.1 ~ 0.3 g,猪、羊 0.1 g。

2.4.2 雌激素

1）来源

雌激素主要产生于卵巢,在卵泡发育过程中,由卵泡内膜和颗粒细胞分泌。此外,胎盘、肾上腺和睾丸(尤其是公马)也可产生一定量的雌激素。卵巢分泌的雌激素主要是雌二醇和雌酮,而雌三酮为前两者的转化产物。雌激素与雄激素一样,不在体内存留,而经降解后从尿粪排出体外。

2）生理功能

雌激素为促使雌性动物性器官正常发育和维持雌性动物正常性机能的主要激素。其中最主要的雌二醇具有以下生理功能:

①在发情期促使雌性动物表现发情和生殖道的一系列生理变化。如促使阴道上皮增生和角化,以利于交配;促使子宫颈管道松弛,并使黏液变稀,以利于交配时精子通过;促使子宫内膜及肌层增长,刺激子宫肌层收缩,以利于精子运行和妊娠;促进输卵管增长和刺激其肌层活动,以利于精子和卵子运行。由此可见,雌激素对配种、受精、胚胎附植等生殖生理过程都是不可缺少的。

②促进尚未成熟的雌性动物生殖器官的生长发育,促进乳腺管状系统的生长发育。

③促使长骨骺部骨化,抑制长骨生长,因此,一般成熟雌性动物的个体较雄性动物小。

④促使雄性动物睾丸萎缩,副性器官退化,最后造成不育。

3）应用

近年来,合成类雌激素很多,主要有己烯雌酚、二丙酸己烯雌酚、二丙酸雌二醇、乙烯酸、双烯雌酚等。它们具有成本低、使用方便、吸收排泄快、生理活性强等特点,因此成为非常经济的天然雌激素的代用品,在畜牧生产和兽医临床上广泛应用。主要用于促进产后胎衣或木乃伊化胎儿的排出,诱导发情;与孕激素配合可用于牛、羊的人工诱导泌乳;还可用于雄性动物的"化学去势",以提高肥育性能,改善肉质。合成类雌激素的剂量,因动物种类和使用方法及目的不同而异。以己烯雌酚为例,肌肉注射时,猪 3 ~ 10 mg,马、牛 5 ~ 25 mg,羊 1 ~ 3 mg;埋藏时,牛 1 ~ 2 g,羊 30 ~ 60 mg。

2.4.3 孕激素

1）来源

孕酮为最主要的孕激素,主要由卵巢中黄体细胞所分泌。多数动物,尤其是绵羊和马,妊娠后期的胎盘为孕酮更重要的来源。此外,睾丸、肾上腺、卵泡颗粒层细胞也有少量分泌。在代谢过程中,孕酮最后降解为孕二醇而被排出体外。

2）生理功能

在自然情况下,孕酮和雌激素共同作用于雌性动物的生殖活动,通过协同和抗衡进行着复杂的调节作用。若单独使用孕酮,可见以下特异效应:

①促进子宫黏膜层加厚,子宫腺增大,分泌功能增强,有利于胚泡附植。

②抑制子宫的自发性活动,降低子宫肌层的兴奋作用,可促使胎盘发育,维持正常妊娠。

③促使子宫颈口和阴道收缩,使子宫颈黏液变稠,以防异物侵入,有利于保胎。

④大量孕酮对雌激素有抗衡作用,可抑制发情活动,少量则与雌激素有协同作用,可促进发情表现。

3)应用

孕激素多用于防止功能性流产,治疗卵巢囊肿、卵泡囊肿等,也可用于控制发情。

孕酮本身口服无效,但现已有若干种具有口服、注射效能的合成孕激素物质,其效能远远大于孕酮。如:甲孕酮(MAP)、甲地孕酮(MA)、氯地孕酮(CAP)、氟孕酮(FGA)、炔诺酮、16-次甲基甲地孕酮(MGA)、18-甲基炔诺酮等。生产中常制成油剂用于肌肉注射,也可制成丸剂皮下埋藏或制成乳剂用于阴道栓。其剂量一般为:肌肉注射,马和牛 100~150 mg,绵羊 10~15 mg,猪 15~25 mg;皮下埋藏,马和牛 1~2 g,分若干小丸分散埋藏。

2.4.4 松弛素

1)来源

松弛素主要产生于妊娠黄体,但子宫和胎盘也可以产生。猪、牛等的松弛素主要产生于黄体,而兔子主要来源于胎盘。松弛素是一种水溶性多肽类,其分泌量随妊娠而逐渐增长,在妊娠末期含量达到高峰,分娩后从血液中消失。

2)生理功能

松弛素是协助动物分娩的一种激素。但它必须在雌激素和孕激素预先作用下,促使骨盆韧带、耻骨联合松弛,子宫颈开张,以利胎儿产出。

2.5 前列腺素(PG)

早在 20 世纪 30 年代,国外有多个实验室在人、猴、羊的精液中发现能兴奋平滑肌和降低血压的生物活性物质,并设想这类物质由前列腺分泌而来,故命名为前列腺素。后来研究发现,PG 几乎存在于身体各种组织和体液中。

2.5.1 种类与化学结构

前列腺素的基本结构为含 20 个碳原子的不饱和脂肪酸,即前列酸,由一个环戊环和两个脂肪酸侧链组成。根据环戊环和脂肪酸侧链中的不饱和程度和取代基的不同,可将目前已知的天然前列腺素分为 3 类 9 型。3 类代表环外双键的数目,用 1,2,3 表示,缩写为 PG1,PG2 和 PG3。9 型代表环上取代基和双键的位置,用 A,B,C,D,E,F,G 和 H 表示,侧链取代基还有 a-和 b-两种构型。

2.5.2 生理功能

PG 种类很多,不同类型的 PG 具有不同的生理功能。在生殖系统中起作用的前列腺

素主要是 $PGF_{2\alpha}$ 和 PGEa。

1）溶解黄体作用

$PGF_{2\alpha}$ 对牛、羊、猪等动物卵巢上的黄体均具有溶解作用,故又称为子宫溶黄素。PGE 也具有溶解黄体的作用,但其生物学效应较 $PGF_{2\alpha}$ 弱。由子宫内膜产生的前列腺素通过逆流传递机制,即由子宫静脉透入卵巢动脉,运输到卵巢,作用于黄体。

2）排卵作用

大鼠、兔、猴等动物在卵泡成熟前用 PG 颉颃剂——消炎痛或 PG 抗体处理后,排卵延迟;而用 $PGF_{2\alpha}$ 处理后,这种抑制作用发生逆转,表明前列腺素在这些动物的排卵过程中起调节作用。

3）促生殖道收缩作用

前列腺素影响生殖道平滑肌的收缩,不同的前列腺素对生殖道不同部位平滑肌的作用不同;精液中的前列腺素被阴道吸收后,在 1 min 内即引起子宫平滑肌收缩,有利于精子在雌性生殖道内的运行。

2.5.3 类似物及其临床应用

人工合成的前列腺素种类很多,国内目前已成功地合成了 4 种 PGF 的类似物,即 15 甲基 $PGF_{2\alpha}$,$PGF_{1\alpha}$ 甲酯和氯前列烯醇。在生产实际和临床应用中,前列腺素主要用于诱导雌性动物发情排卵、同期发情和促进产后子宫复原,并可用于控制分娩和治疗黄体囊肿、持久黄体、子宫内膜炎、子宫积水和子宫积脓等症。此外,还可用于提高雄性动物的繁殖力。

2.6 外激素

2.6.1 来源与特性

外激素是由外激素腺体释放的。外激素腺体在动物体内分布很广泛,主要的有皮脂腺、汗腺、唾液腺、下颌腺、泪腺、耳下腺、包皮腺等。有些动物的尿液和粪便中也含有外激素。

外激素的性质因分泌动物的种类不同而异。如公猪的外激素有两种:一种是由睾丸合成的有特殊气味的类固醇物质,储存于脂肪中,由包皮腺和唾液腺排出体外;另一种是由下颌腺合成的有麝香气味的物质,经由唾液中排出。羚羊的外激素含有戊酸,具有挥发性。各种外激素都含有挥发性物质。

2.6.2 应用

哺乳动物的外激素,大致可分为信号外激素,诱导外激素,行为激素等。对动物繁殖来说,性行为外激素(简称性外激素)比较重要。主要应用于以下 4 个方面:

1）母猪催情

据试验,给断奶后第 2 d 和第 4 d 的母猪鼻子上喷洒合成外激素 2 次,能促进其卵巢机能的恢复;青年母猪给以公猪刺激,则能使初情期提前到来。

2）母猪的试情

母猪对公猪的性外激素反应非常明显。例如,利用雄烯酮等合成的公猪性外激素,发情母猪则表现静立反应,发情母猪的检出率在 90% 以上,而且受胎率和产仔率均比对照组提高。

3）用于雄性动物采精

使用性外激素,可加速雄性动物采精训练。

4）其他

性外激素可以促进牛、羊的性成熟,提高母牛的发情率和受胎率。外激素还可以解决猪群的母性行为和识别行为,为寄养提供方便的方法。

复习思考题

一、名词解释（每题 2 分,共 12 分）

1. 激素　2. 生殖激素　3. HCG　4. PG　5. PMSG　6. 外激素

二、填空题（每空 1 分,共 28 分）

1. 动物机体的活动主要靠_____和_____两大系统调节。

2. 生殖激素按来源分为_____、_____、_____和_____。

3. 根据化学性质,可将生殖激素分为_____、_____、_____3 类。

4. 垂体促性腺激素包括_____、_____和_____,它们都能直接作用于_____。

5. 动物在分娩后_____和_____水平降低,促乳素水平升高,母爱行为增强。

6. 生殖激素按化学性质分为_____、_____和_____。

7. 在使用催产素前,先使用_____激素处理,可增强子宫对催产素的敏感性。

8. 胎盘促性腺激素在生产上应用价值较大的有_____和_____。

9. PMSG 具有_____和_____的双重活性,但以_____为主。

10. HCG 的功能与_____很相似。

11. 雌激素对生殖器官的作用,常与_____相互协同进行。

12. 松弛素必须首先在_____和_____预先致敏后才能发挥作用。

三、选择题（每题 2 分,共 20 分）

1. 下列激素属于类固醇激素的是（　　　）。

A. HCG　　　　　　B. 雄性激素　　　　C. 前列腺素　　　　D. PMSG

2. 下列哪种家畜不用孕马血清促性腺激素催情?(　　　)

A. 猪　　　　　　　B. 马　　　　　　　C. 羊　　　　　　　D. 牛

3. 临床上常用(　　　)促进分娩,治疗胎衣不下、子宫脱出、子宫出血等。

A. PMSG　　　　　　B. GnRH　　　　　　C. 催产素　　　　　D. FSH

4. LH 的半衰期是(　　　)。

A. 30 mim　　　　　B. 5 min　　　　　C. 4 h　　　　　　D. 7 ~ 10 d

5. 由下丘脑分泌的激素是(　　　)。

A. GnRH　　　　　　B. FSH　　　　　　C. PRL　　　　　　D. LH

6. 下列哪个药物不能用于防止功能性流产,治疗卵巢囊肿、卵泡囊肿?(　　　)。

A. MAP　　　　　　B. PG　　　　　　　C. MA　　　　　　D. CAP

7. 孕马血清促性腺激素简写为(　　　)。

A. PMSG　　　　　　B. FSH　　　　　　C. LH　　　　　　D. PRL

8. 动物的生殖行为可分为"性爱"与"母爱"两种类型,前者受促性腺激素控制,后者受(　　　)的调控。

A. LH　　　　　　　B. PRL　　　　　　C. PG　　　　　　D. PMSG

9. 能诱导母畜发情的生殖激素是(　　　)。

A. GnRH　FSH　PMSG　　　　　　　　B. GnRH　OT　PRL

C. GnRH　FSH　LH　　　　　　　　　D. GnRH　LH　HCG

10. 能促进排卵的生殖激素是(　　　)。

A. FSH　LH　OT　　　　　　　　　　B. GnRH　LH　$PGF_{2\alpha}$

C. FSH　LH　$PGF_{2\alpha}$　　　　　　　　D. GnRH　FSH　HCG

四、判断题(每题 1 分,共 10 分)

1. 生殖激素在血液中消失很快,但常常有持续性和累积性作用。　　　　　(　　　)

2. 激素的种类很多,几乎所有激素都直接或间接地和生殖机能有关。　　　(　　　)

3. 激素能发动细胞内的新反应。　　　　　　　　　　　　　　　　　　(　　　)

4. 催产素能刺激哺乳动物乳腺导管肌上皮细胞收缩,导致排乳。　　　　　(　　　)

5. PMSG 功能与 LH 很相似,可促进雌性动物性腺发育,促进卵泡成熟、排卵和形成黄体。　　　　　　　　　　　　　　　　　　　　　　　　　　　　　　　(　　　)

6. GnRH 对雄性动物有促进精子发生和增强性欲的作用,对雌性动物有诱导发情、排卵,提高配种受胎率的功能。　　　　　　　　　　　　　　　　　　　　　(　　　)

7. 孕激素多用于防止功能性流产,治疗卵巢囊肿、卵泡囊肿等,也可用于控制发情。
　　　　　　　　　　　　　　　　　　　　　　　　　　　　　　　　　(　　　)

8. 前列腺素可用于提高雄性动物的繁殖力。　　　　　　　　　　　　　　(　　　)

9. 促性腺激素释放激素是垂体后叶分泌的神经激素。　　　　　　　　　　(　　　)

10. 母畜禽不能产生雄激素。　　　　　　　　　　　　　　　　　　　　(　　　)

五、问答题（每题 4 分，共 16 分）

1. 说明促性腺释放激素的生理作用以及在家畜繁殖中的应用。
2. 可用于调节发情周期的激素有哪些？
3. 说明孕马血清促性腺激素、绒毛膜促性激素的生理作用以及在家畜繁殖中的应用。
4. 说明前列腺素 $F_{2\alpha}$ 的生理功能以及在家畜繁殖中的应用。

六、论述题（每题 7 分，共 14 分）

1. 催产素是由有什么部位分泌的？有何生理作用？什么因素控制其释放？雌激素对催产素的功能有何影响？在什么情况下才能使用催产素来进行助产或缩短产程？
2. 在所学的各种激素中，有哪些激素具有促进卵泡排卵的作用？这些激素都能够治疗动物的哪些繁殖障碍？

第3章
雄性动物生殖生理

本章导读:本章主要介绍了雄性动物生殖机理的发育和性行为,精子的发生、形态特征以及精液的组成和理化特性。

雄性动物生殖发育过程中,分为生长、发育、初情期和性成熟等几个阶段,它们是连续的又有一定区别的生理发育时期。雄性的性行为是雄性动物生殖机能发育到一定阶段相伴出现的特殊行为序列,是雄性动物完成交配过程的保障。

3.1 雄性动物生殖机能的发育和性行为

3.1.1 初情期

初情期指雄性动物第一次能够排出精子的时期,它标志着雄性动物开始具备生殖能力,此时期机体的发育最为迅速。

猪、绵羊和山羊的初情期为 7 月龄,牛为 12 月龄,兔为 3～4 月龄。此时的体重不到成年体重的50%。

3.1.2 性成熟

性成熟指雄性动物性器官、性机能发育成熟,并具有受精能力的时期。此时,尽管雄性动物具有繁殖后代的能力,但由于机体其他器官和组织尚未发育完善,因此,用于配种还为时过早,需经过一段时间才能配种。否则,容易出现窝产仔数少,后代不强壮或有胚胎死亡的可能。同时,配种过早,还会影响雄性动物今后的发育。各种动物的性成熟时间详见表3.1。

表3.1　各种雄性动物达到性成熟和体成熟的时间

动物种类	性成熟/月	体成熟
牛	10～18	2～3 年
水牛	18～30	3～4 年
马	18～24	3～4 年
驴	18～30	3～4 年
猪	3～6	9～12 月
绵(山)羊	5～8	12～15 月
犬	8～10	16～24
猫	8～10	12～14
家兔	3～4	6～8 月

注：由于受品种、营养水平、气候条件和出生季节等因素的影响，各地报道的数据有差异，此表仅供参考。

（引自张忠诚主编. 家畜繁殖学［M］. 北京：中国农业出版社，2004.）

3.1.3　适配年龄

适配年龄是指雄性动物基本上达到生长完成的时期，是根据雄性动物自身发育的情况和使用目的人为确定的雄性动物用于配种的年龄阶段。

3.1.4　性行为

性行为是动物的一种特殊行为表现，而一系列完整的性行为直接关系到配种的成败。

1）表现形式

由于特殊刺激引起的性反应，可由这些反应再引起另一种反应和刺激，这种现象称为行为链或行为序列。由此表现出性行为不同的动力形式，以达到繁殖的目的。雄性动物的性行为表现一般是定型的，而且按一定的程序表现出来，大体上经过：有性激动、求偶、勃起爬跨、交配、射精、交配结束。

2）性行为对繁殖的影响

性行为对雌性动物生殖机能有刺激作用（雄性效应）：①使雌性动物性成熟提早；②使季节性发情的动物出现周期发情和排卵；③使发情动物缩短发情期，提早排卵。

性行为能提高受胎率，如母羊配种后，再接触结扎输精管的公羊，受胎率可提高10%。

3.2　精子的发生

精子是雄性动物到一定年龄后由睾丸分化出来的特殊细胞。

3.2.1 精子的发生

精子在睾丸内形成的全过程称为精子的发生。雄性动物出生时,精细管内还没有管腔,在精细胞内只要性原细胞和未分化细胞(即支持细胞)到一定年龄后,精细管逐渐形成管腔,性原细胞开始变成精原细胞,精子发生以精原细胞为起点,包括精细管上皮的生精细胞分裂、增殖、演变和向管腔释放等过程。精细胞分裂不同与体细胞,即自精原细胞起到最后变成精子,需经过复杂的分裂和形成过程,在此过程中染色体数目减半,细胞质和细胞核也发生明显变化,如图 3.1 所示。

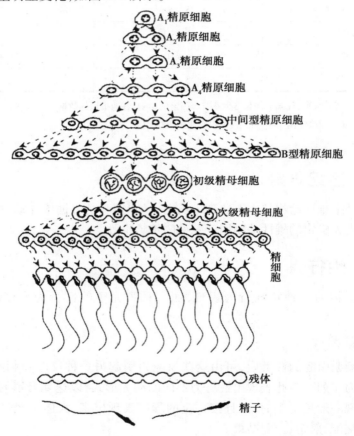

图 3.1　精子发生期间依次出现的各种细胞类型示意图
(引自 E. S. E. Hafez:Reproduction in Farm Animals,5th Ed. ,1987)

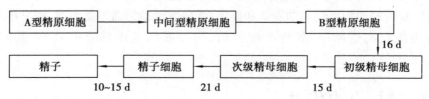

精子的发生期,牛需 60 d,猪需 45 d,羊需 49 d。

3.2.2　精子的形态和结构

精子的结构分头部、颈部、尾部,如图3.2所示。

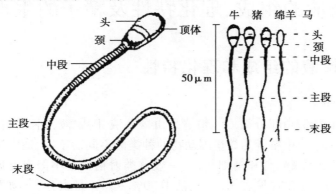

图3.2　几种主要动物的精子结构造图

(引自张忠诚主编. 家畜繁殖学[M]. 北京:中国农业出版社,2004.)

1)头部

动物精子的头部为扁卵圆形,家禽的呈长圆锥形,精子的头部由细胞核构成,内含遗传物质 DNA。

(1)细胞核

染色体和 DNA 的含量为体细胞的一半,核的前部为帽状双层结构的顶体,也称核前帽,核的后部由核后帽包裹并与核前帽形成局部交叠部分,叫核环。猪和啮齿类动物的精子核与顶体之间的核膜前部形成一个锥形突起,叫作穿卵器,是核膜的变形体,有利于受精过程精子入卵子。

(2)顶体

顶体内含有多种水解酶,如透明质酸酶和顶体素。酶的活动在受精过程中能促进精子和卵子的结合。顶体被破坏受精能力降低或消失。

(3)核后帽

核后帽包在核后部分细胞膜上,对伊红易着色的属于死精子,不易着色的为活精子,因此可以鉴别死活精子。

(4)细胞质膜

细胞质膜主要含脂蛋白,耐酸不耐碱。

2)颈部

颈部位于头的基部,连接头部和尾部,是精子最脆弱的部分,易脱落形成无尾精子。

3)尾部

尾部为精子最长的部分,是精子的代谢和运动器官。根据其结构的不同分为中段、主段和末段。尾的基础是纤丝,有中心纤丝两条,纵贯尾的各部。中心纤丝的外围还有两圈呈同心圆排列的纤丝。精子的运动主要靠尾的鞭索状波动,推动精子向前运动。由

于精子的能量来自尾的中段,头尾脱离或头部有缺陷或损伤的精子仍可能有运动的能力。

3.3 精液的组成、理化特性及精子的生理特性

3.3.1 精液的组成和理化特性

1)精液的组成

精液由精子和精清两部分组成。精清是由睾丸液、附睾液、副性腺分泌物组成的混合液体。射精量和精液中精子的数量因动物的种类的不同而不同,通常牛和羊的射精量小,而精子的密度很大,猪、兔和马则相反,一般禽类射精量很小但密度比家畜大。各种动物的射精量和精子密度详见表3.2。精液中90%~98%是水分,干物质2%~10%,干物质中蛋白质60%左右,还含无机物、酶等。

表3.2 各种动物的射精量和精子密度

动物种类	一次射精量/ml	精子密度/(亿·ml^{-1})
牛	4(2~10)	10(2.5~20)
水牛	3(0.5~12)	9.8(2.1~20)
绵(山)羊	1(0.7~2)	30(20~50)
马	70(30~300)	1.2(0.3~8)
犬	10(5~80)	1.25(0.4~5.4)
驴	50(10~80)	4(2~6)
猪	250(150~500)	2.5(1~3)
家兔	1(0.4~6)	7(1~20)
鸡	0.8(0.2~1.5)	3.5(0.5~60)

(引自中国农业大学主编.家畜繁殖学[M].北京:中国农业出版社,2000.)

2)精液的化学成分及功用

(1)无机成分

阳离子以 K^+ 和 Na^+ 为主,精子内 K^+ 的浓度比精液的高,而钠和钙的浓度则反之。精清中含适量的 K^+ 可保持精子有活力,如不含钾则丧失活力。钠常与柠檬酸结合,维持精液渗透压,Cl^- 和 PO_4^{3-} 是主要的阴离子。

(2)糖类

精液中含有的糖主要是果糖,而且大多数来源于精囊腺。果糖的分解产物丙酮酸,并且释放能量,在射精的瞬间给精子能源,射精后很快从精清中消失。果糖在牛、绵羊的精液中浓度高,而在马、猪和犬的精液中则很低。精液中无葡萄糖。但精液中的果糖也是由血液中的葡萄糖通过精液囊、磷酸酶等作用转化为果糖的。

精液中还含有几种糖醇,而以山梨醇和肌醇为代表,来源于精囊腺。山梨醇可以被精子氧化成果糖,同时也可以由果糖还原而成。

肌醇在猪精清中特别多,与柠檬酸相似都不能为精子直接利用。主要是防止精子凝聚和维持精液渗透压。

(3)蛋白质和氨基酸

精子中的蛋白质主要是组蛋白,约占精子比重的一半以上,主要在头部与DNA结合构成碱性的核蛋白,并在尾部形成脂蛋白和角质蛋白。

麦硫因是蛋白质的一种产物,属于碱性氨基酸,对精子具有保护作用,主要是抗Cu^+、过氧化氢对精子活动和糖酵解的破坏作用。

(4)脂类

精液中脂类物质主要是磷脂。在精子中大量存在,主要是在精子表膜和线粒体内,而且尾部多于头部。精清中的磷脂主要是卵磷脂和缩醛磷脂。

前列腺是精清中磷脂的主要来源,对精清有营养作用和防止冷休克作用,以延长精子的存活时间,此外,如胆碱及其衍生物甘油磷酰胆碱,牛、猪主要来源于附睾分泌物,但不能直接被精子利用。而是当精子与雌性生殖器的分泌物接触时,才被精子利用。

(5)酶

精清中出现的酶主要来源于副性腺。主要有以下几种:

①三碳酸腺苷酶、核苷酸酶:对精子的呼吸和糖酵解等代谢活动所必需的酶。

②蛋白质分解酶、透明质酸酶、顶体素等,与受精有关。

③过氧化酶:H_2O_2在精液中过多积累可破坏精子,此酶能分解精液中的H_2O_2。

④谷氨酸—草酰乙酸转氨酶:作用是分解AA。

(6)维生素

精液中含有几种维生素,这和动物本身的营养有关。主要有维生素B_1、维生素B_2、维生素C等,这些维生素的存在有利于提高精子的活力或密度。

(7)其他有机物

主要来源于精囊腺,有有机酸盐、胆固醇,尿素、柠檬酸等。乳酸盐对精子有缓冲作用,维持pH值。

各种动物精液的主要成分见表3.3。

表3.3 各种动物精液的主要成分

单位:mg/100 ml;水分、蛋白质:g/ml

成 分	牛	绵 羊	猪	马
水分	90(87~95)	85.0	95(94~98)	98.0
钠	230(140~280)	190(120~250)	650(290~850)	70.0
钾	140(80~210)	90(50~140)	240(80~380)	60.0
钙	44(35~60)	11(6~15)	5(2~6)	20.0
镁	9(7~12)	8(2~13)	11(5~14)	3.0

续表

成　分	牛	绵羊	猪	马
氯	371(309~433)	86.0	330(260~430)	270(90~450)
果糖	530(150~900)	250.0	13(3~15)	2(0~6)
山梨醇	75(10~140)	72(26~120)	12(6~18)	40(20~60)
肌醇	35(25~46)	12(7~14)	530(380~630)	31.2(19~47.8)
柠檬酸	720(340~1150)	140(110~260)	130(30~330)	26(8~53)
乳酸	35(20~50)	36.0	27.0	12.1(9.2~15.36)
蛋白质	6.8	5.0	3.7	1.0

（引自张周主编.动物繁殖［M］.北京：中国农业出版社,2001.）

3）精清的生理作用

精清在精液中所占比例与动物的种类和射精量有密切关系,猪占93%、马占92%、牛占85%、羊占70%。精清的主要生理作用表现为：

（1）稀释来自附睾的浓密精子、扩大精清容量

雄性动物射精时,来自附睾的浓稠精液与副性腺分泌物混合稀释,不仅扩大了精液容量,也降低了精液黏滞度,促进精子的排出和在雌性动物生殖道的运行。

（2）调整精液 pH,促进精子的运动

射出的精液其 pH 高于附睾内的精液,为中性或弱碱性液体,pH 的提高对处于附睾内休眠状态的精子具有激活作用,使精子具有正常的运动能力和形式。

（3）为精子提供营养物质

精子主要的营养物质是在其与副性腺的分泌物混合后获得的。精清中的果糖、山梨醇和甘油磷酰胆碱等,都是精子代谢的外源营养物质。

（4）对精子的保护作用

精清中的一些成分对精子有一定的保护作用,如柠檬酸盐和磷酸盐是精液中的重要缓冲物质;另有一些成分可能对防止氧化剂的损害和精子的凝集有一定的作用。

（5）清洗尿道和防止精液逆流

尿道球腺在射精前先分泌,有冲洗和润尿道的作用。

猪、马、兔、鼠和豚鼠等动物的精清中含有凝固醇,能使精液在射入雌性生殖道后呈凝胶状,是在自然交配时防止精液逆流的天然保护措施。

3.3.2　精子的生理特性

1）精子的代谢

精子在体外生存,必须进行物质代谢和能量代谢,以满足其生命活动所需养分。精子代谢过程较为复杂,主要有糖酵解和呼吸作用。

（1）**精子的糖酵解**

糖类对维持精子的生命活动至关重要,但精子内部的糖很少,必须依靠精清中的糖作为原料,经酵解后供精子利用。精子糖酵解主要利用果糖,代谢产物是丙酮酸和乳酸,在有氧情况下最终分解成 CO_2 和水,并释放能量。精子对糖的分解能力与精子密度成正比,可作为评定精液品质的标准。

（2）**精子的呼吸**

精子的呼吸主要在尾部进行,通过呼吸作用,对糖类彻底氧化,从而得到大量能量。呼吸旺盛,会使氧和营养物质消耗过快,造成精子早衰,对精子体外存活不利。为防止这一不良现象,在精液保存时常采取降低温度、隔绝空气和充入 CO_2 等办法,使精子减少能量消耗,以延长其体外存活时间。

精子的耗氧率:精子中含有的代谢基质多,呼吸强度就大,精液的 pH、温度及精子密度也与呼吸有关。精子的耗氧量通常按 1 亿个精子在 37 ℃下,经 1 h 产生乳酸的微克数来计算,家畜的耗氧量一般为 5 ~ 22 μl。当精液中磷的含量升高时,精子耗氧量降低,使乳酸积累增多,根据乳酸的多少来间接测定出精子的耗氧量。

精子的呼吸商:精子在呼吸过程中吸收 O_2,排出 CO_2,由精子产生的 CO_2 除以消耗的 O_2 的量,即为呼吸商,由此可反映出代谢基质的种类和性质。

2）精子的运动

精子运动与其代谢机能有关,是活精子的主要特征。

（1）**精子的运动形式**

①直线前进运动:在条件适宜的情况下,正常的精子作直线前进运动,这样的精子能运行到输卵管的壶腹部与卵子完成受精作用,是有效精子。

②原地摆动运动:精子头部摆动,不发生位移,当精子周围环境不适时,如温度偏低或 pH 下降等,也会引起精子出现摆动。

③圆周运动:精子围绕点作转圈运动,最终会导致精子衰竭,这样的精子同样是无效的。

（2）**精子运动的速度**

精子周围的液体性质影响其运动速度。在非流动性液体中,马的精子运动速度约 90 μm/s,而在流速 120 μm/s 的液体中速度能达到 180 ~ 200 μm/s。

（3）**精子的运动特性**

①向流性:在流动的液体中,精子表现出逆流向上的特性,运动速度随液体流速而加快。在雌性动物生殖道中,由于发情时分泌物向外流动,因此精子可逆流向输卵管方向运行。

②向触性:在精液中如果有异物,精子就会向着异物运动,其头部顶住异物做摆动运动,精子活力就会下降。

③向化性:精子具有向着某些化学物质运动的特性,雌性动物生殖道内存在某些特殊化学物质如激素、酶,能吸引精子向生殖道上方运行。

3.4 外界因素对体外精子的影响

3.4.1 温度

在 0~5 ℃时精子往往停止运动,在这个温度精子的代谢、活动力都受到抑制。当温度升高以后,精子又可能恢复运动,10 ℃时精子能运动。37 ℃时精子活动相当活跃,但只能维持几个小时。因而在这时,精子活动能力和代谢能力都增强,本身的能量大大消耗,高于体温时,精子运动异常强烈,但很快就死亡。55 ℃时,精子很快就会失去活力,往往使精子蛋白质凝固而很快死亡。低温时,精子的代谢活动受到抑制,当温度恢复时,仍能保持活力,继续进行代谢,这正是精液冷冻和低温保存的主要理论依据。

低温保存精液时,在降低温度时要防止温度下降太突然,否则,精子很快就会失去活动力,而且精子不能复苏。温度突然下降,使精子受到冷的刺激,产生温度性冷休克,导致精子死亡。造成精子冷休克死亡的原因是:①当精子受到冷休克后,能使 ATP 迅速破坏,而且不能再使它合成,以致严重影响酵解和呼吸。②精子发生冷休克时,精子细胞膜受到破坏,渗透压升高,往往使细胞膜的 K^+ 和蛋白质渗出,严重地损害了细胞的结构。防止冷休克的措施:①采取逐渐降温方法。②在稀释液中加入防冷刺激剂——卵黄和奶类。

3.4.2 光照和辐射

日光对精液短时间的照射,尽管能刺激精子对氧摄取和活动力,但毕竟是有害的,光线的有害作用,主要是对精子引起光化学反应,产生过氧化氢引起精子中毒,造成精子死亡。尤其是直射光线,往往在精液中加入过氧化氢酶,以破坏形成的过氧化氢。紫外线不仅可以降低精子受精能力,而且可杀死精子,所以实验室的日光灯,对精子仍有不良影响。X 射线也有破坏、杀死精子的作用。

3.4.3 溶液的酸碱度的影响

精子在生存过程中,要有一定的酸碱度范围,过高过低对精子的活动都有影响,造成精子死亡。pH 值偏低即弱酸性环境,精子活动受到抑制,呼吸作用、糖酵解作用也降低,此时精子呈假死状态,暂时不活动;pH 值偏高即碱性环境中精子活动、呼吸作用、代谢活动都增强,以至容易耗费能量,存活时间不能持久。在精液保存时,常加入一些缓冲剂,如柠檬酸盐、磷酸盐以调整 pH 值,防止 pH 值改变。

3.4.4 溶液渗透压的影响

精子与其周围的液体基本上是等渗透压,大致和血浆的渗透压相同,如果精清部分盐类浓度升高,则渗透压必高,容易引起精子本身的水分的脱出,致使尾部呈锯齿状,头部缩小;反之,低渗透压则使精子头部膨大,尾部圆形弯曲。一般来说,低渗压比高渗压危害更大。

3.4.5 离子浓度影响

离子浓度常影响精子的代谢和运动。一般阴离子对精子的损害大于阳离子。少量的离子浓度能促进呼吸、糖酵解和运动,大量时对精子的代谢和运动有抑制作用。

电解质对细胞膜的通透性总要比非电解质的弱,因而对渗透压的破坏性较大,并能同时刺激乃至损害精子。含有一定量的电解质时,细胞的正常刺激和代谢是必要的,故其能起缓冲作用。如果在溶液中电解质含量过多,或只含有电解质,如生理盐水,即使它是精子的等透液,但由于对精子的刺激作用,致使精子运动活泼,死亡快。

3.4.6 稀释程度

在精液中加入糖类或缓冲剂使渗透压与精子相等时,对精液保存有利,稀释得适当时对精子保存有利,但高倍稀释时精子活力有损害。高倍稀释可破坏精子细胞膜的磷脂物质。另外可改变渗透压。

3.4.7 化学物质的影响

一些消毒剂、防腐剂对精子都有破坏作用。

3.5 精子的凝集

对精液处理过程所出现的精子凝集现象和某些不孕症的分析表明,精子的凝集严重影响精子的运动、代谢和受精能力。其产生的原因主要来自理化因素和免疫学方面的作用。

3.5.1 理化因素

精液处理中,有时不适当的操作或稀释液的某些化学成分、生物化学指标不能适应精子生理需求,就有可能发生凝集现象。如稀释液的成分、pH 的改变、冷休克、浓缩以及渗透压的变化,都有可能造成精子的凝集。常见的是几个或多个精子头对头或尾对尾聚集在一起,其凝集的程度不同对精液品质的影响也不同,甚至使某些动物的精液完全失去使用价值。由于某些电介质对精子表明精清蛋白或细胞膜脂类的破坏,往往会加速精子的凝集。在稀释液的配置和精液处理中,不但要严格遵循某些操作规程,而且要关注某些个体的特殊反应。

3.5.2 化学物质的影响

不仅精子有抗原性,精清乃至稀释液中的某些成分都可能具有一定的抗原性,例如,某些副性腺的分泌物,稀释液中常用的卵黄等。在配种和输精的过程中,就有可能在雌性动物生殖道内产生相应的抗体。抗体是否产生和浓度的高低存在种间和个体差异,也与反复配种和输精的次数有关。一旦这种免疫反应发生,雌性动物的受胎率就会引起不同程度的降低,甚至会造成免疫性不孕。

复习思考题

一、名词解释(每题2分,共14分)

1.精子的发生　2.性成熟　3.体成熟　4.适配年龄　5.初情期　6.穿卵器
7.精子的糖酵解

二、填空题(每空1分,共30分)

1.精液由_____、_____和_____组成。

2.猪、羊、牛、犬、猫和家兔的体成熟为_____、_____、_____、_____、_____、_____。

3.精子的结构分为_____、_____和_____。

4.动物精子的头部由_____、_____、_____和_____组成。其中_____是最脆弱的部分,是_____精子的代谢和运动器官。

5.精清是由_____、_____和_____组成的混合液体。

6.精清中的酶类主要来源于_____。

7.精子代谢方式主要有_____和_____。

8.精子的运动形式主要有_____、_____和_____3种。

9.精子的运动特性有_____、_____和_____3种。

三、选择题(每题2分,共20分)

1.精清中含适量的(　　)离子,可保持精子活力;如不含,则丧失活力。

A.K^+　　　　　B.Na^+　　　　　C.Cl^-　　　　　D.PO_4^{3-}

2.能缩短精子生存时间的因素是(　　)。

A.0～5 ℃的温区　　　　　　　B.弱酸环境

C.1%的NaCl溶液　　　　　　　D.向稀释液中加入土霉素

3.在精液所含的糖醇中,(　　)不能被精子直接利用,但它有防止精子凝聚和维持精液渗透压的作用。

A.K^+　　　　B.肌醇　　　　C.麦硫因　　　　D.磷脂

4.精子的呼吸主要在(　　)进行的,通过呼吸作用,对糖类彻底氧化,从而得到大量能量。

A.头部　　　　B.颈部　　　　C.尾部　　　　D.头颈部

5.精液中含的糖类主要是(　　)。

A.葡萄糖　　　　B.麦芽糖　　　　C.果糖　　　　D.甘糖

6.精液中所含的糖类主要来源于(　　)。

A.精囊腺　　　　B.前列腺　　　　C.尿道球腺　　　　D.副性腺

7.精清中磷脂的主要来源为(　　)。

A.精囊腺　　　　　B.前列腺　　　　　C.尿道球腺　　　　D.副性腺

8.精子的正常运动方式为(　　　)运动。

A.直线前进　　　　B.原地摆动　　　　C.圆周　　　　　　D.原地不动

9.精液中的脂类物质主要是(　　　)。

A.糖脂　　　　　　B.胆固醇酯　　　　C.胆固醇　　　　　D.磷脂

10.适宜精子生存的溶液环境应为(　　　)。

A.高渗　　　　　　B.等渗　　　　　　C.低渗　　　　　　D.以上都可以

四、判断题(每题2分,共16分)

1.精子的发生过程中,1个初级精母细胞最终能够生成4个精子。　　　　　(　　)

2.精子在0~5℃时往往停止运动,在这个温度下,精子的代谢、活动力都受到抑制。
　　　　　　　　　　　　　　　　　　　　　　　　　　　　　　　　　(　　)

3.卵黄和奶类是加入精液稀释剂中的很好的防冷刺激剂。　　　　　　　　(　　)

4.在酸性环境中,精子活动、呼吸作用、代谢活动增强,以致容易消耗能量,存活时间
不能持久。　　　　　　　　　　　　　　　　　　　　　　　　　　　　(　　)

5.精液在保存时,为了减少微生物等对精子的伤害,保存前应先对精液进行紫外线
灯照射消毒。　　　　　　　　　　　　　　　　　　　　　　　　　　　(　　)

6.精子头部的顶体内含有多种水解酶,为精卵结合受精起重要的促进作用。(　　)

7.猪的精清中含有凝固醇,能使精液在射入母猪生殖道后呈凝胶状,防止精液逆流。
　　　　　　　　　　　　　　　　　　　　　　　　　　　　　　　　　(　　)

8.精子的运动主要靠颈部的鞭索状波动,推动精子向前运动。　　　　　　(　　)

五、简答题(每题4分,共12分)

1.简述初情期、性成熟和初配适龄之间的关系。怎样确定动物的初配年龄?

2.精清的生理作用有哪些?

3.简述动物的性行为表现及对繁殖的影响。

六、论述题(8分)

结合影响精子的外界因素,谈谈如何延长精子在体外的保存时间。

第4章
雌性动物生殖生理

本章导读:本章主要介绍了雌性动物的初情期、性成熟和初配年龄、卵泡发育各阶段的特点、卵子发生过程和卵子的形态、排卵和黄体形成过程、发情周期各阶段的特点。通过学习,要求掌握雌性动物的发情、发情鉴定、适时配种、乏情、产后发情和异常发情等相关技术。

4.1 雌性动物生殖机能的发育和成熟

性发育的主要标志是雌性动物出现第二性征。雌性动物出生后,生殖器官虽然生长发育,但无明显的性活动现象。当雌性动物生长发育到一定时期,卵巢开始活动,在雌激素的作用下,出现明显的雌性第二性征,如乳腺开始发育,使乳房增大;长骨生长减慢,皮下脂肪沉积速度加快,出现雌性体型。雌性动物性活动的主要特点是具有周期性。

性机能的发育过程是一个发生至衰老的过程。在母畜性机能的发育过程中,一般分为初情期、性成熟期、体成熟期及繁殖机能停止期。各期的确切年龄根据畜种、品种、饲养管理水平以及自然环境条件等因素而有不同,即使同一品种,也因个体生长发育及健康情况不同而有所差异。

4.1.1 初情期

母畜初次发情和排卵的时期,称为初情期。初情期也是指繁殖能力开始的时期。此时生殖器官仍在继续生长发育。

初情期以前,母畜的生殖道和卵巢生长缓慢,随着母畜年龄的增长而逐渐增大。卵巢上也具有生长卵泡,但经一段时间后闭锁退化而消失,新的生长卵泡再次出现,最后又再闭锁退化,如此反复进行,直到初情期开始,卵泡才能生长成熟以至排卵。初情期后,随着释放到血液中的促性腺激素水平的提高,促进卵巢中的卵泡发育。同时,由于卵泡的发育,所分泌的大量雌激素被释放到血液中,刺激了生殖道的生长和发育。

初情期前的母畜,因卵巢中没有黄体产生,而缺少孕酮分泌。因为发情前需要少量孕酮与雌激素协调作用而引发发情。为此,初情期母畜的发情往往呈现安静发情,即只排卵而不表现发情现象。

雌性动物的生理发育期到来的早晚与品种、温度、环境、出生季节及饲养管理水平等有关,其平均值见表4.1。

表4.1 各种雌性动物的生理发育期

动物种类	初情期	性成熟期	适配年龄	体成熟期	繁殖年限
黄牛	8~12月	10~14月	1.5~2.0年	2~3年	13~15年
奶牛	6~12月	12~14月	1.3~1.5年	1.5~2.5年	13~15年
水牛	10~15月	15~20月	2.5~3.0年	3~4年	13~15年
驼	24~36月	48~60月	4.5~5.5年	5~6年	18~20年
马	12月	15~18月	2.5~3.0年	3~4年	18~20年
驴	8~12月	18~30月	24~30月	3~4年	12~16年
猪	3~6月	5~8月	8~12月	9~12月	6~8年
绵羊	4~5月	6~10月	12~18月	12~15月	8~11年
山羊	4~6月	6~10月	12~18月	12~15月	7~8年
犬	6~8月	8~14月	12~18月	—	—
猫	6~8月	8~10月	12月	—	8年
兔	4月	5~6月	6~7月	6~8月	3~4年
鸡	—	5~6月	—	—	—
鸭	—	6~7月	—	—	—
小鼠	30~40天	36~42天	65~80天	—	1~2年
大鼠	50~60天	60~70天	80天	—	1~2年

注:由于受品种、营养水平、气候条件和出生季节等因素的影响,各地报道的数据有差异,此表仅供参考。

(引自杨利国主编.动物繁殖学[M].北京:中国农业出版社,2003.)

4.1.2 成熟期

性成熟是母畜初情期以后的一段时间,此时生殖器官已发育成熟,具备了正常的繁殖能力,则称为性成熟。但此时躯体其他器官的生长发育仍在继续进行,尚未达到完全成熟的阶段,故一般情况下不宜配种,以免影响母畜和胎儿的生长发育。各种家畜的性成熟期见表4.1。

4.1.3 适配年龄

母畜的适配年龄应根据具体生长发育情况而定,一般在性成熟期以后,但在开始配种时体重应不低于其成年群体平均体重的70%。

4.1.4 体成熟

母畜出生后达到成年体重的年龄,称为体成熟。母畜在适配年龄配种受胎,躯体仍未完全发育成熟,再经过一段时间才能达到成年体重。

4.1.5 繁殖能力停止期

母畜的繁殖能力有一定的年限,繁殖能力消失的时期,称为繁殖能力停止期。繁殖能力的长短因品种、饲养管理、环境条件以及健康情况等不同而异。母畜繁殖能力丧失后,便无饲养价值,应及时予以淘汰。母畜的繁殖利用年限见表4.1。

4.2 卵泡发育和卵子的发生

4.2.1 卵子的发生

雌性生殖细胞分化和成熟的过程称为卵子发生。卵子的发生过程包括卵原细胞的增殖、卵母细胞的生长和卵母细胞的成熟3个阶段。

1)卵原细胞的增殖

动物在胚胎期性别分化后,雌性胎儿的原始生殖细胞便分化为卵原细胞。卵原细胞通过有丝分裂,一分为二,二分为四,形成许多卵原细胞,这个时期称为增殖期,或称有丝分裂期。卵原细胞经过最后一次有丝分裂之后,即发育为初级卵母细胞并进入成熟分裂前期,经短时间后,便被卵泡细胞所包围形成原始卵泡。原始卵泡出现后,有的卵母细胞就开始退化,卵泡发生闭锁。自此之后,卵母细胞不断产生同时又不断退化,到出生时或出生后不久,卵母细胞的数量已减少很多。例如,一头牛出生时有6万~10万个卵母细胞,一生中有15年的繁殖能力,如发情不配种,每3周发情排卵1次,总共排卵数也才256个,排卵率仅占0.2%~0.4%,这还是理论上的最高值。实际上,在自然繁殖情况下,由于妊娠等因素排卵数还少得多。由此可见,提高牛的排卵率有很大的潜力,目前采用超数排卵、胚胎移植等新技术,对于提高良种母牛的繁殖力有重大意义。

2)卵母细胞的生长

卵原细胞经最后一次分裂而发育成为初级卵母细胞并形成卵泡。这个时期的主要特点是:①卵黄颗粒增多,使卵母细胞的体积增大;②透明带出现;③卵泡细胞通过有丝分裂而增殖,由单层变为多层。卵泡细胞作为营养细胞为卵母细胞提供营养物质,为以后的发育提供能量来源。

3)卵母细胞的成熟

卵母细胞的成熟经过了两次成熟分裂。卵泡中的卵母细胞是一个初级卵母细胞,在排卵前不久完成第一次成熟分裂,经分裂前期的细线期、偶线期、粗线期、双线期及终变期,进入分裂中期、后期到末期。与此同时,卵母细胞的核仍向卵黄膜移动,核仁和核膜消失,染色体聚集成致密状态,然后中心小体分裂成两个中心小粒,并在其周围出现星体,这些星体分开形成纺锤体,成对的染色体游离在细胞质中,并排列在纺锤体的赤道板上。在第一次成熟分裂末期,纺锤体旋转,排出有一半染色体及少量细胞质的极体,称为第一极,而含大部分细胞质的卵母细胞则称为次级卵母细胞。因此,每个细胞所含染色体数目仅为初级卵母细胞的一半。

第二次成熟分裂时,次级卵母细胞分裂为卵细胞和一个极体,称为第二极体,与第一极体一样,所含的细胞质很少。此外,第一极体有时也有可能分裂为两个极体,称为第三极体和第四极体,所以在透明带内有可能有 1～3 个极体(如图 4.1)。

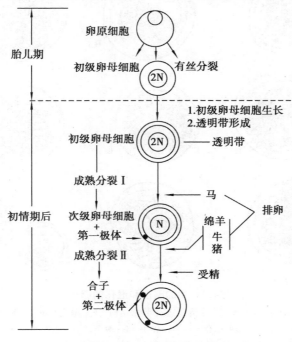

图 4.1 卵子发生的主要成熟阶段

(引自张忠诚主编. 家畜繁殖学[M]. 北京:中国农业出版社,2004.)

　　大多数动物在胎儿期或出生后不久,初级卵母细胞进行到第一次成熟分裂前期的双线期卵母细胞就进入持续很久的静止期,这一时期一直持续到排卵前不久才结束。

　　大多数动物在排卵时,卵子尚未完成成熟分裂。牛、绵羊和猪的卵子,在排卵时只是完成第一次成熟分裂,即卵泡成熟破裂时,放出次级卵母细胞和一个极体,排卵后次级卵母细胞开始第二次成熟分裂,直到精子进入透明带,卵母细胞被激活后,放出第二极体,这时才算完成第二次成熟分裂。大多数家畜,在排卵后 3～5 d,受精及未受精的卵细胞都已运行到子宫,未受精的卵细胞在子宫内退化及碎裂。但母马的卵子,排卵后才完成第一次成熟分裂,同时,似乎只有受精才能通过输卵管而进到子宫,未受精的卵子则停留在输卵管内,最后崩解吸收。

4.2.2　卵子的形态和结构

1)卵子的形态和大小

　　哺乳动物的卵子为圆球形,凡是椭圆、扁圆、有大型极体或卵黄内有大空泡的,特别大或特别小的都属于畸形卵子(如图 4.2)。卵子较一般细胞含有多量的细胞质,细胞质中含有卵黄,所以卵子比一般的细胞大得多。鸟类胚胎发育的全过程都依靠卵中的卵黄作为营养物质,其卵细胞就更大。高等哺乳动物仅在胚胎发育的早期依赖卵中的卵黄作为营养,所以卵黄的含量很少。不含透明带的卵子直径为 70～140 μm。

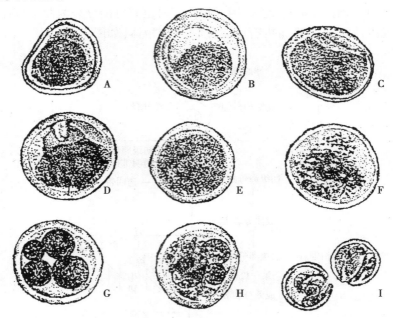

图4.2　牛的畸形和退化的卵子

A,B,C,D—畸形的未受精卵,显示异常结构　E—退化的单细胞卵子

F—更进一步的退化　G,H—碎块　I—两个透明带破裂的卵子

（引自张忠诚主编.家畜繁殖学[M].北京:中国农业出版社,2004.）

2) 卵子的结构

卵子的主要结构包括放射冠、透明带、卵黄膜及卵黄等部分,如图4.3所示。

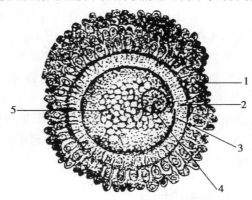

图4.3　卵子结构模式图

1.放射冠　2.透明带　3.卵黄膜　4.核　5.卵黄

（引自中国农业大学主编.家畜繁殖学[M].北京:中国农业出版社,2000.）

（1）放射冠

紧贴卵母细胞透明带的一层卵丘细胞呈放射状排列,称为放射冠。

（2）卵膜

卵子有两层明显的被膜,即卵黄膜和透明带。卵黄膜是卵母细胞的皮质分化物,它具有与体细胞的原生质膜基本上相同的结构和性质。透明带是一均质而明显的半透膜，一般认为它是由卵泡细胞和卵母细胞形成的细胞间质，可以被蛋白分解酶如胰蛋白酶和胰凝乳蛋白酶所溶解。

透明带和卵黄膜具有保护卵子完成正常的受精过程，使卵子有选择性地吸收无机离子和代谢产物，对精子具有选择作用等功能。

（3）**卵黄**

排卵时，卵黄占据透明带内大部分容积。受精后，卵黄收缩，并在透明带与卵黄膜之间形成"卵黄周隙"。成熟分裂过程中卵母细胞排出的极体就存在于此。卵黄内含有线粒体、高尔基体，同时还含有色素内容物。卵子的核位置不在中心，有明显的核膜，核内有一个或多个染色质核仁，所含的 DNA 量很少，而在核周围的细胞质中出现 DNA 带。实际上，大多数哺乳动物排出的卵处于第二次成熟分裂的中期，并不表现核的形态。

4.2.3　卵泡的发育

动物在出生前卵巢含有大量原始卵泡，出生后随着年龄的增长而不断减少，多数卵泡中途闭锁而死亡，少数卵泡发育成熟而排卵。哺乳动物在发情周期中，实际发育的卵泡数多于能达到成熟和排卵的卵泡数，如猪在卵泡期存在的卵泡数比排卵的卵泡数多 2～3 倍。

初情期前，卵泡虽然能发育但不能成熟排卵，当发育到一定程度时便退化萎缩。初情期后，卵巢上的原始卵泡才通过一系列发育阶段而达到成熟排卵。卵泡发育从形态上可分为几个阶段，依次为：原始卵泡、初级卵泡、次级卵泡、三级卵泡和成熟卵泡。有的把初级卵泡开始生长至三级卵泡阶段，统称为生长卵泡。有的又根据卵泡出现泡腔与否分为无腔卵泡（或称腔前卵泡）和有腔卵泡（或称囊状卵泡），三级卵泡以前的卵泡尚未出现泡腔，统称为无腔卵泡，而将三级卵泡和成熟卵泡称为有腔卵泡。

1）原始卵泡

原始卵泡排列在卵巢皮质外周，其核心为一卵母细胞，周围为一层扁平状的卵泡上皮细胞，没有卵泡膜也没有卵泡腔。

2）初级卵泡

初级卵泡排列在卵巢皮质外围，是由卵母细胞和周围的一层立方形卵泡细胞组成，卵泡膜尚未形成，也无卵泡腔。

3）次级卵泡

在生长发育过程中，初级卵泡移向卵巢皮质的中央，这时卵泡上皮细胞增殖，使卵泡上皮形成多层圆柱状细胞，细胞体积变小，称颗粒细胞。开始时，这些卵泡细胞与卵母细胞的卵泡膜紧紧相连，随着卵泡的生长，卵泡细胞分泌的液体积聚在卵黄膜与卵泡细胞（或放射冠细胞）之间形成透明带。放射冠细胞的突起可以保持它与卵黄膜之间的接触，同时，卵黄膜的微绒毛部分伸延到透明带，这些细胞的伸延可供卵黄营养。

4)三级卵泡

随着卵泡的发育,颗粒细胞层进一步增加,并出现分离,形成许多不规则的腔隙,充满由卵泡细胞分泌的卵泡液,各小腔隙逐渐合并形成新月形的卵泡腔。由于卵泡液的增多,卵泡腔也逐渐扩大,卵母细胞被挤向一边,并被包裹在一团颗粒细胞中,形成半岛突出在卵泡腔中,称为卵丘。其余的颗粒细胞紧贴于卵泡腔的周围,形成颗粒层。在颗粒层外周形成卵泡膜,卵泡膜有两层,其中内膜为上皮细胞,并分布有许多血管,内膜细胞具有分泌类固醇激素的能力;外膜由纤维细胞构成。

5)成熟卵泡

成熟卵泡又称葛拉夫氏卵泡。三级卵泡继续生长,卵泡液增多,卵泡腔增大,卵泡扩展到整个卵巢的皮质部而突出于卵巢的表面。

发育成熟的卵泡结构,由外到内分别是:卵泡外膜、卵泡内膜、颗粒细胞层、卵丘、透明带、卵细胞。

哺乳动物卵泡与卵子在形态上的关系和各种卵泡的名称术语如图4.4和图4.5所示。

各种动物在发情时,能够发育成熟的卵泡数,牛和马一般只有1个,猪10~25个,绵羊1~3个,兔5个,大鼠10个,小鼠8个,仓鼠6个。

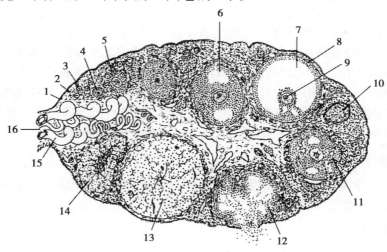

图4.4 哺乳动物卵巢中卵泡与卵子在形态学上的关系模式图

1.生殖上皮 2.白膜 3.原始卵泡 4.初级卵泡 5.次级卵泡 6.三级卵泡 7.成熟卵泡
8.颗粒卵泡 9.卵母细胞 10.白体 11.闭锁卵泡 12.刚排卵卵泡(红体) 13.成熟黄体
14.退化黄体 15.血管 16.卵巢门

(引自中国农业大学主编.家畜繁殖学[M].北京:中国农业出版社,2000.)

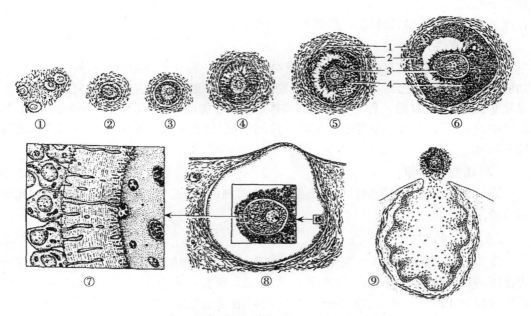

图4.5　哺乳动物的卵子和卵泡发生与发育过程示意图

①卵原细胞　②初级卵泡　③次级卵泡　④生长卵泡　⑤生长卵泡(出现新月形腔隙)

⑥生长卵泡(出现卵丘)　⑦卵黄膜的维绒毛部伸延到透明带　⑧成熟卵泡　⑨排卵卵泡

1.卵泡外膜　2.颗粒层　3.透明带　4.卵丘

(引自张忠诚主编.家畜繁殖学［M］.北京:中国农业出版社,2004.)

4.2.4　卵泡的闭锁和退化

动物出生前,卵巢上就有很多原始卵泡,但只有少数卵泡能够发育成熟和排卵,绝大多数卵泡发生闭锁和退化。退化的卵泡数出生前较出生后多,出生后,又是初情期前较初情期后多,因此,卵泡的绝对数随着年龄的增长而减少。

卵泡的闭锁和退化,包括颗粒细胞和卵母细胞的一系列形态学的变化,其主要特征是:染色体浓缩,核膜起皱,颗粒细胞发生固缩,颗粒细胞离开颗粒层悬浮于卵泡液中,卵丘细胞发生分解,卵母细胞发生异常分裂或碎裂,透明带玻璃化并增厚,细胞质碎裂等变化。闭锁的卵泡被卵巢中纤维细胞所包围,通过吞噬作用最后消失而变成疤痕。

闭锁卵泡之所以发生闭锁,可能是由于垂体分泌 FSH 的数量不够,或者是卵泡细胞对于 FSH 的反应性差所致。FSH 浓度不够,颗粒细胞通过芳香化酶的活性将雄激素转化为雌激素的作用就减弱,因而雌激素浓度低,加之雄激素对雌激素的颉颃作用,所以卵泡对促性腺激素的反应性差,卵泡就不能充分发育,而在发育到一定阶段时便发生闭锁。由此可见,发动卵泡产生雌二醇以及增加颗粒细胞对雌二醇的反应性,是防止卵泡闭锁的关键。

4.2.5　排卵和黄体形成

1)排卵类型

大多数哺乳动物排卵都是周期性的,根据卵巢排卵特点和黄体的功能,哺乳动物的

排卵可分为两种类型,即自发性排卵和诱发性排卵。

(1)自发性排卵

卵泡发育成熟后,自行破裂排卵并自动形成黄体。但这种排卵类型所形成的黄体有功能性及无功能性之分。一是在发情周期中黄体的功能可以维持一定时间,如家畜;二是除非交配(交配刺激),否则所形成的黄体是没有功能的,即不具有分泌孕酮的功能,如鼠类中的大鼠、小鼠和仓鼠等未交配时发情期很短,约 5 d,若交配未孕发情周期可维持12~14 d。

(2)诱发性排卵

通过交配使子宫颈受到机械性刺激后才能排卵,并形成功能性黄体。骆驼、兔、猫等属于诱发性排卵。

2)排卵的过程

排卵前,卵泡经历着 3 大变化:①卵母细胞的细胞质和细胞核成熟;②卵丘细胞聚合力松懈,颗粒细胞各自分离;③卵泡膜变薄、破裂。所有这些变化都是由于 LH 和 FSH 的释放量骤增并达到一定比例时引起。排卵前卵泡形态与结构发生了一系列的变化。随着卵泡的发育和成熟,卵泡液不断增加,卵泡容积增大并凸出于卵巢表面,但卵泡内压并没有提高。突出的卵泡壁扩张,细胞质分解,卵泡膜血管分布增加、充血,毛细血管通透性增强,血液成分向卵泡腔渗出。随着卵泡液的增加,卵泡外膜的胶原纤维分解,卵泡壁变柔软,富有弹性。突出卵巢表面的卵泡壁中心呈透明的无血管区,排卵前卵泡外膜分离,内膜通过裂口而突出,形成一个乳头状的小突起,称为排卵点。排卵点膨胀,许多卵泡把卵母细胞及其周围的放射冠细胞冲出,被输卵管伞接纳。

3)排卵时间和排卵数

排卵是成熟卵泡在 LH 峰作用下产生的,从 LH 排卵峰至排卵的时间,因动物种类而有差异,但在同种动物几乎是一定的。

4)排卵部位

一般哺乳动物的排卵部位除卵巢门外,在卵巢表面的任何部位都可发生排卵,唯马属动物的排卵仅限于卵巢中央排卵窝处排卵。

在牛、马和绵羊,不管卵巢上有无前次黄体,排卵在两个卵巢可随机发生。很多哺乳动物一般都是两个卵巢交替排卵,但它们的排卵率并不完全相同,如牛右侧卵巢排卵率约为 60%,左侧卵巢约为 40%,产后的第一次排卵多发生在孕角对侧的卵巢上。

5)黄体的形成与退化

成熟卵泡排卵后形成黄体,黄体分泌孕酮作用于生殖道,使之向妊娠的方向变化,如未受精,一段时间后黄体退化,开始下一次的卵泡发育与排卵。

(1)黄体的形成

成熟卵泡破裂排卵后,由于卵泡液排出,卵泡壁塌陷皱缩,从破裂的卵泡壁血管流出血液和淋巴液,并聚积于卵泡腔内形成血凝块,称为红体。此后颗粒细胞在 LH 作用下增生肥大,并吸收类脂质——黄素而变成黄体细胞,构成黄体主体部分。同时,卵泡内膜分生出血管,布满于发育中的黄体,随着这些血管的分布,卵泡内膜细胞也移入黄体细胞之间,参与黄体的形成,此为卵泡内膜细胞来源的黄体细胞。各种动物黄体的颜色也不一样,牛、马因黄素多,黄体呈黄色;水牛黄体在发育过程中呈粉红色,萎缩时变成灰色;羊为黄色;猪黄体发育过程中为肉色,萎缩时稍带黄色。黄体是一种暂时性的分泌器官。

（2）黄体类型

在发情周期中,雌性动物如果没有妊娠,所形成的黄体在黄体期末退化,这种黄体称为周期性黄体。周期性黄体通常在排卵后维持一定时间才退化,退化时间牛为 14～15 d,羊为 12～14 d,猪为 13 d,马为 17 d。如果雌性动物妊娠,则转化为妊娠黄体,此时黄体的体积稍大,大多数动物妊娠黄体一直维持到妊娠结束才退化,而马例外,一般维持到妊娠期 160 d 左右退化,妊娠黄体退化后,依靠胎盘分泌的孕酮来维持妊娠过程。

（3）黄体退化

黄体退化时,由颗粒细胞转化的黄体细胞退化很快,表现在细胞质空泡化及核萎缩。随着微血管退化,供血减少,黄体体积逐渐变小,黄体细胞的数量也显著减少,颗粒层细胞逐渐被纤维细胞所代替,黄体细胞间结缔组织侵入、增殖,最后整个黄体细胞被结缔组织所代替,形成一个斑痕,颜色变白称为白体,残留在卵巢上。大多数动物的白体存在到下一周期的黄体期,即此时的功能性新黄体与大部分退化的白体共存。一般的规律是至第二个发情周期时,白体仅有疤痕存在,其形态已不清晰。

4.3　发情与发情周期

4.3.1　发情行为

雌性动物生长发育到一定年龄后,在垂体促性腺激素的作用下,卵巢上的卵泡发育并分泌雌激素,引起生殖器官和性行为的一系列变化,并产生性欲,雌性动物所处的这种生理状态称为发情。

正常的发情具有明显的性欲,以及生殖器官的形态与机能的内部变化。卵巢上的卵泡发育、成熟和雌激素产生是发情的本质,而外部生殖器官变化和性行为变化是发情的外部现象。正常的发情主要有 3 个方面的征状:即卵巢变化、生殖道变化和行为变化。

1）卵巢变化

雌性动物发情开始之前,卵巢卵泡已开始生长,至发情前 2～3 d 卵泡发育迅速,卵泡内膜增生,至发情时卵泡已发育成熟,卵泡液分泌增多,此时,卵泡壁变薄而突出表面。在激素的作用下,促使卵泡壁破裂,致使卵子被挤压而排出。

2）行为变化

发情时,由于发育的卵泡分泌雌激素,并在少量孕酮作用下,刺激神经系统性中枢,引起性兴奋,使雌性动物常表现兴奋不安、对外界的变化刺激十分敏感,常鸣叫,举尾拱背,频频排尿,食欲减退,泌乳量减少,放牧时常离群独自行走。

3）生殖道变化

发情时,卵泡迅速发育、成熟,雌激素分泌量增多,强烈地刺激生殖道,使血流量增

加,外阴部表现充血、水肿、松软、阴蒂充血且有勃起;阴道黏膜充血、潮红;子宫和输卵管平滑肌的蠕动加强,子宫颈松弛,子宫黏膜上皮细胞和子宫颈黏膜上皮杯状细胞增生,腺体增大,分泌机能增强,有黏液分泌。发情盛期黏液量多,且稀薄透明。发情前期黏液量少,而发情末期黏液量少且浓稠。

4.3.2　发情周期

雌性动物初情期以后,卵巢出现周期性的卵泡发育和排卵,并伴随着生殖器官及整个有机体发生一系列周期性生理变化,这种变化周而复始(非发情季节和怀孕期间除外),一直到性机能停止活动的年龄为止,这种周期性的性活动称为发情周期。发情周期的计算,一般是指从一次发情的开始到下一次发情开始的间隔时间,也有人按从一次发情周期的排卵期到下一次排卵期的间隔时间作为一个周期。各种动物的发情周期长短不一,同种动物不同品种以及同一品种不同个体,发情周期有所不同。绵羊的发情周期平均为 17 d,山羊、黄牛、奶牛、马、驴和猪等动物的发情周期平均为 21 d,具体参见表 4.2。

表 4.2　各种动物的发情周期和发情持续期

动物种类	发情周期	发情持续期	动物种类	发情周期	发情持续期
牛	21(18~24)d	18~19(13~27)h	家兔	8~15 d	诱发排卵
水牛	21(16~25)d	25~60 h	狗	单季节单次发情	7~9 d
牦牛	6~25 d	48 h 以上	猫	18(15~21)d	4 d
马	21(18~25)d	5~7(2~9)d	狐	单季节单次发情	6~10 h
驴	21~28 d	2~7 d	小鼠	4~6 d	3 h
绵羊	16~17(14~19)d	29~36(24~48)h	大鼠	4~6 d	14(12~18)h
山羊	20(18~22)d	48(30~60)h	豚鼠	16~17 d	8(6~11)h
猪	21(18~23)d	48~72(15~96)h	大象	42 d	3~4 h

(引自中国农业大学主编.家畜繁殖学[M].北京:中国农业出版社,2000.)

1)发情周期类型

动物的发情周期可以分为以下两种类型:

(1)季节性发情周期

这一类型的动物,只有在发情季节期间才能发情排卵。在非发情季节期间,卵巢机能处于静止状态,不会发情排卵,称为乏情期。在发情季节期间,有的动物有多次发情周期,称为季节性多次发情,如马、驴、绵羊及山羊等;有的在发情季节期间,只有一个发情周期,称为季节性单次发情,如狗,其发情季节有两个,即春、秋两季,每季只有一个发情周期。

(2)无季节性发情周期

这一类型的动物,全年均可发情,无发情季节之分,配种没有明显的季节性。猪、牛、湖羊以及地中海品种的绵羊等属此类型。

2）发情周期的划分

在动物发情周期中，根据机体所发生的一系列生理变化，可分为几个阶段，一般多采用四期分法和二期分法来划分发情周期阶段。四期分法是根据动物的性欲表现及生殖器官变化，将发情周期分为发情前期、发情期、发情后期和间情期4个阶段；二期分法是根据卵巢上组织学变化以及有无卵泡发育和黄体存在为根据，将发情周期分为卵泡期和黄体期。

（1）四期分法

①发情前期。这是卵泡发育的准备时期。此期的特征是：上一个发情周期所形成的黄体进一步退化萎缩，卵巢上开始有新的卵泡生长发育；雌激素也开始分泌，使整个生殖道血管供应量开始增加，引起毛细血管扩张伸展，渗透性逐渐增强，阴道和阴门黏膜有轻度充血、肿胀；子宫颈略为松弛，子宫腺体略有生长，腺体分泌活动逐渐增加，分泌少量稀薄黏液，阴道黏膜上皮细胞增生，但尚无性欲表现。

②发情期。是雌性动物性欲达到高潮时期。此期特征是：愿意接收雄性交配，卵巢上的卵泡迅速发育，雌激素分泌增多，强烈刺激生殖道，使阴道及阴门黏膜充血肿胀明显，子宫黏膜显著增生，子宫颈充血，子宫颈口开张，子宫肌层蠕动加强，腺体分泌增多，有大量透明稀薄黏液排出。多数是在发情期的末期排卵。

③发情后期。是排卵后黄体开始形成的时期。此期特征是：动物由性欲激动逐渐转入安静状态，卵泡破裂排卵后雌激素分泌显著减少，黄体开始形成并分泌孕酮作用于生殖道，使充血肿胀逐渐消退，子宫肌层蠕动逐渐减弱，腺体活动减少，黏液量少而稠，子宫颈管逐渐封闭，子宫内膜逐渐增厚，阴道黏膜增生的上皮细胞脱落。

④间情期。又称休情期，是黄体活动时期。此期特征是：雌性动物性欲已完全停止，精神状态恢复正常。间情期的前期，黄体继续发育增大，分泌大量孕酮作用于子宫，使子宫黏膜增厚，表层上皮呈高柱状，子宫腺体高度发育增生，大而弯曲分支多，分泌作用强，其作用是产生子宫乳供胚胎发育营养。如果卵子受精，这一阶段将延续下去，动物不再发情。如未孕，在间情期后期，增厚的子宫内膜回缩，呈矮柱状，腺体缩小，腺体分泌活动停止，周期黄体也开始退化萎缩，卵巢有新的卵泡开始发育，又进入到下一次发情周期的前期。

（2）二期分法

①卵泡期。是指黄体进一步退化，卵泡开始发育直到排卵为止。卵泡期实际上包括发情前期和发情期两个阶段。

②黄体期。是指从卵泡破裂排卵后形成黄体，直到黄体萎缩退化为止。黄体期相当于发情后期和间情期两个阶段。

4.3.3　异常发情、乏情和产后发情

1）异常发情

雌性动物异常发情多见于发情初期后、性成熟前性机能尚未发育完全的一段时间内。性成熟以后，由于环境条件的异常也会导致异常发情，如劳役过重，营养不良，内分泌失调，泌乳过多，饲养管理不当和温度等气候条件的突变以及繁殖季节的开始阶段。

常见的异常发情主要有：

（1）安静发情

雌性动物发情时,缺乏发情外表征状,但卵巢上有卵泡发育、成熟并排卵。常见于产后带仔母牛或母马,产后第一次发情,每天挤奶次数过多或体质衰弱的母牛以及青年动物或营养不良的动物。引起安静发情的原因是由于体内有关激素内分泌失调所致,如雌激素分泌不足,发情外表症状就不明显;促乳素分泌不足或缺乏,促使黄体早期萎缩退化,于是孕酮分泌不足,降低了下丘脑中枢对雌激素的敏感性。

（2）短促发情

短促发情是指动物发情持续时间短,如不注意观察,往往错过配种时机。短促发情多发生于青年动物,家畜中乳牛发生率较高。其原因可能是神经—内分泌系统的功能失调,发育的卵泡很快成熟破裂排卵,缩短了发情期,也可能是由于卵泡突然停止发育或发育受阻而引起。

（3）断续发情

断续发情是指雌性动物发情延续很长,且发情时断时续。多见于早春或营养不良的母马。其原因是:卵泡交替发育,先发育的卵泡中途发生退化,新的卵泡又再发育,因此产生断续发情的现象。当其转入正常发情时,就有可能发生排卵,配种也可能受胎。

（4）持续发情

持续发情是慕雄狂的一种症状,常见于牛和猪,马也可能发生。表现为持续强烈地发情行为。发情周期不正常,发情期长短不一,经常从阴户流出透明黏液,阴户浮肿,荐坐韧带松弛,同时尾根举起,配种不受胎。

慕雄狂发生的原因与卵泡囊肿有关,但并不是所有的卵泡囊肿都具有慕雄狂的症状,也不是只有卵泡囊肿才引起慕雄狂表现,如卵巢炎、卵巢肿瘤以及下丘脑、垂体、肾上腺等内分泌器官机能扰乱,均可发生慕雄狂。

（5）孕后发情

孕后发情又称妊娠发情或假发情,是指动物在怀孕期仍有发情表现。母牛在怀孕最初3个月内,常有3%~5%发情,绵羊孕后发情可达30%,孕后发情发生的主要原因是:由于激素分泌失调,即妊娠黄体分泌孕酮不足,而胎盘分泌雌激素过多所致。母牛有时也因在怀孕初期,卵巢上仍有卵泡发育,致使雌激素含量过高而引起发情,并常造成怀孕早期流产,有人称之为"激素性流产"。

2）乏情

乏情是指已达初情期的雌性动物不发情,卵巢无周期性的功能活动处于相对静止状态。乏情多属于一种生理现象,它不是由疾病引起的,是一种生理性乏情。例如,雌性动物在妊娠、泌乳期间不发情,季节性发情的动物在非发情季节不发情,还有营养不良、衰老等引起的暂时性或永久性卵巢活动降低以致不发情等都属于生理性乏情。至于卵巢和子宫一些病理状态引起的不发情,则属病理性乏情,如持久黄体、卵巢机能障碍等。

（1）季节性乏情

动物在进化过程中形成了适宜环境的季节繁殖现象。在非繁殖季节,卵巢卵泡无周期性活动而生殖道无周期性变化。对有繁殖季节的动物,可以通过改变环境条件(如温度、光照等)可使卵巢机能从静止状态转为活动状态,使发情季节提早到来。但如注射促性腺激素,往往效果不良。

（2）**泌乳性乏情**

有些动物在产后泌乳期间,由于卵巢周期性活动机能受到抑制而引起的不发情。泌乳乏情的发生和持续时间,因畜种和品种不同而有很大差异。母猪在哺乳期间,发情和排卵受到抑制,因此在正常情况下母猪是在仔猪断奶后才发情。挤乳乳牛每天挤乳多次与每天挤乳两次的母牛比,出现发情时间要延长。高产乳牛或哺乳仔数多的,乏情期一般较长。泌乳引起乏情的原因,是由于在泌乳期间过多泌乳刺激,如吮乳或挤乳的刺激而诱发外周血浆中促乳素浓度的升高,而促乳素对下丘脑产生负反馈作用,抑制了促性腺激素释放激素的释放,因而使垂体前叶 FSH 分泌减少和 LH 合成量降低,致使雌性动物不发情。另一方面,泌乳过多会抑制卵巢周期活动的恢复,因而影响发情。

（3）**营养性乏情**

日粮中营养水平对卵巢机能活动有明显的影响。因营养不良可以抑制发情,且青年动物比成年动物影响更大。如能量水平过低,矿物质、微量元素和维生素缺乏都会引起哺乳母牛和断乳母猪乏情;放牧母牛和绵羊缺磷引起卵巢机能失调,饲料缺锰可导致青年母猪和母牛卵巢机能障碍,缺乏维生素 A 和维生素 E 会出现性周期不规则或不发情。

（4）**应激性乏情**

不同环境引起的应激,如气候恶劣、畜群密集、使役过度、栏舍卫生不良、长途运输等都可抑制发情、排卵及黄体功能,这些应激因素可使下丘脑—垂体—卵巢轴的机能活动转变为抑制状态。

（5）**衰老性乏情**

动物因衰老使下丘脑—垂体—性腺轴的功能减退,导致垂体促性腺激素分泌减少,或卵巢对激素的反应性降低,不能激发卵巢机能活动而表现不发情。

3）产后发情

产后发情是指雌性动物分娩后的第一次发情。母猪一般在分娩后 3～6 d 之内出现发情,但不排卵。一般在仔猪断乳后 1 周之内出现第一次正常发情。如因仔猪死亡致使母猪提前结束哺乳期,则也在断奶后数天发情。哺乳期也有发情的,但为数甚少。

母马往往在产驹后 6～12 d 便发情,一般发情表现不太明显,甚至无发情表现。和母猪不同的是,母马产后第一次发情有卵泡发育且可排卵,因此可配种,俗称"配血驹"。

母牛一般可在产后 40～50 d 发情,但本地耕牛特别是水牛一般产后发还必须较晚,往往经数月甚至 1 年以上,主要是由于饲养管理不善或使役过度引起的。

母羊大多在产后 2～3 个月发情,不哺乳的可在产后 20 d 左右发情。

母兔在产后 1～2 d 就有发情,卵巢上有卵泡发育成熟并排卵。实验动物大白鼠和小白鼠一般在产后 2～3 周左右表现第一次发情。

4.4 发情鉴定

发情鉴定是动物繁殖工作中一项重要的技术环节。通过发情鉴定,可以判断动物的

发情阶段,预测排卵时间,以便确定配种适期,及时进行配种或人工授精,从而达到提高受胎率的目的,还可以发现动物发情是否正常,以便发现问题,并及时解决问题。

各种动物的发情特征,有其共性,也有特异性。因此,在发情鉴定时,既要注意共性方面,又要注意各种动物的自身特点。

4.4.1 外部观察法

外部观察法是各种动物发情鉴定最常用的方法,主要观察动物的外部表现和精神状态,从而判断其是否发情或发情程度。发情动物常表现为精神不安,鸣叫,食欲减退,外阴部充血肿胀、湿润,有黏液流出,对周围的环境和雄性动物的反应敏感。不同的动物往往还有特殊的表现,如母牛爬跨,母猪闹圈等。上述特征表现随发情进程由弱到强,再由强到弱,发情结束后消失。

4.4.2 试情法

试情法是根据雌性动物在性欲及性行为上对雄性动物的反应判断其发情程度。发情时,通常表现为愿意接近雄性,弓腰举尾,后肢开张,频频排尿,有求配动作等,而不发情或发情结束后则表现为远离雄性,当强行牵引接近时,往往会出现躲避行为甚至踢、咬等抗拒行为。

4.4.3 阴道检查法

阴道检查法主要适用于牛、马等动物大家畜,是应用阴道开张器或阴道扩张筒插入并扩张阴道,借用光源,观察阴道黏膜的颜色,充血程度,子宫颈松弛状态,子宫颈外口的颜色、充血肿胀程度及开口大小,分泌液的颜色、黏稠度及量的大小,有无黏液流出等来判断发情的程度。检查时,阴道开张器或扩张筒要洗净消毒,以防感染,插入时要小心谨慎,以免损伤阴道黏膜。此法由于不能准确地判断动物的排卵时间,因此,目前只作为一种辅助性检查手段。

4.4.4 直肠检查法

直肠检查法主要应用于牛马等大家畜,因直接可靠,在生产上应用广泛。其方法是:将用臂伸进母畜的直肠内,隔着直肠壁用手指触摸卵巢及卵泡发育情况,如卵巢的大小、形状、质地、卵泡发育的部位、大小、弹性、卵泡壁的厚薄以及卵泡是否破裂,有无黄体等。通过直肠检查并结合发情外部症状,可以准确地判断卵泡发育程度及排卵时间,以便准确地判定配种适期。但在采用此法时,术者须经反复多次实践,积累比较丰富的经验,才能正确掌握和判断。

4.4.5 生殖激素检测法

生殖激素检测法是应用激素测定技术(放射免疫测定法、酶联免疫测定法等),通过对雌性动物体液(血浆、血清、乳汁、尿液等)中生殖激素(FSH、LH、雌激素、孕酮等)水平的测定,依据发情周期中生殖激素的变化规律,来判断动物的发情程度。该法可精确测定出激素的含量,如酶免疫测定技术测定母牛血清中孕酮的含量为 0.2～0.48 ng/ml,输精后情期受胎率可达51%,但这种方法需要仪器和药品试剂,费用较高,目前尚难普及。

4.4.6　仿生学法

仿生学法是模拟公畜的声音(放录音磁带)和气味(天然或人工合成的气雾制剂)刺激母畜的听觉和嗅觉器官,观察其受到刺激后的反应情况,判断母畜是否发情。

在生产实践中采用仿生学法对猪的发情鉴定的试验较多。结果表明,只用压背试验时,发情母猪中仅有48%呈现静立反应;若同时公猪在场,则100%出现静立反应;当公猪不在场,但能听到公猪叫声,嗅到公猪气味时,发情母猪中有90%呈现静立反应。用天然的或人工合成的公猪性外激素,在母猪群内喷雾,可刺激发情母猪"静立反应"。因此,有人提出,在利用公猪气味和声音的同时,再配合有模拟公猪的形象出现,将优化母猪发情鉴定的效果。

4.4.7　电测法

电测法,即应用电阻表测定雌性动物阴道黏液的电阻值来进行发情鉴定,以便决定最适当的输精时间。用黏液电阻法探索雌性动物变化的研究开始于 20 世纪 50 年代,经反复研究证实,黏液和黏膜的总电阻变化与卵泡发育程度有关,与黏液中的盐类、糖、酶等含量有关。一般地说,在发情期电阻值降低,而在周期其他阶段则升高。

4.4.8　生殖道黏液 pH 值测定法

雌性动物周期中,生殖道黏液 pH 值呈现一定的变化规律,一般在发情盛期为中性或偏碱性,黄体期偏酸性。母牛子宫颈液 pH 值为 6.0～7.8,当经产母牛 pH 值为 6.7～6.8 时输精受胎率最高,处女牛的 pH 值在 6.7 时输精受胎率最高。长白、大白和汉普夏 3 个品种猪在发情开始的当天,阴道黏液的 pH 值大于 7.3,发情盛期为 7.2,妊娠期小于 7.2,在 pH 值为 7.2～7.3 时输精,3 个品种猪发情期受胎率分别为 93.8%、96.7% 和 92.3%。小母猪在其 pH 值为 7.2～7.3 时输精,发情期受胎率最低。

测定生殖道黏液 pH 值似乎不能明显区别发情周期的各阶段,但是在一定 pH 范围内输精的受胎率较高,因此,在发情周期的表现、具有发情表现时,再测 pH 值更有参考价值。

复习思考题

一、名词解释(每题 2 分,共 20 分)

1.初情期　2.性成熟　3.初配适龄　4.体成熟　5.发情周期　6.排卵　7.诱发性排卵　8.乏情　9.周期黄体　10.发情鉴定

二、填空题(每空 1 分,共 27 分)

1. 母畜的发情周期分为_____和_____两个阶段。

2. 家畜的排卵类型有_____和_____。

3. 马、驴、羊属于_____发情类型。

4. 牛、猪、兔属于_____发情类型。

5. 适宜的初配年龄应根据_____而定。

6. 猪的发情周期通常为_____天,发情持续期平均_____天,多数母猪在仔猪断奶后_____天就出现发情。

7. 发情周期的划分,四期分法为_____、_____、_____和_____。

8. 猪常用的发情鉴定的方法有_____和_____。母猪发情时,若按其背部,则呆立不动,出现_____。

9. 牛的发情周期平均为_____天。

10. 母牛在产后_____天发情时配种为宜。

11. 马(驴)的发情周期平均为_____天。发情持续期平均为_____天。

12. 母羊在发情开始后_____小时配种或输精较为适宜。

13. 母牛发情的最显著的特征是_____。

14. 母猪的发情鉴定主要依据_____法。

15. 鉴定母羊发情常用_____法。

16. _____法是目前判断牛、马(驴)发情比较准确而最常用的方法。

17. 母牛卵泡_____期,开始出现发情症状。

三、选择题(每题 2 分,共 20 分)

1. (   )属于诱发性排卵家畜。

A.牛   B.猪   C.马   D.兔

2. (   )属于自发性排卵动物。

A.牛   B.兔   C.骆驼   D.猫

3. (   )属于季节性发情家畜。

A.马   B.牛   C.兔   D.猪

4. (   )属于非季节性发情家畜。

A.马   B.羊   C.兔   D.驴

5. 猪的初配年龄一般为(   )。

A.1～1.5 岁   B.8～10 月龄   C.4～7 月龄   D.2.5～3 岁

6. 马开始(   )时配种最合适。

A.见线   B.吊长线   C.截线   D.闭群

7. 马用(   )进行发情鉴定最准确。

A.外部观察法   B.阴道检查法   C.试情法   D.直肠检查法

8.母牛在卵泡( )开始出现发情征状。

A. 出现期　　　　　B. 发育期　　　　　C. 成熟期　　　　　D. 排卵期

9.牛卵泡有一触即破之感是在( )。

A. 出现期　　　　　B. 发育期　　　　　C. 成熟期　　　　　D. 排卵期

10.马的排卵窝由浅变平是在卵泡( )。

A. 发育期　　　　　B. 成熟期　　　　　C. 排卵期　　　　　D. 出现期

四、判断题(每题2分,共10分)

1.母猪在哺乳期间一旦发情即可配种。　　　　　　　　　　　　　( )

2.因为马的发情持续期较长,所以母马的发情鉴定主要借助于外部观察法。( )

3.母牛在卵泡发育期发情表现是由显著到逐渐减弱。　　　　　　　( )

4.直肠检查进行发情鉴定时,一定要趁母牛直肠扩大呈空桶状时,抓紧时间进行掏粪。　　　　　　　　　　　　　　　　　　　　　　　　　　　( )

5.牛羊都是季节性发情。　　　　　　　　　　　　　　　　　　　( )

五、简答题(共9分)

1.简述母牛的直肠检查发情鉴定法技术要点。(4分)

2.简述卵泡发育过程和各级卵泡的特点。(5分)

六、论述题(每题7分,共14分)

1.母畜常见乏情有哪些? 可以采取哪些措施进行克服?

2.在生产中母羊、母猪的发情鉴定的方法有哪些?

实训2　雌性动物的发情鉴定技术

1. 目的要求

掌握动物发情的基本规律,动物发情鉴定的基本方法和各种动物发情的特点及配种时间的掌握。

2. 实训内容

动物发情鉴定的基本方法;牛、羊、猪的发情鉴定技术。

3. 主要用品

六柱保定架、开膣器、试情栏、试情布、肥皂或石蜡油、酒精棉球、镊子、毛巾、指甲钳、长臂手套、发情记录本等。

4. 技术要求

(1)外部观察法

①适用动物:适用于各种家畜,尤其适用于外部表现明显,发情期短的家畜及小家畜,特别适用于猪、牛的发情鉴定。

②母畜发情基本表现。

A. 精神行为:精神兴奋不安,鸣叫,离群,追逐人或家畜,爬跨其他家畜或物体。

B. 食欲及产奶:发情母畜表现为采食量下降,甚至绝食,但限饲的母猪可能发情时仍采食。泌乳母牛发情时产奶量会明显下降。

C. 外部变化:大多数母畜发情时,外阴红肿,从潮红到红肿发亮到皱缩。发情盛期或被其他母畜或公畜爬跨时,外阴会流出大量的黏液,黏液的黏稠度、色泽、多少都因畜种不同而不同。

(2)试情法

①适用动物:适用于各种家畜及野生动物,尤其适用于领头动物、发情征状不明显的家畜,如绵羊、马等。

②试情的方法。

A. 隔栏试情法:用栅栏将公畜和母畜隔开,让公畜和母畜头对头,观察公畜对母畜的反应和母畜对公畜的反应。尤其是母畜在公畜面前反应最能体现母畜的发情状态。可将有发情表现的母畜与公畜隔栏,观察母畜的反应,确定母畜是否达到发情盛期。猪的发情鉴定可以用有经验的试情公猪每天上午、下午各1次,从净道(喂料道)上与母猪头对头试情,此法适用于马、猪,如图实2.1所示。

图实2.1 母猪隔栏试情图

B. 分栏试情法:将结扎输精管(手术后2个月)的公畜放入母畜群中,观察公畜追逐母畜和母畜接受公畜交配的情况,判断母畜的发情情况。凡接受公畜交配的母畜应立即隔离,以免试情公畜一直与一头发情母畜交配,从而影响整个母畜群的试情。每天2次,上下午各1次,此法适用于羊、牛。

C. 试情布标记法:将试情系试情布的公畜(公畜的胸部有涂颜料的染料)放入母畜群中,每天上下午各一次,每次30~60 min。接受试情公畜爬跨的母畜会在臀部留有标记。把留下标记的母畜隔离,以防公畜反复爬跨一头母畜而影响试情效果。此法适用于山羊和绵羊的试情,也可用于鹿的试情。

（3）**直肠检查法**

①适用动物：用于牛、水牛、马、驴、骆驼等大型动物的发情鉴定。

②用品：长臂手套、植物油或石蜡油或肥皂水、肥皂、毛巾、指甲钳。

③基本操作步骤。

A.母畜的保定：母畜应保定在六柱保定架内或采精架内，也可在牛的畜床上，用颈夹保定。对放牧或散养动物及野生动物可将其从前胸和后腹用扁绳吊起，以便于操作。尾部由畜主拉向一侧或用绳将其垂直吊起。

B.人员的准备：术者将指甲剪短并锉圆，在手臂上涂肥皂或石蜡油滑润。

C.操作：术者将衣袖挽至肩关节处，立于牛的正后方，给母牛的肛门周围涂以较多润滑剂，并抚摸肛门。手指并拢成楔状，以缓慢的旋转动作伸入肛门。

手臂伸入肛门后，直肠内如有宿粪，可用手指扩张肛门，使空气由手指缝进入直肠内，促使宿粪排出，否则要以手指掏出。掏出粪便时，手掌须展平，少量而多次地取出，切勿抓一把粪向外硬拉。最好设法促使母畜自动排便。其方法是：将手掌在直肠内向前轻推，以阻止粪便排出，待粪便蓄积较多时，逐渐撤出手臂，即可促使排尽宿粪。

手臂尽量向前伸，将直肠向后扒，然后将手掌展平，向骨盆腔底部前后左右按压，当手掌按压到一条软骨样棒状物时，说明找到了子宫颈，中指和拇指跨在子宫颈上，手指向前滑动，食指可摸到一较硬的沟槽（角间沟），食指和中指跨在左侧子宫角向前向下滑动，即可找到左侧的卵巢；同样方法可找到另一侧卵巢。如图实2.2所示。

图实2.2　子宫的触摸

摸到卵巢后，可将卵巢拿在手里，并触摸卵巢的质地、大小、有无卵泡及卵泡的大小，有无黄体及黄体形状及质地、大小。

操作结束后，应用肥皂及清水清洗手臂，并用毛巾擦干，用酒精棉球消毒。

（4）**各种家畜的发情鉴定**

①牛的发情鉴定。

A.牛的发情特点：牛是全年性多次发情动物，发情周期21 d左右，发情期18 h左右。牛的发情表现明显，发情期短，容易判断排卵时间。牛为自发性排卵，其排卵时间在发情停止后10～18 h。

B.牛发情征状：母牛进入发情期以后，精神变得敏感不安，采食下降，反刍时间缩短，常常鸣叫，主动追寻公牛；互相爬跨频繁，发情初期多爬跨其他母牛，到发情的后期，则喜欢接受其他母牛爬跨。被爬跨时，站立不动，并常张长后腿、弯腰弓背，表现出愿意接受交配的姿势，这种姿势称为"静立反应"。发情母牛外阴部明显充血变大，皱纹消失，阴道黏膜潮红有光泽。发情初期有大量稀薄透明分泌物从外阴部排出,黏性大而且能拉成长丝,到发情后期,分泌物量少且黏性小,不能成丝,然后转为乳白色,似浓乳状,拒绝公牛接近和爬跨,这是发情停止的征状。发情前期由于雌激素的作用,子宫及阴疲乏黏膜充血,进入排卵期以后,雌激素的作用逐渐衰减,微血管破裂而出血,这种现象多出现在发期以后 1~3 d,青年母牛较老年母牛更为多见。

C.母牛直肠检查卵巢的变化。

母牛卵泡发育可分为以下 4 个阶段:

第一期(卵泡出现期)。卵巢体积稍为增大,卵泡的体积为 0.5~0.75 cm,触之能感觉到卵巢上有一个软化点。这一期持续约 10 h。母牛开始出现发情的外表征状。

第二期(卵泡发育期)。卵泡直径 1~1.5 cm,呈小球状波动明显。这一期持续10~12 h。

第三期(卵泡成熟期)。卵泡体积不再增大,但卵泡壁变薄,紧张性增强,有一触即破的感觉。这一期持续6~8 h。此期母牛的发情征状明显。

第四期(排卵期)。母牛性兴奋消失后 10~15 h 卵泡开始破裂,泡液流失,泡壁变得松软,呈一凹陷。排卵后6~8 h 红体形成,触感柔软,凹陷不明显。直径0.5~0.8 cm,这时母牛即进入休情期。

②猪的发情鉴定。

A.母猪的发情特点。猪为全年性多次发情动物,发情周期为21 d 左右,发情期 2~3 d。猪为自发性排卵,排卵时间为发情开始后 24~26 h,排卵时间 6~8 h。母猪的发情表现明显,排卵时间易于掌握。母猪的发情鉴定多采用外部观察法,大型猪场也可结合试情法。

B.母猪发情的外部表现。母猪在发情初期表现不安,时常鸣叫,外阴稍充血肿胀,食欲减退乃至绝食,约经半天后外阴充血明显,微湿润,喜欢爬跨其他母猪,也接受其他母猪的爬跨。以后母猪的交配欲达到高峰,这时阴门黏膜充血更为明显,呈潮红湿润,慕雄性很强烈,用手按压其背部或其他母猪爬跨,则出现静立反应。当母猪交配欲渐渐降低,外阴黏膜充血肿胀开始消退,阴门开始变干,淡红微皱,分泌物减少,喜欢静伏,表现迟滞,翻开阴门可见阴道黏膜略呈暗红色,则为配种最佳时机。如图实 2.3 所示,输精前再次对母猪进行发情检查,刺激母猪的敏感部位,判断发情阶段,同时也有利于顺利输精。

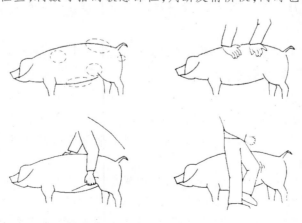

图实 2.3 猪"静立反应"试情图

C.母猪的试情。每天 1～2 次,将经过调教的老公猪赶到待配母猪舍,让试情公猪与待配母猪头对头试情,观察公猪和母猪的反应,当母猪对公猪求偶叫声有明显反应,并出现静立反应时,配种员可用力按压或骑在母猪背上,如果母猪不动,耳竖起,背弓起,尾巴上翘说明已达发情盛期。12 h 后为配种时间。

③羊的发情鉴定。

A.羊的发情特点。绵羊和山羊均为季节性多次性发情动物,绵羊的发情季节为秋季,山羊的发情季节为春秋两季。绵羊的发情周期为 16～17 d,山羊的发情周期为 21 d 左右。绵羊和山羊均为自发性排卵动物。绵羊排卵时间在发情开始后 24～30 h,山羊为发情后 40 h。

B.羊的发情外部表现。母羊发情时常表现不安,时常鸣叫,一些发情母羊会爬跨其他母羊。山羊发情时,外阴红肿,外阴部会排出大量黏液,开始较稀薄清亮,继而黏稠出豆腐渣样。发情母羊会追随公羊,并接受公羊的爬跨。发现发情母羊应将其挑出,并用试情公羊进一步判断母羊的发情阶段。

C.母羊的试情。将结扎输精管两个月以上的公羊放入母羊群,公母比例为 1:40,观察母羊追随公羊和接受公羊爬跨的情况。每天 2 次,每次约 1 h。发现母羊接受公羊交配,应立即将发情母羊挑出另外组群。避免试情公羊一直与一只发情母羊交配而影响对其他母羊的试情。也可用试情布将种公羊的腹部兜住,并在兜布下垫一浸有油性颜料的海绵,当试情公羊爬跨发情母羊时,接受爬跨的发情母羊的臀部会留下明显的印记。及时将有明显标记的母羊另外组群。母羊接受试情公羊爬跨后 6～12 h 为配种的最佳时机。

实训3　母牛的直肠检查

1. 实验目的

(1)掌握牛直肠检查的基本操作方法。

(2)熟悉母牛生殖器官各部分的自然位置、形状、质地及相互关系,为通过直肠检查鉴定母畜发情状态、妊娠及生殖器官疾病诊断奠定基础。

(3)本次实验主要掌握直肠检查要领、触摸卵巢的方法及卵巢的形态、大小等感觉,掌握子宫的触摸方法。

2. 实验材料

(1)母牛若干头。

(2)保定架(或保定带)。

(3)母牛生殖器官标本。

(4)搪瓷盆、肥皂、毛巾。

(5)煤酚皂或新洁而灭。

3. 实验内容

(1)直肠检查前的准备工作

①将受检母畜保定于六柱栏内,防止检查人员被踢伤。

②为了避免肠胃中内容物过多妨碍操作,可事先禁食半天,或临检查时用温水灌肠。

③剪短指甲并锉圆,在手臂上涂肥皂沫以滑润,便于通过肛门。

④将受检母畜的尾巴拉向一侧。

(2)检查方法

①检查的操作要点。

A.将被检母畜保定在六柱栏(诊疗架)内。

B.助手将被检母畜的尾巴拉向一侧。

C.术者将衣袖挽至肩关节处,手臂上涂以润滑剂(石蜡油或肥皂水),有条件者可带上长臂手套(操作者较多时,不宜用长臂手套,以防止刺激性过强导致直肠出血)。

D.术者站立于被检母牛的正后方,给母畜的肛门周围涂以较多的润滑剂,并抚摸肛门(起安抚作用)。

E.术者将手指并拢成楔状,手心向上,以缓慢的旋转动作伸入肛门。对于体型较小的母畜,掌心应朝向一侧,以便进入肛门,因为尾椎上下活动的范围较大,而左右横径由于坐骨粗隆的限制,不便扩张。

F.手臂伸入肛门后,直肠内如有宿粪,可用手指扩张肛门,使空气由手指缝进入直肠内,促使宿粪排出(空气排粪法),否则要以手指掏出。掏出粪便时,手掌须展平,少量而多次地取出,切勿抓粪一把向外硬拉。最好设法促使母畜自动排粪,其方法是:将手掌在直肠内向前轻推,以阻止粪便排出,待粪便蓄积较多时,逐渐撤出手臂,即可促使排尽宿粪。

G.掏粪完毕,应再次向手臂涂以润滑剂,伸入直肠,除拇指外,将四指并拢探入结肠内,即可探摸欲检查的器官。

在直肠检查过程中,往往会遇到以下3种情况,应予正确处理:

A.母畜强烈努责,将手臂向外排挤。此时手臂切忌向里硬推,否则可能会使肠壁穿孔。当母畜努责时,助手可用手指掐捏母畜的腰部,或抚摸阴蒂,或抓提膝部皮肤皱襞,或喂给饲料,以使其减弱或停止努责。

B.结肠及直肠持续性收缩,肠壁紧套手术者的手臂上,但并不向外挤压,致使手臂无法自如地探摸。此时可采用上述制止努责的方法,使肠壁停止收缩。

C.直肠壁变硬,向骨盆腔周围鼓起呈坛状,手掌在直肠内拍打时,可以听到瓷坛声。遇此状态,可将手指聚拢成锥状,缓缓地向前推进,刺激结肠的蠕动后移,以促使直肠壁舒展变软。如果上述措施无效,只有耐心等待,其自行舒展后,再行探摸触诊。

②直肠检查操作注意事项:为了避免发生操作事故,现就人、畜的安全问题作如下说明。

A.为了检查人员的安全,应注意以下事项:

a.严冬及早春季节操作时,注意保暖和防寒措施,防止操作人员受冻感冒。必要时,可定制棉背心,以确保操作人员不受冻。

b.手臂如有破伤口,不应操作。有条件时,应提供长臂手套后,再进行直肠检查。

c.保定架的后两柱之间,不可架设横木,或拴系绳索,以免母畜滑倒或下卧时导致操作人员手臂骨折或关节脱臼。

d.检查过程中,时刻提防母畜蹴踢。母牛后腿的外展肌发达,因此,操作者不宜站在母牛的外侧,而应站在母牛的正后方。

e. 每次直肠检查完毕后,要用消毒剂(一般可用75%酒精或0.2%的新洁尔灭)洗涤消毒手臂,并涂以皮肤滋润保护剂,以免皮肤糙裂。

B. 为了被检查母畜的安全,应注意以下事项:

a. 检查者的指甲必须剪短锉圆,并要磨光(在粗布上摩擦)。

b. 检查者的手臂上须涂以润滑剂,切忌用干涩的手臂向母畜肛门内硬插。

c. 在直肠内探摸过程中,只允许使用指肚,切不可用指甲乱抠、乱抓、乱划。

d. 直肠壁上如有马蝇幼虫吸附,不可揪掉,以免肠壁出血,或使幼虫吸附于检查者手臂上造成剧痛或感染。

e. 在直肠内经久寻找不到目的物时,应间隔一定时间将手臂取出查看有无血迹,以便及时发现肠壁破损进行医治处理。一旦肠壁有轻度破损可灌注3%明矾水500~1 000 ml,或涂以碘甘油和磺胺粉涂于创面。

f. 检查动作应轻缓,对于不知生理状态的母畜,尤应注意动作轻缓,以免造成孕畜流产。

g. 如需作阴道检查,务必做好手臂的消毒及母畜外阴部的消毒工作。绝对禁止将粪便及其他污物带入阴道,造成感染。

h. 输精过程中,应注意观察阴道黏膜、黏液性状及子宫颈状态,如有异常现象须作复查,防止因误配而造成孕畜流产。

③母牛生殖器官检查法:

A. 检查者的手指并拢成楔形,缓慢地以旋转动作插入肛门并逐渐地进入直肠。

B. 直肠内如有宿粪,应分次少量地掏出。

C. 当手腕进入母畜肛门后应先寻找子宫颈。手指向下轻压肠壁,摸到一个坚实的、纵向似棒状物即为子宫颈,可用拇指、中指及无名指握住子宫颈。

D. 沿子宫角的弯曲部(大弯)向外侧下行,在子宫角尖端的外侧下方即可感触到呈椭圆形柔软有弹性的卵巢,然后确定其形状和质地。如图实3.1所示。

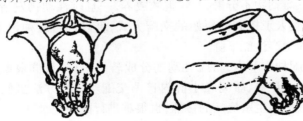

图实3.1 母牛的直肠检查

E. 在触摸过程中如失去子宫角不易摸到卵巢时,最好再从子宫颈开始沿着子宫角触摸卵巢。

作业:

1. 绘图说明受检母牛卵巢的形状。

2. 叙述牛直肠检查触摸卵巢的要领。

3. 试述直肠检查母牛子宫的特点。

第5章
人工授精

本章导读:本章主要介绍了人工授精的操作程序。通过学习,掌握牛、羊、猪、禽等动物的采精方法,精液品质的检查、稀释、保存方法,精液稀释液的主要成分及作用,猪、羊、禽精液的常温保存和牛精液冷冻保存操作程序,输精时机的确定和各种动物常用的输精方法。掌握本章内容,对提高雄性动物的利用率、雌性动物受胎率和加快品种改良步伐等具有重要作用。

5.1 概 述

5.1.1 动物的配种方法

动物的配种方法有两种,即自然交配和人工授精。前者是较为原始、落后的繁殖方式,而后者具有许多优点,是较先进的繁殖技术。

自然交配是指在动物生产中,雄、雌动物直接交配,又称本交。根据人为干预的程度可将自然交配分为以下4种方式:

①自由交配。雄、雌动物不分群,常年混牧放养,一旦雌性动物发情就与雄性动物随机交配。这是一种不受人工控制的原始的交配方式,难以进行配种记录,易引起近亲交配,使群体遗传性能和生产性能下降。

②分群交配。在配种季节内,将雌性动物分成若干小群,每群根据需要放入一头或几头经选择的雄性个体,让雄、雌间在小群内自由交配。这种方法虽然可实现一定程度的选种选配,但仍无法控制生殖疾病的传播,也很难进行配种记录。

③围栏交配。雄性和雌性动物隔离饲养,当雌性动物发情时,将其放入特定的围栏内与雄性动物交配。这种方法可人为设计配种组合,控制与雌性动物的交配次数,提高了雄性动物的利用率,是较科学、合理的配种方式是。

④人工辅助交配。指雄性和雌性动物平时分群饲养,当雌性动物发情时,按既定的选种选配计划,在人工辅助下与指定的雄性动物进行交配。此方法能准确地控制雌性动物的配种时间,便于配种记录,利于品种改良,在一定程度上防止了疾病传播。与前3种配种方式相比,人工辅助交配更为科学合理,在人工授精难以进行的地区和一些特定动物中,有一定的实用性。

人工授精是指利用器械采集雄性动物的精液,经过品质检查和处理后,再用器械将合格的精液输送到雌性动物的生殖道内的适当部位,以代替自然交配而繁殖后代的一种繁殖技术。

5.1.2　人工授精技术的发展概况

1780 年,意大利生理学家 Spallanzani 第一次成功地用狗进行了人工授精试验。此后,直到 19 世纪末和 20 世纪初,人工授精技术用于马才试验成功。然后,又用于牛、羊。到 20 世纪 30 年代,初步形成一套较完善的操作方法,并从试验阶段进入到实用阶段。自20 世纪 40 年代以来,人工授精的应用蓬勃发展,并成为繁殖改良动物的重要手段。世界许多国家人工授精技术的应用已相当普及,尤其以乳牛的普及率最高,发展最快,技术水平较高。

在我国,1935 年才将人工授精技术运用于马并获得成功。新中国成立以后,随着畜牧业的迅速发展,人工授精技术得到了推广,首先马和绵羊人工授精在我国北方很多地区开展起来,后在东北、西北和华北已基本普及,人工授精在育种工作中并起到了重要作用。乳牛人工授精早已普及,近年来,随着品种改良工作的开展和冷冻精液的使用,黄牛、水牛的人工授精也正在广大地区迅速推广应用。猪的人工授精主要应用在规模化养猪场,农村的应用目前还比较有限。人工授精技术的应用和推广受到经济效益等因素的制约。因此,目前迫切需要一批专业化的人工授精技术人员进行市场化运作。

5.1.3　人工授精的意义

与其他配种方法相比,人工授精之所以得到世界各地的普遍重视和广泛应用,主要有以下优越性:

1)提高良种雄性动物的利用率

在自然交配情况下,一头雄性动物每交配一次只能使一头雌性动物妊娠,良种雄性动物的作用不能得到充分发挥。应用人工授精技术,一头雄性动物一次采得的精液可以给几头、几十头乃至上百头雌性动物输精。特别是冷冻精液的推广应用,可使一头优秀的公牛每年配种母牛达数万头以上(如表 5.1)。

表 5.1　人工授精与自然交配的配种效率比较

畜种	自然交配		人工授精
	每年每头公畜可配母畜头数	每次采精可配母畜头数	每年每头公畜可配母畜头数
猪	20～30	5～15	200～400
牛	20～40	20～25	500～2 000
		100～200(冻精)	6 000～12 000(冻精)
羊	30～50	20～40	700～1 000
马	30～50	5～12	200～400
兔	4～6	10～20	80～120
犬	20～40	12～15	160～320

(引自杨利国主编.动物繁殖学[M].北京:中国农业出版社,2003.)

2）加速品种改良

人工授精技术,特别是冷冻精液的应用,最大限度地提高了雄性动物的配种能力,因而使良种雄性动物的遗传基因迅速扩大,使其后代生产性能迅速提高,从而加速了品种改良的步伐。

3）防止某些疾病传播

采用人工授精后,雄、雌动物的生殖器官不能直接接触,人工授精技术操作要求又非常严格,因此防止了某些因交配而引起的疾病传播,如传染性流产、子宫炎、阴道炎等。

4）提高动物受胎率

在人工授精中,每次输精都使用经过检查的优质精液,选择最适宜的输精时机,且输精部位准确,因此提高了动物的受胎率。

5）克服种间杂交或因雄、雌个体体型悬殊造成的交配困难

人工授精可以为诸如黄牛和牦牛、斑马和马、马和驴等种间杂交提供技术保障。利用人工授精还可以克服因雄、雌动物体格大小相差悬殊而造成的交配困难。

6）不受动物配种时间和地域的限制

精液的保存,特别是冷冻精液的使用,极大地提高了雄性动物利用的时间性和地域性,可使雌性动物配种不受地域的限制,有效地解决了雄性动物不足地区的雌性动物配种问题。

7）减少雄性动物饲养量,提高经济效益

人工授精技术实施后,使每头雄性动物可配的雌性动物数增加,减少了雄性动物的饲养量,降低了生产成本,提高了经济效益。

8）是推广繁殖新技术的一项基础措施

人工授精技术为远缘的种间杂交等科学研究提供了有效手段,为同期发情、胚胎移植等技术的研究和应用奠定了基础,同时也促进了体外受精、性别控制等繁殖新技术的发展。

但是,人工授精技术在生产中只有熟练掌握并严格遵守人工授精操作规程,准确进行动物的发情鉴定,严格对雄性动物进行健康检查和遗传性能鉴定,防止遗传缺陷和某些通过精液传播疾病的扩散和蔓延,才能发挥其巨大的优越性。否则,不但会影响受胎率、产仔数,甚至会引起疾病传播,造成严重后果。

5.2 采 精

采精是人工授精的重要技术环节,认真作好采精前的准备,正确掌握采精技术,合理安排采精频率,是保证获得量多质优精液的前提。

5.2.1 采精前的准备

1）场地的准备

采精要有固定的场地,以便雄性动物建立良好的条件反射,保证人畜安全,防止精液

污染。采精场地一般分室内和室外两种。理想的采精场地应与精液处理室、输精室和畜舍相连或距离较近,但不能让舍内雄性动物直接看到采精操作,以防引起自淫或骚动。

采精场地要求宽敞明亮、地面平坦、安静、清洁、防滑、避风。采精场内应设有保定台畜用的采精架和供雄性动物爬跨采精用的假台畜,室内采精场的面积一般为 10 m × 10 m,并配备喷洒消毒和紫外线照射杀菌装置。

2)台畜的准备

采精用的台畜有真、假台畜之分。真台畜即活台畜,是指使用与公畜同种的母畜、阉畜或另一头种公畜作台畜。真台畜应健康无病、体格健壮、大小适中、性情温顺。经过训练的雄性或雌性动物均可作为台畜,以发情的雌性动物最为理想。假台畜是指模仿动物体型高低、大小,用金属材料、木料或塑料制品等材料做成支架,在支架背上铺棉絮或泡沫塑料等柔软之物,再包裹一层畜皮、麻袋或人造革等材料制成的采精台。如图 5.1 所示。

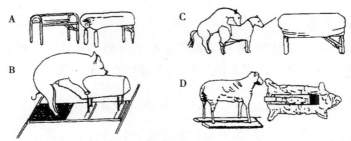

图5.1 采精用的假台畜和活台畜

A.牛用假台畜 B.马用假台畜 C.猪用假台畜 D.羊用假台畜

(引自杨利国主编.动物繁殖学[M].北京:中国农业出版社,2003.)

利用假台畜采精,要事先对种雄性动物进行调教,使其建立条件反射。调教的方法有如下几种:

①偷梁换柱法。在假台畜旁放一发情的雌性动物,诱使雄性动物爬跨,但不让交配,反复多次,待雄性动物性冲动达到高峰时,迅速牵走雌性动物,令其爬跨假台畜采精,此种方法最有效。

②外激素引诱法。在假台畜的后躯,涂抹发情雌性动物的阴道分泌的黏液或动物尿液,以引起雄性动物的性欲,诱导其爬跨假台畜。多数雄性动物经几次调教即可成功。

③观摩学习法。将待调教的雄性动物拴系在假台畜附近,让其观摩另一头已调教好的雄性动物爬跨假台畜,然后再诱其爬跨。

雄性动物调教时应注意的事项:

①调教过程中,要反复进行训练,耐心诱导,切勿施用强迫、恐吓、抽打等不良刺激,以防止性抑制而给调教造成困难。

②调教时,应注意人畜安全和雄性动物生殖器官的清洁卫生。

③最好选择在早上调教,早上精力充沛,性欲旺盛。

④调教成功后,要连续多次重复训练,以便建立良好的条件反射。

⑤调教时间、地点要固定,每次调教时间不宜过长。

3）器械准备

采精所用的器械要事先准备好，在使用之前要严格消毒，力求清洁无菌，每次使用后必须洗刷干净。

4）种公畜的准备

公畜精液品质的好坏与其体况密切相关。采精用的种公畜应给予全价饲料，精心饲养管理，适当运动，保持良好的繁殖体况，并搞好畜体和畜舍的环境卫生。

种公畜采精前的准备，包括体表的清洁消毒和诱情（性准备）两个方面。准备充分与否，直接影响采液量、精子活力和密度。因此，各种动物在采精前，都必须给予充分的性刺激，特别是对于性兴奋迟钝的公畜，往往要进行各种性刺激，以增加性欲强度。一般采取让雄性动物在雌性动物附近停留片刻、进行多次假爬跨、更换台畜、改换台畜位置或临场观摩等方法。另外还要挤净包皮腔内积尿和其他残留物，用干净纸巾擦拭干净公畜包皮及其周围的部位。

5）术者的准备

采精人员应该穿上工作服，将指甲剪短磨光，将手臂清洗消毒。要求技术熟练，对每一头雄性动物的采精条件和特点了如指掌，且注意操作时的人畜安全。

5.2.2　采精技术

雄性动物的采精方法很多，主要有假阴道法、手握法、电刺激法、按摩法等。假阴道法适用于各种家畜和部分小动物；手握法是当前公猪采精普遍应用的方法；按摩法主要用于禽类和犬类；电刺激法主要用于野生动物或育种价值高、因损伤或性反射慢失去爬跨能力的动物。

1）假阴道法

假阴道法是利用人工模拟雌性动物阴道环境条件，诱导雄性动物在其中射精而采集精液的方法。此方法常用于马、驴、牛、羊、兔等动物的采精。

（1）假阴道的结构

假阴道是一筒状结构，主要由外壳、内胎、集精杯及附件组成。外壳为一圆筒，由轻质铁皮或硬塑料制成。内胎为弹性强、薄而柔软无毒的橡胶筒，装在外壳内，构成假阴道内壁。集精杯是由暗色玻璃或塑料制成，装在假阴道的一端。此外，还有固定内胎的胶圈、保定集精杯用的三角保定带、充气用的活塞和双联球等一些附件。各种动物的假阴道结构基本相同，但形状和大小不一。如图5.2所示。

（2）假阴道的准备

假阴道在使用前要进行洗涤、安装内胎、消毒、冲洗、注水、涂润滑剂、调节温度和压力等步骤。要采集到符合要求的精液，假阴道应具备3个条件：

①适宜温度。通过注入相当假阴道容积2/3的温水来维持温度，采精时，假阴道内腔温度应保持在38～40℃。温度过低，不能引起公畜性欲，造成不射精或采精量少；温度过高，不但会影响精液品质，而且会使公畜产生不良的应激。

②适当压力。借助注入水和空气来调节假阴道的压力。压力不足，不能刺激雄性动

物射精或射精不完全;压力过大,则使阴茎不易插入或插入后不能射精,还可导致内胎破裂引起精液外流。

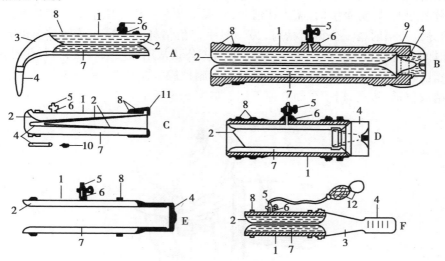

图5.2　各种动物的假阴道

A.欧美式牛用假阴道　B.苏式牛用假阴道　C.西式牛用假阴道　D.羊用假阴道

E.马用假阴道　F.猪用假阴道

1.外壳　2.内胎　3.橡胶漏斗　4.集精杯　5.气嘴　6.注水孔　7.温水　8.固定胶圈

9.集精杯固定套　10.瓶口小管　11.假阴道入口泡膜垫　12.双链球

（引自杨利国主编.动物繁殖学［M］.北京:中国农业出版社,2003.）

③适当润滑度。用消毒过的石蜡油做润滑剂,对假阴道内表面加以润滑,涂抹部位是假阴道前段 1/3 ~ 1/2 处到外口周围。润滑度不够,公畜阴茎不易插入或有痛感;如果润滑剂过多或涂抹过深,则会流入集精瓶,影响精液品质。

（3）采精操作

采精员多位于台畜右后侧,当雄性动物爬跨台畜时,使假阴道与雄性动物阴茎伸出方向一致,紧靠并固定于台畜尻部右侧,迅速将阴茎导入假阴道内,经几次抽动后射精。将假阴道的集精杯端下倾,以便精液流入集精杯内。当雄性动物跳下时,假阴道随着阴茎后移,尽可能收集全部射出的精液。待阴茎自行软缩脱出后,立即竖立假阴道,使集精杯一端向下,打开气嘴阀门,放掉空气,以充分收集滞留在假阴道内胎壁上的精液。

牛、羊将阴茎导入假阴道时,应用手掌轻托阴茎基部,不可用手抓握阴茎,否则会造成阴茎回缩。牛、羊射精时间较短,只有几秒钟,当公畜用力向前一冲时即为射精。因此,要求采精者动作迅速敏捷,同时还要注意人畜安全。

马和驴采精时,可用手握住阴茎导入假阴道,但不要触碰龟头。当公马(驴)已射精,此时需使假阴道向集精杯方向倾斜,以防精液倒流。

2）手握法

手握法又称拳握法采精,此方法具有设备简单,操作方便,能采集富含精子部分的精液等优点,是目前广泛使用的采集猪精液的一种方法。

采精时,采精员一只手戴灭菌乳胶手套,另一只手持带过滤网的集精杯,蹲在假台畜

左侧或右侧,待公猪爬跨台畜后,先清洁公猪包皮及其周围,然后将手握成空拳,于公猪阴茎伸出的同时,导入空拳心内,让其自由抽送片段,再用手紧握阴茎龟头螺旋部分,当阴茎充分勃起时,顺势牵引向前,不让滑脱,拳握阴茎并一松一紧呈节奏性地施加压力刺激,直至导致公猪射精。公猪射精时,另一只手持集精杯收集精子浓厚部分的精液。公猪射精时间可持续 5 ~ 10 min,分 2 ~ 4 次射出。公猪常用分段采精法,只收集精液浓、精子多、呈乳白色的第 2 段精液,因第 1 段精液含副性腺分泌物多、精子较少、清亮呈白色,第 3 段精液较稀、清亮、精子少而弃掉不用。如图 5.3 所示。

图 5.3　猪的手握法采精

(引自张忠诚主编.家畜繁殖学[M].北京:中国农业出版社,2004.)

3)电刺激法

电刺激法是利用电刺激采精器,通过电流刺激雄性动物引起射精而采集精液的一种方法。此法适用于各种动物,尤其是对那些具有较高种用价值,但失去爬跨能力的雄性动物,或不适宜其他方法采精的小动物和野生动物。

电刺激采精器由电子控制器和电极探棒两部分组成。电刺激采精应将雄性动物以站立或侧卧姿势保定,必要时可采用药物(如保安宁、静松灵或氯胺铜等)镇静。保定后,剪去包皮及其周围的被毛,并用生理盐水冲洗拭干,然后将电极探棒经肛门缓慢插入直肠,达到靠近输精管壶腹部的直肠底壁,大动物插入深度 20 ~ 25 cm,羊 10 cm,犬 10 ~ 15 cm,兔 5 cm。然后调节控制器,选择好频率,开通电源。调节电压时,由低开始,按一定时间通电及间歇,逐步增高刺激强度和电压,直至雄性动物伸出阴茎,勃起射精,将精液收集于附有保温装置的集精瓶内。

4)按摩法

按摩法适用于犬和禽类。这里重点介绍禽的按摩采精。

(1)鸡的采精

鸡的采精常用双人背腹式按摩法,一人用两手分别握着公鸡两腿,以自然宽度分开,使鸡头向后,尾部朝向术者。术者先以剪子剪去公鸡泄殖腔周围的羽毛,再以酒精棉花球消毒泄殖腔周围,待酒精干后再进行采精。采精时,术者用右手中指和无名指夹着经消毒、清洗、烘干的集精器,集精器口握在手心内,手心朝向下方,以避免按摩时公鸡排粪污染,左手沿公鸡背鞍部向尾羽方向,抚摩几次,以减轻公鸡惊恐并引起性欲。接着术者左手顺势翻转手掌,将尾羽翻向背侧,并以拇指与食指跨在泄殖腔两上侧,右手拇指与食指跨在泄殖腔两下侧腹部柔软部,以迅速敏捷的手法,抖动触摸腹部柔软处,然后迅速轻轻地用力向上抵压泄殖腔,左手拇指和食指即可在泄殖腔两上侧作微微挤压,精液即可顺利排出。与此同时,迅速将右手夹着的集精器口翻上,使精液流入集精器中。如果采集的精液少或没有采出精液时,还可以再按以上手法进行1~2次。

(2)鸭、鹅的采精

鸭、鹅的按摩采精,一人坐在凳子上,将公鸭(鹅)放在膝盖上,鸭(鹅)头伸向左臂下,助手位于采精员右侧保定公鸭(鹅)双脚。采精员整个左手掌心向下紧贴公鸭(鹅)背腰部,并向尾部方向抚摩,同时用右手手指握住泄殖腔环按摩揉捏,一般8~10 s。当阴茎即将勃起的瞬间,正进行按摩着的左手拇指和食指稍向泄殖腔背侧移动,轻轻挤压泄殖腔上部,阴茎即会勃起伸出,射精沟闭锁完全,精液会沿着射精沟从阴茎顶端快速射出。助手使用集精杯收集精液。熟练的采精员可单人操作。在阴茎勃起的瞬间,左(右)手拇指和食指稍微向背侧方移动,在阴茎的上部轻轻挤压,使精液沿螺旋状阴茎的排精沟射出流下,右(左)手迅速持集精器接取精液或用注射器迅速沿排精沟吸取精液。左(右)手松开(停止按摩),让阴茎慢慢缩回。最后将精液注入集精瓶中,用瓶盖盖好。

(3)注意事项

按摩法采精要注意:

①公禽采精的当天,须于采精前3~4 h停水停料,以防排出粪、尿,污染精液。

②采精人员最好固定专人,以便公禽建立良好的条件反射,利于采精。

③采精前一定要将集精杯、贮精器、输精器等用清水、蒸馏水和生理盐水清洗干净,并烘干备用。

④采精前先将公禽泄殖腔周围的羽毛剪去,并用酒精或生理盐水棉球擦干净,如用酒精则待其挥发后才可采精。

⑤精液收集后,须置于35~40 ℃温水中暂存。输精应在30 min内完成。

5.2.3 采精频率

采精频率是指一定时间内对雄性动物的采精次数。为了既能最大限度地采集精液,又能维持其健康体况和正常生殖机能,必须合理安排采精频率。生产中,动物正常的采精频率如下:成年公牛每天采2次,间隔0.5 h以上,每周采2 d;也可每周采3次或隔日1次。成年公猪可隔日采精1次,而青年公猪(1岁左右)和老龄公猪(4岁左右)应以每周采精2次为宜。成年公羊在配种季节内每天可采2~3次,但每周应休息1 d。马、驴每周采精2~3次。在配种季节内也可每天采精1次,但连续采2~3 d后应休息1 d。壮年公兔的采精可每天1次;或每天1~2次,连采3~4 d后休息1 d。青年和老年公兔应适当减少采精次数。壮年公犬可每天采精1次,连采3~4 d后休息1 d;也可隔日1次。成年公禽应隔日采精1次,或每天1次,连采5~6 d后,休息1~2 d。

在连续采精过程中,如果发现公畜性欲下降,射精量明显减少,精子密度降低,镜检时发现尾部带有原生质滴的精子比例增加,则要考虑是否由于采精频率过大所致,应适当减少采精次数,并增强饲养管理。

5.3 精液品质检查

精液品质检查的目的是为了鉴定精液品质的优劣。评定的各项指标,既可作为能否输精的主要依据,又能反映雄性动物饲养管理水平和生殖器官的机能状态,同时,也可作为判断精液在稀释、保存和运输过程中的品质变化及处理效果的重要依据。

精液品质检查的项目很多,在生产实践中,一般分为常规检查项目和定期检查项目两大类:①常规检查项目包括射精量、颜色、气味、云雾状、精子活力、精子密度等;②定期检查项目包括精子形态、精子存活时间及指数、精子耗氧量、果糖分解测定、美蓝退色试验等。

在进行精液品质检查时要注意:将采得的精液迅速置于35 ℃左右的温水中或保温瓶中,以防温度迅速下降,对精子造成低温打击;检查要快,尽量缩短检查时间,防止检查过程中精液品质下降;取样要有代表性,应从采得的全部并轻轻摇动或搅拌均匀的精液中取样,力求检查结果客观准确。

5.3.1 精液外观检查

1)采精量

采精量是指雄性动物一次采精所采得的精液量。采精量应立即检查其采精量。可用带有刻度的集精瓶(管)直接测出或称量后换算出(猪)采精量。猪、马的精液应经滤纸或4~6层灭菌纱布滤去胶状物后再检查其精液量。精液量的多少受多种因素影响,但超出正常范围(如表5.2)太多或太少时,应查明原因。量太多可能是由于过多的副性腺分泌物或其他异物(如尿液、假阴道漏水)的混入等造成的;量过少可能是由于采精技术不当或生殖器官机能衰退等原因造成的。

表5.2　各种动物的射精量

动物种类	一般射精量/ml	范围/ml
牛	5~10	0.5~14
水牛	3~6	0.5~12
山羊	0.5~1.5	0.3~2.5
绵羊	0.8~1.2	0.5~2.5
猪	150~300	100~500
马	40~70	30~300
驴	50~80	20~200
兔	0.5~2	0.3~2.4
犬	10	5~80
鸡	0.8	0.2~1.5

(引自中国农业大学主编.家畜繁殖学[M].北京:中国农业出版社,2000.)

2）颜色

正常精液的颜色一般为乳白色或灰白色,其颜色因精子浓度高低而异,精子浓度越高,乳白色程度越明显。正常牛、羊的精液呈乳白色或乳黄色,水牛的精液为乳白色或灰白色,猪、马、兔的精液为淡乳白色或灰白色。若精液呈淡绿色表明混有脓汁;呈淡红色说明混有鲜血,表明生殖道有新鲜创伤;呈淡黄色表明混有尿液。颜色异常的精液应弃之不用,并停止采精,查明原因,及时治疗。

3）气味

正常精液一般略带腥味。牛、羊精液除具有腥味外,另有微汗脂味。若有异常气味,可能是混有尿液、脓汁、粪渣或其他异物,应废弃。

4）pH 值

动物精液 pH 值一般为 7.0 左右,牛、羊精液因精清比例较小而呈弱酸性,故 pH 值为 6.5~6.9,猪精液因精清比例较大而呈弱碱性,故 pH 值为 7.4~7.5。

5）云雾状

用肉眼或低倍显微镜观察密度大、活力强的精液时,精子运动呈上下翻滚状态,像云雾一样,故称云雾状。正常牛、羊精液精子密度大,混浊不透明,云雾状明显;马、猪的精液精子少,浑浊度较小,云雾状不明显。云雾状明显可以用" + + +"表示,较为明显用" + +"表示,不明显用" +"表示。

5.3.2　精子活力检查

精子活力又称精子活率,是指精液中呈直线前进运动的精子数占总精子数的百分率。精子活力是评价精液品质的一个重要指标,与精子受精力密切相关。通常在采精后、精液稀释前、稀释后、冷冻精液解冻后及输精前都要进行精液活力的检查。

1）检查方法

（1）平板压片法

用玻璃棒蘸取一滴精液置于干净的载玻片上,轻轻盖上盖玻片,放在显微镜下观察。此法操作简单、方便,但精液易干燥,检查应迅速。

（2）悬滴法

取一滴精液于盖玻片上,迅速翻转盖玻片使精液形成悬滴,放在凹面玻片的凹窝内,即制成悬滴玻片,置于显微镜下观察。此法精液较厚,检查结果可能偏高。

2）等级评定

评定精子活力等级,通常采用"十级一分制"评定法,即按视野中呈直线前进运动的精子数占总精子数的估计百分比评定。如果精液中有 100% 的精子呈直线前进运动,精子活力评定为"1.0",有 90% 的精子呈直线前进运动,活力评为"0.9";有 80% 的精子呈直线前进运动,活力评为"0.8",以此类推。评定精子活力的准确度与经验有关,主观性较强,检查时要多看几个视野,取平均值。如果采用电视显微镜将精子的运动情况反映到荧屏上,由几个人同时观看,评定结果较准确。

牛、羊和禽等动物的精液精子密度较大,很难区分单个精子的运动方式,影响活力评定。因此,在进行精子活力评定时,可用等渗溶液(如生理盐水)等温稀释后再检查。

各种动物的新鲜精液,精子活力一般在 0.7~0.8。为了保证有较高的受胎率,通常输精用液态保存精液的精子活力要求在 0.6 以上,冷冻精液解冻后精子活力在 0.3 以上。

温度对精子活力影响很大,为使评定结果准确,要求检查温度在 37 ℃左右,须用有恒温装置的显微镜或用简易显微镜保温箱(如图 5.4 所示)。

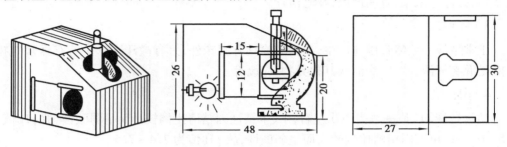

图 5.4 显微镜保温箱(单位:cm)

(引自侯放亮主编.牛繁殖与改良新技术[M].北京:中国农业出版社,2005.)

5.3.3 精子密度检查

精子密度也称精子浓度,是指每毫升精液中所含的精子数。根据精子密度可以计算出每次采精量中的精子总数,从而确定精液适宜的稀释倍数和可配雌性动物的头数。目前,测定精子密度的常用方法有:估测法、血细胞计数法和光电比色法等。

1)估测法

估测法又称目测法,常与精子活力检查同步进行。此法是根据显微镜下精子分布的密集程度,将精子密度粗略地分为密、中、稀 3 个等级(如图 5.5 所示)。

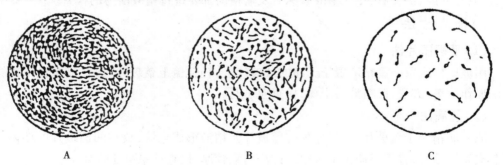

A   B   C

图 5.5 估测法评定精子密度示意图

A.密   B.中   C.稀

(引自侯放亮主编.牛繁殖与改良新技术[M].北京:中国农业出版社,2005.)

密:指整个视野内充满精子,几乎看不到空隙,看不清单个精子的活动。这种精液每毫升含精子数在 10 亿以上。

中:指视野中精子之间空隙明显,精子间距离为 1~2 个精子的长度,可看清单个精子的活动。这种精液每毫升含精子数为 2 亿~10 亿。

稀:指视野中精子分布的稀疏,精子间空隙很大,精子间距离超过 1 ~ 2 个精子的长度。这种精液每毫升含精子数在 2 亿以下。

由于各种动物正常精液的密度相差很大,很难使用统一的等级标准,应根据经验,对不同的动物采用不同的标准。正常情况下,羊的精子密度最大,每毫升含精子 20 亿 ~ 30 亿,牛精子 10 亿 ~ 15 亿,猪、马 2 亿 ~ 3 亿,犬 3 亿 ~ 10 亿,兔 1 亿 ~ 20 亿,鸡 0.5 亿 ~ 60 亿。

此方法评定精子密度,主观性较强,误差较大。但方法简便易行,在基层人工授精站常采用。

2)血细胞计数法

血细胞计数法是指用血细胞计数板测定每毫升精液中所含精子数的方法。该方法可以准确测定单位容积精液中的精子数。此法虽设备简单,但操作步骤多,较费时,常用于精液的定期检查。在操作时,对于精子密度高的牛、羊等动物的精液应选用红细胞吸管,而对精子密度低的马、猪等动物的精液则应选用白细胞吸管。具体操作步骤见实训 5 精液的品质检查。

为保证检查结果的准确性,在操作时要注意:

①计数时,取样要均匀有代表性,常计算计数室中间处和 4 个角的大方格即共计 5 个大方格的精子即可,然后推算 1 ml 内精子数。

②滴入计数室的精液不能过多,否则会使计数室高度增加,结果偏高。

③检查中方格时,要以精子头部为准,为避免重计和漏计,对于头部压线的精子采用"上计下不计,左计右不计"的办法。

④为了减少误差,应连续检查两次,求其平均值。如果两次检查结果差异较大,应该再作第三次检查。

3)光电比色测定法

光电比色测定法是根据精子密度越大,透光性越弱的原理,使用光电比色计测定样品的透光度与标准管比较或查对精子密度对照表,确定精子的密度。此法快速、准确、操作简便,是目前测定牛、羊、猪等动物精液精子密度一种较好的方法。

操作方法:先将原精液稀释成不同倍数,用血细胞计数器计数法计算精子密度,从而制成精液密度标准管,然后用光电比色计测定其透光度,根据透光度求出每相差 1% 透光度的级差精子数,编制成精子密度查数表,最好每头雄性动物制成一个专用表。检查精子样品时,一般将精液稀释 80 ~ 100 倍,用光电比色计测定其透光值,查表即可得知精子密度。

5.3.4 精子形态检查

精子形态正常与否与动物的受胎率密切相关。如果精液中含有大量畸形精子或顶体异常精子,受胎率就会降低。精液形态检查包括精子畸形率检查和顶体异常率检查两项内容。

1)精子畸形率检查

精液中形态和结构不正常的精子称为畸形精子。精子畸形率是指精液中畸形精子

数占总精子数的百分比。在各种动物的正常精液中,精子畸形率一般不超过20%,牛、猪不超过18%,水牛不超过15%,羊不超过14%,马不超过12%,犬不超过20%。否则,视为精液品质不良,不能用于输精。

畸形精子类型很多,一般可分为3类:①头部畸形:头部瘦小、巨大、细长、缺损、双头等;②颈部畸形:颈部膨大、纤细、曲折、双劲、带有原生质滴等;③尾部畸形:尾部弯曲、曲折、缺损、膨大、纤细、回旋、带有原生质滴等(如图5.6所示)。

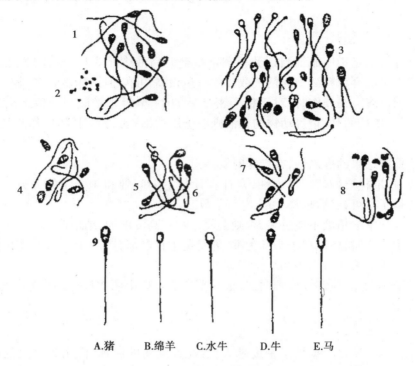

A.猪　　B.绵羊　　C.水牛　　D.牛　　E.马

图5.6　畸形精子类型

1.正常精子　2.游离原生质滴　3.各种畸形精子　4.头部脱落　5.附近有近端原生质滴

6.附近远侧原生质滴　7.尾部扭曲　8.顶体脱落　9.各种家畜的正常精子

(引自耿明杰主编.畜禽繁殖与改良[M].北京:中国农业出版社,2006.)

检查时,用少许精液制成抹片,勿人为损伤精子,自然干燥后在95%酒精固定液中固定5 min,用0.5%的龙胆紫或蓝(红)墨水染色3~5 min,水洗,干燥后在400倍显微镜下观察至少200个精子数,计算精子畸形率。

2)精子顶体异常率检查

正常精子的顶体内含有多种与受精有关的酶类,在受精过程中起着重要作用。一般只有呈直线前进运动且顶体完好的精子才具有受精能力。顶体异常有顶体膨胀、缺损、部分或全部脱落等。正常精液精子的顶体异常率,牛不超过5.9%,猪不超过2.3%。如果精子顶体异常率牛超过14%,猪超过4.3%,则会导致受胎率明显下降。

操作方法:先把精液制成抹片,自然干燥后用95%的酒精固定3~5 min,水洗后用姬姆萨液染色1.5~2.0 h,再水洗,干燥后用树脂封装,放在1 000倍油镜下观察,随机观察至少200个以上精子,计算精子顶体异常率。采用此法检查含有卵黄、甘油成分稀释液的精液时,必须先在含有甲醛的柠檬盐中固定,才能染色镜检,否则无法清晰地观察精子的形态。

5.3.5　精子的其他检查

1)精子生存时间和生存指数检查

精子生存时间是指精子在一定外界环境条件下总的生存时间。精子生存指数是指精子的平均生存时间,其大小表示精子活力下降速度的快慢。精子生存时间和生存指数与受精能力有关,两项指标的测定也是评定精液稀释液稀释效果好坏的重要方法之一。

检查时,将稀释后的精液置于一定温度(一般 $0 \sim 5$ ℃)下保存,每隔 $8 \sim 12$ h 检查一次精子活力,直至无活动精子为止。所有间隔时间累加后减去最后两次间隔时间的一半,即为精子总生存时间。每相邻两次检查的平均活力与其间隔时间的乘积之和即为生存指数。精子生存时间越长,生存指数越大,说明精子生活力越强,精液品质越好。

2)精子耗氧量测定

精子呼吸时消耗氧气多少与精子活力和密度有密切关系。耗氧量是指 1 亿精子在 37 ℃温箱中孵育 1 h 所消耗的氧气量,可用瓦氏呼吸器测定其耗氧量,计算出精子的耗氧率。

3)果糖分解测定

果糖分解快慢与精子的密度、活力和代谢能力有关。通常用 1 亿精子在 37 ℃、厌氧条件下每小时消耗果糖的毫克数来表示。其方法是:在厌氧情况下,将一定量的精液(如 0.5 ml)在 37 ℃的恒温箱中孵育 3 h,每隔 1 h 取出 0.1 ml 进行果糖定量测定,将结果与放入恒温箱前比较,即可计算出果糖分解指数。

4)美蓝褪色试验

美蓝是一种氧化还原剂,氧化时呈蓝色,还原时无色。当精子在美蓝溶液中呼吸时氧化脱氢,美蓝获得氢离子被还原,由蓝色变为无色。根据美蓝溶液褪色时间的快慢,可估测出精子密度和活力的大小。

方法:取含有 0.01% 美蓝盐水与等量的原精液混合,立即吸入内径 $0.8 \sim 1.0$ mm、长 $6 \sim 8$ cm 的毛细玻璃管内,使液柱高达 $1.5 \sim 2.0$ cm,然后放在白纸上,在 $18 \sim 25$ ℃下观察并计时。品质良好的牛和羊精液褪色时间分别在 10 min 和 7 min 内,中等者分别为 $10 \sim 30$ min 和 $7 \sim 12$ min,低劣者分别在 30 min 和 12 min 以上。

5.4　精液的稀释

精液稀释是向精液中加入适宜于精子存活的稀释液。其目的是:延长精子的保存时间及受精能力,便于精液的运输,使精液得以充分利用;同时,扩大精液容量,从而增加输精头数,提高雄性动物利用率。

5.4.1 精液稀释液的成分及作用

1）营养剂

常用的营养剂有糖类（如葡萄糖、果糖、乳糖）、奶类和卵黄。主要为精子生存和体外代谢提供养分，补充精子所消耗的能量，从而延长精子的体外的存活时间。

2）稀释剂

主要用于扩大精液容量。凡向精液中添加的各种营养剂和保护剂等渗溶液，都具有稀释精液、扩大容量的作用，均属稀释剂的范畴，但各物质的添加各有其主要作用。一般单纯用于扩大精液容量的物质有：等渗氯化钠、糖类（葡萄糖、果糖、蔗糖）和奶类等。

3）保护剂

保护剂主要包括维持精液 pH 值的缓冲物质，防止冷休克（低温打击）的抗冷（冻）物质，抑制细菌和有害微生物生长繁殖的抗菌物质以及降低电解质浓度的非电解质和弱电解质。

（1）缓冲物质

精子在体外不断进行代谢，随着代谢产物（如乳酸和 CO_2 等）的累积，精液的 pH 值会逐渐下降，超过一定的限度时，会使精子不可逆地失去活性。因此，向精液中添加一定量的缓冲剂，以平衡其酸碱度。常用的缓冲物质有柠檬酸钠、酒石酸钾钠、磷酸二氢钾、磷酸二氢钠、三羟甲基氨基甲烷（Tris）、乙二胺四乙酸二钠（EDTA）等。

（2）抗冷物质

当精液温度迅速下降至 10 ℃ 以下时，会使精子内部的缩醛磷脂在低温下冻结凝固而发生冷休克，影响精子正常代谢，甚至造成不可逆的死亡。卵黄和奶类中含有卵磷脂，其融点低，在低温下不易被冻结，加入精液中可渗入精子体内以代替缩醛磷脂而被精子所利用，故可以保护精子防止冷休克的发生。

（3）抗冻物质

精液在冷冻和解冻过程中，精子体内环境的水分必将经历液态与固态的转化过程，这种转化对精子的存活极其有害。而甘油、二甲基亚砜（DMSO）等则有助于减轻或消除这种危害，是生产中常用的抗冻保护剂。

（4）抗菌物质

在精液采集和处理过程中，难免受到细菌及有害微生物的污染，向稀释液中加入抗生素可以抑制微生物的生长繁殖，防止精液遭受微生物的污染，从而延长精子的存活时间。常用的抗生素主要有：青霉素、链霉素、氨苯磺胺、林肯霉素、卡那霉素、多黏霉素和恩诺沙星等。

（5）非电解质和弱电解质

精液中的 Ga^{2+}，Mg^{2+} 等强电解质成分含量较高，可刺激精子运动，使其代谢加快，利于受精。同时，这些电解质又能促进精子早衰，缩短精液保存时间。因此，向精液中添加非电解质或弱电解质物质，以降低精液的电解质浓度。常用的非电解质和弱电解质有：各种糖类、氨基乙酸、甘氨酸等。

4）其他添加剂

这类添加剂的主要作用是：改善精子外在环境的理化特性，以及雌性动物生殖道的生理机能，提高受胎率。常用的有：用于分解精子代谢过程中产生的过氧化氢的过氧化氢酶和促进精子获能的β-淀粉酶等酶类，促进雌性动物生殖道蠕动，利于精子运行的催产素、前列腺素等激素类和用于改善精子活率的维生素 B_1、维生素 B_2、维生素 B_{12}、维生素 C、维生素 E 等维生素类。

5.4.2　稀释液的种类

根据稀释液的性质和用途，可将稀释液分为以下 4 类：

1）现用稀释液

适用于采集的新鲜精液，稀释后不进行保存，立即输精用，以单纯扩大精液量、增加输精雌性动物数量为目的。此类稀释液常以简单的等渗糖类、奶类或氯化钠溶液为主体。

2）常温保存稀释液

适用于精液的常温短期保存。以糖类、弱酸盐和抗生素为主体，一般 pH 值控制在6.35左右。

3）低温保存稀释液

适用于精液的低温保存。以卵黄或奶类为主体，具有抗冷休克的作用。

4）冷冻保存稀释液

适用于精液冷冻保存。其稀释液成分较为复杂，除具有卵黄、糖类和奶类，还应添加甘油或二甲基亚砜等抗冻剂。

5.4.3　稀释液的配制

精液稀释液配制时应以稀释、保存效果好，简单易配，价格低廉为准则。配制时应掌握以下基本原则：

①配制稀释液器具，必须彻底洗涤、严格消毒。

②水应选用新鲜、无菌的蒸馏水、重蒸馏水或去离子水，最好是现用现制。

③稀释液最好现用现配，保持新鲜。如配制后不能及时使用，须严格灭菌、密封后放入 0~5 ℃冰箱中，保存最长不能超过 1 周，但卵黄、奶类、抗生素、激素、酶类等物质须在临用前添加。

④奶类要新鲜。鲜奶或奶粉需经过滤后在水浴（92~95 ℃）中灭菌 10 min，去除奶皮。

⑤鸡蛋要新鲜。蛋壳消毒后，提取卵黄液，待稀释液冷却后加入，并充分溶解。

⑥药品试剂要求纯净。应选用分析纯或化学纯试剂。药物称量要准确，经溶解、过滤、消毒后方可使用。

⑦抗生素、酶类、激素类、维生素等添加剂必须在稀释液冷却至室温时加入，磺胺类可事先加入稀释液，一并加热消毒。

5.4.4 稀释倍数和稀释方法

1）精液稀释倍数

精液进行适当的稀释可以延长精子的存活时间,但稀释倍数超过一定限度,精子的存活率就会随倍数的增加而下降。因此,适宜的稀释倍数应依据动物的精液质量(活率和密度)、稀释液的种类、精液保存方法以及每头份输精剂量所需的有效精子数等确定。一般牛 5 ~ 40 倍,马 2 ~ 3 倍,羊 2 ~ 4 倍,猪 2 ~ 4 倍,兔 3 ~ 5 倍,犬 1 ~ 3 倍,鸡 1 ~ 2 倍,鸭 1 ~ 3 倍。现以公牛精液稀释倍数的计算方法举例。

例:一头黑白花种公牛一次采得鲜精 12 ml,经检查,精子活力为 0.7,密度为 11 亿/ml。如母牛输精时要求有效精子数不少于 1 500 万,输精量为 0.25 ml,本次采得的精液处理后能为多少头母牛输精?

解:①每毫升原精液中的有效精子数 = 11 亿/ml × 0.7 = 7.7 亿/ml

②稀释后每毫升精液中的有效精子数 = 0.5 亿/0.25 亿 = 0.6 亿/ml

③稀释倍数 = 7.7 亿/ml ÷ 0.6 亿/ml ≈ 12(倍)

④输精母牛头数 = 12ml × 12 倍 ÷ 0.25ml = 576(头)

答:本次采得的精液能为 576 头母牛输精。

2）精液稀释的方法

(1)稀释方法

精液在稀释前首先检查其活率和密度,确定其稀释倍数,然后立即稀释。先将精液和稀释液同时置于 34 ℃左右的恒温箱或水浴锅中,进行短暂同温处理。稀释时,将一定量的稀释液沿器皿缓慢加入精液中,并轻轻搅拌,使之混合均匀。

(2)注意事项

①采出的精液经品质检查合格后,应立即进行稀释。

②稀释时,稀释液的温度和精液的温度必须调整一致,以 30 ~ 35 ℃为宜。

③稀释时,将稀释液沿精液瓶壁或插入的灭菌玻璃棒缓慢倒入精液,不可将精液倒入稀释液。轻轻搅拌,混合均匀,防止剧烈震荡。

④如需高倍稀释时,应先低倍后高倍,分次进行稀释。

⑤精液稀释后要进行活力检查,评定稀释效果,发现异常,及时查明原因。

⑥稀释后,精液应按一头雌性动物的输精量,及时进行分装、保存。

5.5 精液保存

精液保存的目的是为了延长精子在体外的存活时间,便于长途运输,扩大精液的使用范围。精液保存方法,按温度不同可分为常温(15 ~ 25 ℃)保存、低温(0 ~ 5 ℃)保存和冷冻(−196 ~ −79 ℃)保存 3 种。前两者保存温度都在 0 ℃以上,以液态形式短期保存,故又称液态保存。

5.5.1 常温保存

常温保存的温度为 15 ~ 25 ℃,允许温度有一定的变动幅度,又称变温保存或室温保存。常温保存所需设备简单,便于普及推广,适合于各种动物精液的短期保存,特别适宜于猪的全份精液保存。

1)原理

精子的活动在弱酸性环境中受到抑制,能量消耗降低,一旦 pH 值恢复到中性,精子活力又可复苏。因此,在精液稀释液中加入弱酸类物质,创造一定的酸性环境,以抑制精子的代谢活动,从而达到保存精液的目的。

在一定的 pH 值范围内,精子的代谢是可逆性抑制,通常把 pH 值调整到 6.35 左右为宜。不同酸类物质对精子产生的抑制区域和保存效果不同,一般认为有机酸比无机酸好。常温条件下保存精液,有利于微生物的生长和繁殖,因此必须加入抗生素。此外,加入必要的营养物质(如糖类)及隔绝空气等均有益于精液的保存。

2)保存方法

稀释后的精液装瓶密封后,通常采用隔水降温的方法或用纱布、毛巾等包裹后,置于 15 ~ 25 ℃ 温度中避光存放。也可将其直接放入水井、地窖、保温瓶内保存。现在多用恒温冰箱进行保存。

猪的全份精液常温保存效果较好,目前常用恒温保温箱保存,温度一般控制在 17 ℃ ± 0.5 ℃,且最好每隔 12 h 将其翻动均匀混合一次,防止精子沉淀而引起死亡。精液保存时间的长短,因稀释液的组成不同而异,一般可保存 2 ~ 9 d 时间。

猪、马、羊、牛常用的精液常温保存稀释液配方见表 5.3 和表 5.4。

表 5.3　猪精液常温保存稀释液

成　分	葡萄糖液	葡萄糖—柠檬酸钠液	氨基乙酸—卵黄液	葡萄糖—柠檬酸钠—乙二胺四乙酸液	蔗糖—奶粉液	英国变温稀释液*	葡萄糖—碳酸氢钠—卵黄液	葡—柠—乙—卵黄液
基础液								
二水柠檬酸钠/g	—	0.5	—	0.3	—	2	—	0.18
碳酸氢钠/g	—	—	—	—	—	0.21	0.21	0.05
氯化钾/g	—	—	—	—	—	0.04	—	—
葡萄糖/g	6	5	5	—	—	0.3	4.29	5.1
蔗糖/g	—	—	—	—	6	—	—	—
氨基乙酸/g	—	—	3	—	—	—	—	—
乙二氨四乙酸/g	—	—	—	0.1	—	—	—	0.16

续表

成　分	葡萄糖液	葡萄糖—柠檬酸钠液	氨基乙酸—卵黄液	葡萄糖—柠檬酸钠—乙二胺四乙酸液	蔗糖—奶粉液	英国变温稀释液[*]	葡萄糖—碳酸氢钠—卵黄液	葡—柠—乙—卵黄液
奶粉/g	—	—	—	—	5	—	—	—
氨苯磺胺/g	—	—	—	—	—	0.3	—	—
蒸馏水/ml	100	100	100	100	100	100	100	100
稀释液								
基础液容量/%	100	100	70	95	96	100	80	97
卵黄容量/%	—	—	30	5			20	3
10%安那钾容量/%	—	—	—	—	4	—	—	—
青霉素/(IU·ml^{-1})	1 000	1 000	1 000	1 000	1 000	1 000	1 000	1 000
链霉素/(μg·ml^{-1})	1 000	1 000	1 000	1 000	1 000	1 000	1 000	1 000

[*] 通入 CO_2，使 pH 值达到 6.35。

（引自张周主编.动物繁殖［M］.北京：中国农业出版社，2001.）

表 5.4　牛、马、羊精液常温保存稀释液

成　分	牛		绵羊		山羊		马		
	伊利尼变温液[*]（IVT）	康奈尔大学液	葡—柠—卵液	RH—明胶液	明胶—羊奶液	羊奶液	明胶—蔗糖液	葡萄糖—甘油—卵黄液	马奶液
基础液									
碳酸氢钠/g	0.21	0.21	—	—	—	—	—	—	—
二水柠檬酸钠/g	2	1.45	1.4	3	—	—	—	—	—
蔗糖/g	—	—	—	—	—	—	—	—	—
葡萄糖/g	0.3	0.3	3	—	—	—	8	7	—
氯化钾/g	0.04	0.04	—	—	—	—	—	—	—
氨基乙酸/g	—	0.94	—	—	—	—	—	—	—
氨苯磺胺/g	0.3	0.03	—	—	—	—	—	—	—
磺胺甲基嘧啶钠/g	—	—	—	0.15	—	—	—	7	—
后莫氨磺酰/g	—	—	—	0.1	—	—	—	—	—
明胶/g	—	—	—	10	10	—	7	—	—

成 分	牛		绵 羊		山 羊		马		
	伊利尼变温液*（IVT）	康奈尔大学液	葡—柠—卵液	RH—明胶液	明胶—羊奶液	羊奶液	明胶—蔗糖液	葡萄糖—甘油—卵黄液	马奶液
羊奶/ml	—	—	—	—	100	100	—	—	—
马奶/ml	—	—	—	—	—	—	—	—	100
蒸馏水/ml	100	100	100	100	—	—	100	100	100
稀释液									
基础液容量/%	90	80	80	100	100	100	90	97	99.2
甘油容量/%	—	—	—	—	—	—	5	2.5	—
卵黄容量/%	10	20	20	—	—	—	5	0.5	0.8
青霉素/(IU·ml^{-1})	1 000	1 000	1 000	1 000	1 000	1 000	1 000	1 000	1 000
双氢链霉素/(μg·ml^{-1})	1 000	1 000	1 000	1 000	1 000	1 000	1 000	1 000	1 000

* 充入 CO_2 20min，使 pH 值调到 6.35。

（引自张忠诚主编. 家畜繁殖学［M］. 北京：中国农业出版社，2004.）

5.5.2　低温保存

低温保存是将稀释后的精液置于 0～5 ℃低温条件下保存。多数动物精液低温保存比常温保存时间长，但公猪精液常温保存效果较好。牛精液低温可保存 7 d 左右，绵羊精液低温可保存 1 d 左右。

1）原理

低温保存是通过降低温度，使精子的活动受到抑制，降低代谢和能量消耗，同时抑制微生物的生长和繁殖，当温度降至 0～5 ℃时，精子的代谢几乎处于休眠状态。当温度回升后，精子又逐渐恢复正常代谢机能而不丧失其受精能力。为避免精子发生冷休克，在稀释液中添加一定量的卵黄、奶类等抗冷物质，并采取缓慢降温的方法，以达到延长精子存活时间的目的。

2）保存方法

稀释后的精液，为避免精子发生冷休克，应采取缓慢降温方法，从 30 ℃降至 0～5 ℃，以每分钟下降 0.2 ℃左右为宜，整个降温过程需 1～2 h 完成。将分装好的精液瓶封口，外包数层棉花或纱布，再裹以塑料袋防水，置于 0～5 ℃低温环境（冰箱）中，也可将精液瓶放入 30 ℃温水的容器内，连同该容器一起放入 0～5 ℃冰箱中，经 1～2 h，精液温度即可降至 0～5 ℃。

目前常用的方法是将精液放置在恒温冰霜中保存，在保存过程中，要维持温度的恒定，防止升温。若需要运输，可将包装好的精液，放入便携式恒温保存箱中，也可放在内有冰块或化学制冷剂（尿素或氯化氨）的保温箱（瓶）中，但要注意定期添加冰源或化学制冷剂。

低温保存的精液,在输精前要进行升温处理。升温的速度对精子影响较小,一般可将贮精瓶直接投入30 ℃温水中即可。

各种动物常见的精液低温保存稀释液见表5.5和表5.6。

表5.5 牛精液低温保存稀释液

成　　分	葡—柠—卵液	葡—氨—卵液	葡—柠—奶—卵液	柠—卵液	牛奶液
基础液					
二水柠檬酸钠/g	1.4	—	1	2.9	—
碳酸氢钠/g	—	—	—	—	—
氯化钾/g	—	—	—	—	—
牛奶/ml	—	—	—	—	100
奶粉/g	—	—	3	—	—
葡萄糖/g	3	5	2	—	—
氨基乙酸/g	—	4	—	—	—
柠檬酸/g	—	—	—	—	—
氨苯磺胺/g	—	—	—	—	0.3
蒸馏水/ml	100	100	100	100	—
稀释液					
基础液容量/%	80	70	80	75	80
卵黄容量/%	20	30	20	25	20
青霉素/($IU \cdot ml^{-1}$)	1 000	1 000	1 000	1 000	1 000
双氢链霉素/($\mu g \cdot ml^{-1}$)	1 000	1 000	1 000	1 000	1 000

(引自张忠诚主编.家畜繁殖学[M].北京:中国农业出版社,2004.)

表5.6 羊、马、驴精液低温保存稀释液

成　　分	绵羊			山羊		马		驴	
	葡—柠—卵液	葡—柠—EDTA—卵液	卵—奶液	葡—柠—卵液	奶粉液	葡—卵液	葡—酒石酸钾钠—卵液	葡—卵液	葡萄糖液
基础液									
二水柠檬酸钠/g	2.8	1.4	—	2.8	—				
奶粉/g	—	—	10	—	10				
葡萄糖/g	0.8	3	—	0.8	—	7	5.76	7	7
氨基乙酸/g	—	0.36							
EDTA/g	—	0.1							

成　分	绵　羊			山　羊		马		驴	
	葡—柠—卵液	葡—柠—EDTA—卵液	卵—奶液	葡—柠—卵液	奶粉液	葡—卵液	葡—酒石酸钾钠—卵液	葡—卵液	葡萄糖液
牛奶/ml	—	—	—	—	—	—	—	—	—
酒石酸钾钠/g							0.67		
蒸馏水/ml	100	100	100	100	100	100	100	100	100
稀释液									
基础液容量/%	80	90	90	80	80	95	92	99.2	100
卵黄容量/%	20	10	10	20	20	5	8	0.8	—
青霉素/(IU·ml^{-1})	1 000	1 000	1 000	1 000	1 000	1 000	1 000	1 000	1 000
双氢链霉素/(μg·ml^{-1})	1 000	1 000	1 000	1 000	1 000	1 000	1 000	1 000	1 000

（引自张忠诚主编.家畜繁殖学[M].北京:中国农业出版社,2004.）

5.5.3　冷冻保存

精液冷冻保存是用液氮（-196 ℃）或干冰（-79 ℃）做冷源,将精液冷冻后保存在液氮中,达到长期保存的目的。该方法由于保存时间长,精液的使用不受时间和地域的限制,因此,是比较理想的一种保存方法,对人工授精技术的推广及现代畜牧业的发展都具有十分重要的意义。

1)精液冷冻保存原理

精子在超低温下,其代谢几乎停止,以生命相对静止状态保存下来,当解冻温度回升后,又能复苏且具有受精能力。关于大部分精子在冷冻过程中为什么没有死亡,复苏后仍具有活力,对此科学工作者作过许多探索和解释,其中比较公认的是玻璃化学说。

(1)玻璃化学说

玻璃化学说认为,物质的存在形式有气态、液态和固态,其中固态又分为结晶态和玻璃态。在不同的温度条件下,这几种形式可以相互转化。当气态物质的温度逐渐下降时,越过沸点即转变为液态;当温度进一步下降而越过熔点时,液态又转变为固态。固态的形式有两种类型:当温度逐渐下降时,所形成的固态为结晶态(分子有序排列,颗粒大而均匀);如果液态的温度迅速下降并越过某一区域,所形成的固体为玻璃态(分子无序排列,颗粒细小而均匀)。反之,当温度缓慢升高时,玻璃态先变成结晶态,再变成液态;如果快速升温,则玻璃态可越过结晶态直接变为液态物质。

冰晶化是造成精子死亡的主要原因:其一,当精液冷冻时,精子外的水分先冻结。这种冻结并非同时进行,局部水分冻结后,把溶质分子排斥到尚未冻结的那部分溶液中,使局部浓度升高而形成高渗溶液,由于精子内外渗透压差及冰和水表面蒸气压差的关系,精子内部水分向外渗透,造成精子脱水,原生质变干,电解质浓度增高,酸碱度失去平衡,

造成精子死亡。其二,当精液中水分形成冰晶后体积增大且形状不规则,加之冰晶块的增大和移动,对精子产生机械压力,破坏精子原生质表层和内部结构,引起精子死亡。而玻璃化是指精子在超低温下,水分子保持原来无次序排列,呈现纯粹的超微颗粒结晶,精子在玻璃化冻结状态下,避免了原生质脱水和膜结构受到破坏,解冻后仍可恢复活力。

试验证明,冰晶是在 $-60 \sim 0$ ℃温度区域,经过缓慢降温而形成的。在 $-25 \sim -15$ ℃时对精子危害最大。所以,在精液冷冻过程中,采取极快速降温的方法,迅速越过 $-60 \sim 0$ ℃冰晶化温区,而直接进入 $-250 \sim 60$ ℃超低温玻璃化温区,使水分子来不及形成冰晶化而直接形成对精子无伤害玻璃化状态。但玻璃化具有不稳定的可逆性,当缓慢升温再经过冰晶化温区时,玻璃化又先变为冰晶化再变为液化,导致精子死亡。所以,在精液冷冻制作和解冻使用时,无论是降温还是升温,都应该采取快速处理的方法。

(2)抗冻保护剂

精液冷冻过程中,在稀释液中添加抗冻物质如甘油等,以增强精子的抗冻能力,对防止冰晶化有重要作用。甘油具有较强的吸水性,可抑制水分子形成冰晶,使水处于过冷状态,降低水形成冰晶的温度,从而缩小了有害温区。但研究表明,甘油浓度高时,对精子有危害作用,如伤害精子的顶体和颈部,使尾部弯曲,破坏某些酶类等,从而影响精子的活力和受精能力,且温度越高,对精子的危害作用越大。所以在冷冻精液稀释液中应在较低的温度下加入甘油,且甘油加入要适量,一般牛的冷冻精液中甘油加入量以 5% ~ 7% 为宜。除甘油外,其他多羟基化合物如二甲基亚砜(DMSO)等都具有抗冻保护作用。

各种动物常见冷冻保存稀释液配方见表5.7、表5.8和表5.9。

表 5.7 牛精液冷冻保存稀释液

成 分	乳糖—卵黄—甘油液	蔗糖—卵黄—甘油液	葡萄糖—卵黄—甘油液	葡萄糖—柠檬酸钠—卵黄—甘油液	
				第一液	第二液
基础液					
蔗糖/g	—	12	—	—	—
葡萄糖/g	—	—	7.5	3	—
乳糖/g	11	—	—	—	—
二水柠檬酸钠/g	—	—	—	1.4	—
蒸馏水/ml	100	100	100	100	—
稀释液					
基础液/容量%	75	75	75	80	86*
卵黄/容量%	20	20	20	20	—
甘油/容量%	5	5	5	—	14
青霉素/(IU·ml^{-1})	1 000	1 000	1 000	1 000	—
双氢链霉素/(μg·ml^{-1})	1 000	1 000	1 000	1 000	—

注:* 取 1 液 86 ml 加入甘油 14 ml 即为 2 液。前 3 种稀释液适于颗粒冻精,后 1 种适于细管冻精。

(引自耿明杰主编. 畜禽繁殖与改良[M]. 北京:中国农业出版社,2006.)

表5.8 绵羊、山羊精液冷冻保存稀释液

成　分	绵　羊				山　羊	
	配方1	配方2	配方3	配方4	配方1	配方2
Ⅰ液						
鲜脱脂牛奶/ml	—	20	10	—	—	—
乳糖/g	5.5	10	4.13	11	6	3.8
葡萄糖/g	3	—	2.25	—	—	2.6
柠檬酸钠/g	1.5	—	1.13	—	1.5	1.3
卵黄/ml	—	20	—	—	—	—
维生素 B_1/g	—	—	0.003	—	—	—
碳酸氢二钠/g	—	—	0.11	—	—	—
碳酸氢二钾/g	—	—	0.021	—	—	—
蒸馏水/ml	100	80	55	100	100	100
Ⅱ液						
Ⅰ液/容量%	75	45	—	75	80	80
卵黄/容量%	20	—	15	20	20	20
甘油/容量%	5	5	5	5	5	5
葡萄糖/g	—	3	—	—	—	—
羊血清/ml	—	—	—	—	—	—
青霉素/$(IU \cdot ml^{-1})$	1 000	1 000	1 000	1 000	1 000	1 000
双氢链霉素/$(\mu g \cdot ml^{-1})$	1 000	1 000	1 000	1 000	1 000	1 000

（引自张忠诚主编.家畜繁殖学［M］.北京:中国农业出版社,2004.）

表5.9 猪、马、驴、水牛精液冷冻保存稀释液

成　分	猪		马		驴	水 牛
	葡—卵—甘油液	蔗糖—卵—甘油液	乳糖—卵—甘油液	乳—E—柠卵—甘油液	蔗糖—卵—甘油液	葡—卵—甘油液
基础液						
蔗糖/g	—	11	—	—	10	—
乳糖/g	—	—	11	11	—	—
葡萄糖/g	8	—	—	—	—	10
EDTA/g	—	—	—	0.1	—	—
3.5%柠檬酸钠/ml	—	—	—	0.25	—	—
4.2%碳酸氢钠/ml	—	—	—	0.2	—	—
蒸馏水/ml	100	100	100	100	100	100

续表

成　分	猪		马		驴	水　牛
	葡—卵—甘油液	蔗糖—卵—甘油液	乳糖—卵—甘油液	乳—E—柠—卵—甘油液	蔗糖—卵—甘油液	葡—卵—甘油液
稀释液						
基础液/容量%	77	78	95.4	95.4	90	75
卵黄/容量%	20	20	0.8	2	5	20
甘油/容量%	3	2	3.8	3.5	5	5
青霉素/(IU·ml^{-1})	1 000	1 000	1 000	1 000	1 000	1 000
双氢链霉素/(μg·ml^{-1})	1 000	1 000	1 000	1 000	1 000	1 000
适用剂型	颗粒	颗粒	颗粒	颗粒	颗粒	颗粒

(引自张忠诚主编.家畜繁殖学[M].北京:中国农业出版社,2004.)

2)精液冷冻技术

(1)采精及精液品质检查

精液的冷冻效果与精液品质密切相关。作好采精的准备和操作,争取获得优质的精液。制作冷冻精液的精子活率应不低于0.7。

(2)精液稀释

根据冻精的种类、分装剂型及稀释倍数的不同,精液的稀释方法也不相同,目前生产中多采用一次稀释法和两次稀释法。

①一次稀释法。将含有甘油等抗冻剂的稀释液与一定量精液按照稀释比例一次性等温稀释,使每一剂量(细管、颗粒)中解冻后所含直线运动的精子数达到规定标准,一般每支细管精液含精子1 000万,每个颗粒含1 200万。此方法常用于颗粒精液,近年来也应用于细管冷冻精液。

②两次稀释法。指首先用不含甘油的稀释液(第一液)对精液按稀释倍数的半倍进行稀释,然后将稀释后的精液连同含有甘油的另一半稀释液(第二液)一起,经过1~1.5 h缓慢降温至0~5 ℃,在此温度下再做等量的第二次稀释,以减少甘油与精子长时间接触而对精子造成的危害。此法常用于细管精液冷冻。

(3)精液分装

精液的分装依据精液的冷冻方法,目前广泛应用的有两种类型或剂型。

①颗粒精冻。将稀释好的精液经过降温平衡后,直接滴冻在经液氮制冷的铜纱网或聚乙烯四氟板上,冷冻后制成0.1 ml左右的颗粒。颗粒冻精曾在牛的冷冻精液中广泛应用,现在多用于马、绵羊及野生动物的精液冷冻。此法具有成本低、制作方便等优点。但也有不易标记、颗粒大小不标准、易污染、解冻麻烦等缺点。

②细管冻精。用自动细管分装机将降温平衡后的精液分装到塑料细管中,细管的一端封口,另一端塞有棉花,其间放置少量的聚乙烯醇粉(吸水后形成活塞),冷冻后保存。细管的长度约13 cm,容量有0.25 ml或0.5 ml。目前牛冻精细管多用0.25 ml剂型。细

管冻精具有易标记、易储存、解冻方便、不易污染等优点,适合机械化生产,是较理想的剂型。

（4）**降温与平衡**

精液稀释分装后,用 12~16 层纱布或棉花包裹,或放到加有 30 ℃ 温水的烧杯中,连同烧杯一块放入 0~5 ℃ 的冰箱中,经 1~2 h 使其缓慢降温到 4~5 ℃。

平衡是指将缓慢降温后的精液放在 0~5 ℃ 环境中,再放置 2~4 h,使甘油充分渗入精子内部,以增强精子的抗冻能力,防止其冷休克。

（5）**冻结**

①颗粒精液冷冻法。常用液氮熏蒸法。将装有液氮的广口保温容器内置一铜纱网或铝饭盒盖,距液氮面 1~2 cm,预冷数分钟,使网面温度保持在 -120~-80 ℃。或用聚四氟乙烯凹板（氟板）代替铜纱网,先将其浸入液氮中几分钟后,置于液氮面 2 cm 处。然后将平衡后的精液定量而均匀地滴冻在氟板或铜纱网上,每粒 0.1 ml。经 2~5 min,待精液颗粒充分冻结、颜色变白时,将颗粒置入液氮中,取出 1~2 粒解冻,检查精子活率,活率达 0.3 以上者则收集到小瓶或纱布袋中,作好标记,储存于液氮罐中保存。滴冻时,要注意滴管事先预冷,与平衡时温度一致;操作要准确迅速,防止精液温度回升;颗粒大小要均匀;每滴完一头动物精液后,必须更换滴管、氟板等用具。

②细管精液冷冻法。与颗粒冻精氮熏蒸法相同,将平衡好的细管精液平放在距液氮面 2~2.5 cm 的铜纱网上,冷冻温度为 -120~-80 ℃,停留 5~7 min,待精液冻结后,移入液氮中,收集于纱布袋中,作好标记,置于液氮罐中保存。工厂化细管精液的冷冻方法是使用控制液氮喷量的自动记温速冻器,-60~5 ℃ 每分下降 4 ℃,-60 ℃ 后尽快降温至 -196 ℃。

（6）**冻精解冻**

冻精解冻是检验精液冷冻效果的必要环节,也是冻精输精前的必需工作。其方法有:低温冰水解冻（0~5 ℃）、温水解冻（30~40 ℃）及高温解冻（50~80 ℃）等。

不同畜种及剂型的冷冻精液,其解冻温度和方法有差别。细管冻精可直接浸入 38~40 ℃ 温水中解冻,待冻精融化一半、颜色变白时,即可取出,放在手心中来回搓动几下即可输精;颗粒冻精解冻时,先将装有 1 ml 2.9% 的柠檬酸钠解冻液的灭菌试管,置于 38~40 ℃ 的温水中,当解冻液与水温相同时,取一粒冻精投入小试管内,轻轻摇动使其融化,取出后即可用于输精。

原则上,输精前冻精解冻并检查活率,精子活率不低于 0.3 时,方可用于输精。

3）**冻精的储存与运输**

目前,生产中普遍采用液氮作冷源,液氮罐作容器储存和分发冻精。

（1）**液氮及其特性**

液氮是空气中的氮气经分离、压缩形成的一种无色、无味、无毒的一种液体,沸点为 -195.8 ℃,比重为 0.974。在常温下,液氮沸腾,吸收空气中的水气形成白色烟雾。液氮具有很强的膨胀性,随温度升高,体积会增大,当温度升至 18 ℃ 时,其体积可膨胀 680 倍。此外,液氮又是不活泼的液体,渗透性差,有抑菌性但无杀菌能力。基于液氮的上述特性,使用时要注意防止冻伤、喷溅、窒息等,液氮用量大时要保持室内空气通畅。

（2）**液氮容器**

包括液氮储运容器和冻精储存容器，前者为储存和运输液氮用，后者为专门储存冻精用。当前冷冻精液专门使用的液氮罐型号较多，但其结构大致相同。

液氮罐的结构由罐壁、罐颈、罐塞和提筒构成，如图5.7所示。

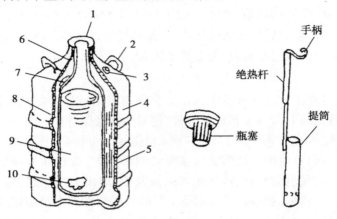

图5.7　液氮罐结构示意图

1.保护圈　2.把手　3.真空嘴　4.外壳　5.高真空多层绝热　6.颈管
7.活性炭　8.内壳　9.液氮　10.定位板

（引自张忠诚主编.家畜繁殖学[M].北京:中国农业出版社,2004.）

A.罐壁。由内外两层构成，外层称外壳，内层称内胆，一般由坚硬的合金制成。内外两层间的空隙为夹层，为增加罐的保温性，夹层被抽成真空，在夹层中装有活性炭、硅胶及镀铝涤纶薄膜等，以吸收漏入夹层的空气，从而增加了罐的绝热性能。

B.罐颈。是指连接罐体和罐壁的部分，由高热阻材料制成，较为坚固。

C.罐塞。由绝热性好的塑料制成，具有固定提筒手柄和防止液氮过度挥发的功能。

D.提筒。是存放冻精的装置。提筒的手柄由绝热性良好的塑料制成，既能防止温度向液氮传导，又能避免取冻精时冻伤。提筒的底部有多个小孔，以便液氮渗入其中。

（3）**液氮罐的使用**

①液氮的补充。初次添加液氮时，要少量且动作要慢，使整个罐部温度均匀地下降，然后再充满，即要有个预热的阶段；当液氮消耗掉1/2时，应及时补充。罐内剩余的液氮量可用称量法来估算，也可用带刻度的木尺或细木条等插至罐底，经10 s后取出，通过测量结霜的长度来估算。

②储存及取用精液。冷冻精液的保存原则是精液不能脱离液氮，确保其完全浸入液氮中。储存精液时，必须迅速放入经预冷的提筒内，浸入罐内液氮面以下。取用冻精或冻精向另一容器转移时，操作要敏捷迅速，提筒提至罐颈基部，不得提出液氮罐口外，脱离液氮的时间不得超过10 s，取完后要迅速将冻精再次浸入液氮内。储存时还要注意不能使不同品种、个体的精液混杂一起放置。

③液氮罐的保养。液氮罐应放置在凉爽、干燥、通风良好的室内，使用或搬运过程中防止碰撞、倾倒。注意保护罐塞和罐颈部位，此部分质地脆弱易于损坏。为保证储存效果，要定期检查液氮的消耗情况，且每年清洗一次罐内杂物，将空罐放置 2 d 后，用

40～50 ℃中性洗涤剂擦洗,再用清水多遍冲洗,干燥后方可使用。使用过程中,如发现罐的外壁结霜,说明罐的真空失灵,要尽快取出精液放于其他储存罐内。

（4）冻精的运输

冷冻精液的运输应由专人负责,要查验所运输的冷冻精液的动物品种、畜号、数量及精子活率等是否符合要求后,方可运输。到达目的地后,应办好交接手续。要确保盛装精液的液氮容器的保温性能良好,运输之前充满液氮,容器外应罩好保护套,安放牢固。装卸时,要轻拿轻放,严禁碰撞、翻倒。运输中避免强烈震动和暴晒,随时检查并及时补充液氮。

5.6　输　精

输精是人工授精的最后一个技术环节,也是最重要的技术之一,适时而准确地把一定量的优质精液输到雌性动物生殖道内的适当部位,是保证较高受胎率的关键。输精前,应做好各方面的准备工作,以确保输精的正常实施。

5.6.1　输精前的准备

1）母畜准备

雌性动物经发情鉴定,确定已到输精时间后,将其牵入输精架内保定（母猪可不保定,直接在圈内）,尾巴拉向一侧,对外阴部及其周围进行清洗消毒并擦干。

2）器械准备

输精所使用的器械,均应彻底清洗并严格消毒,最好用稀释液或灭菌生理盐水冲洗后使用。每头动物应准备一支输精管,但当输精管不够使用时,可用75％酒精棉球涂擦消毒外壁,待酒精挥发后,用稀释液冲洗外壁及管腔2～3次,方可使用。

3）输精人员准备

输精人员应穿好工作服,将指甲剪短磨光,手洗净擦干后用75％酒精棉球或2％来苏儿水消毒,如需将手臂伸入阴道内,则应清洗消毒手臂并涂以润滑剂。牛、马等大动物直肠把握输精时,则应戴长臂手套并涂以润滑剂。

4）精液准备

输精前要检查精子活率。新鲜精液镜检精子活率不应低于0.7;常温和低温保存的液态精液,必须首先缓慢升温至35 ℃左右,镜检精子活率不低于0.5;冷冻精液解冻后活率不低于0.3,方可用于输精。

5.6.2　输精的基本要求

1）输精时间

母畜输精后是否受胎,与能否掌握合适的输精时间密切相关。母畜输精时间要根据母畜的排卵的时间、卵子保持受精能力的时间、精子在母畜生殖道内保持受精能力的时

间以及精子的获能时间等进行综合分析判断。

（1）牛的输精时间

母牛的发情周期平均为 21 d，发情持续期一般为 1~2 d，排卵一般发生在发情结束后 12 h 左右。因此，发现母牛发情后 10~20 h 可进行第一次输精，隔 8~12 h 进行第二次输精。生产中，一般母牛的输精时间安排是：早上发情，当日下午或傍晚第一次输精，次日早上第二次输精；若下午或傍晚发情，次日早晨进行输精，次日下午或傍晚再输一次，效果较好。

初配母牛发情持续稍长，输精过早受胎率不高，通常在发情后 20 h 左右开始输精。在第二次输精前，最好检查一下卵泡，如母牛已排卵，一般不必再输精。

（2）羊的输精时间

母羊的发情持续期一般为 30 h，排卵是在发情终止时。母羊的输精时间应根据试情情况确定。每天一次试情时，发现发情立即输精一次，半天后再输一次；每天 2 次试情时，发现发情后隔半日第一次输精，再隔半日经行第二次输精。

（3）猪的输精时间

精子在母猪生殖道内的存活时间为 40 h 左右，但精子具有受精能力的时间仅 25~30 h，精子的获能时间为 2~4 h。母猪的排卵时间是在发情后 19~36 h，卵子有效受精时间为 8~10 h。所以，每天应进行两次发情鉴定。输精时间应在发情后 10~30 h，或静立反射后 8~12 h。但后备母猪和断奶后 7 d 以上发情的经产母猪，静立反射后应立即输精。

生产中，一般上午发现静立反应，下午应进行第一次输精，第二天下午再进行第二次输精；下午发现静立反应的母猪，第二天上午第一次输精，第三天上午再进行第二次输精。也可在出现静立反应后随即进行输精，间隔 12~18 h 后进行第二次输精。

（4）马（驴）的输精时间

①根据母马（驴）的卵泡发育情况来判定。母马（驴）的卵泡发育为 6 个时期，一般可按照"三期酌配，四期必配，排后灵活追配"的原则安排输精时间。所谓"酌配"，即根据卵泡发育的快慢，结合母马（驴）的体况以及环境的变化等进行综合判断。排卵后如黄体还没有生成，输精仍有一定的受胎率。一般在排卵前后 6 h 内输精。

②根据发情时间推算。母马（驴）发情后的 3~4 d 开始输精，连日或隔日输精 1 次，但输精不超过 3 次。

（5）兔的输精时间

兔为诱发排卵的动物，适宜的输精时间应安排在诱发刺激后的 2~6 h，也可根据试情表现确定。当母兔外阴部可视黏膜的颜色为大红色，举尾迎合，有接受交配的表现时，即可输精。所以，民间有"粉红早，黑紫迟，大红正当时"的说法。

（6）犬的输精时间

母犬为季节性发情的动物，正常犬每年发情 2 次，大多数母犬在春季 3—5 月和秋季 9—11 月份各发情一次。犬的发情周期大约持续半年，发情持续期为 6~14 d。生产中，初产母犬外阴户滴血后的第 11~13 d，经产母犬在滴血后的第 9~11 d 输精，或用试情法，母犬愿意接受公犬爬跨后的 2~3 d 输精。输精两次受胎率较高，两次间隔时间为

8~24 h。犬每次输精量为 1 ml,内含有效精子 1 亿个左右。

(7)禽的输精时间

母鸡的输精应选择在大部分母鸡产完蛋后进行,因此最好在下午 3:00—4:00 后进行,每 4~5 d 输精一次。用原精液输精一次可输 0.025~0.05 ml(首次加倍,母鸡产蛋后期应适当增加输精量),每次输入精子的数量应不少于 1 亿个。

鸭的输精常在上午 8:00—11:00 时进行。每次输入新鲜精液 0.1~0.2 ml,每次输入有效精子 0.3 亿~0.5 亿个,首次输精时应加倍。家鸭 5~6 d 输精 1 次。公番鸭与母麻鸭杂交时,每 3 d 输精 1 次。

鹅的输精时间应在下午 4:00—6:00 后进行。每次输入原精液为 0.03~0.05 ml,稀释后精液为 0.05~0.1 ml,首次输精量应加倍,有效精子数以 0.3 亿~0.5 亿个为宜。一般 5~6 d 输精 1 次。

2)输精量及输入有效精子数

输精量和输入有效精子数应根据母畜种类、年龄、胎次、子宫大小等生理状况及精液类型而定。猪、马、驴的输精量比牛、羊、兔多;体型大、经产、产后配种和子宫松弛的母畜,应适当增加输精量;液态精液的输精量一般比冷冻精液的输精量大;进行超数排卵处理的母畜应比非超数排卵母畜的输精量和有效精子数有所增加。为保证母畜有较高的受胎率,输入足够量的有效精子数是十分重要的。各种动物的输精要求详见表 5.10。

表 5.10　各种动物的输精要求

事　项	牛		马、驴		猪		羊		兔	
	液态	冷冻	液态	冷冻	液态	冷冻	液态	冷冻	液态	冷冻
输精量/ml	1~2	0.25~1.0	15~30	15~30	30~40	20~30	0.05~0.1	0.1~0.2	0.2~0.5	0.2~0.5
输入有效精子数/亿	0.3~0.5	0.1~0.2	2.5~5	1.5~3	20~50	10~20	0.5	0.3~0.5	0.2~0.3	0.15~0.3
适宜输精时间	发情后 10~20 h,或排卵前 10~20 h		接近排卵时,卵泡发育第 4~5 期,或发情第二天开始隔日一次至发情结束		发情后 10~30 h,或开始接受"压背试验"过后 8~12 h		发情后 10~36 h		诱发排卵后 2~4 h	
输精次数	1~2		1~3		1~2		1~2		1~2	
输精时隔时间/h	8~10		24~48		12~18		8~10		8~10	
输精部位	子宫颈深部或子宫体		子宫内		子宫内		子宫颈		子宫颈	

(引自张忠诚主编.家畜繁殖学[M].北京:中国农业出版社,2004.)

5.6.3　输精方法

1）母牛的输精

母牛的输精方法现已普遍采用直肠把握子宫颈输精法（如图 5.8 所示）。一只手伸入直肠内把握住子宫颈,另一只手持输精管,先向斜上方伸入阴道内 5~10 cm,避开尿道口,然后再水平插入到子宫颈口,两手协同配合,把输精管插入到子宫颈的 3~4 个皱褶处或子宫体中,慢慢注入精液。此法具有简单,操作安全,受胎率高的优点,是目前广泛应用的一种方法。

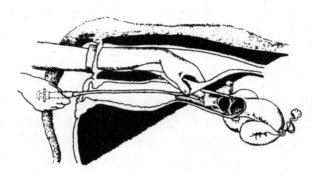

图 5.8　牛直肠把握子宫颈输精法

（引自黄功俊主编.家畜繁殖［M］.北京:中国农业出版社,1999.）

在输精过程中,输精器不要握得太紧,要随着母牛的摆动而灵活伸入。保持子宫颈的水平状态,输精枪稍用力前伸,每过一个子宫颈皱褶都有一定的感觉,发出"咔咔"响声。但要避免盲目用力插入,防止生殖道黏膜损伤或穿孔。

2）母马（驴）的输精

母马（驴）的输精器由一条长 60 cm 左右,内经 2 mm 的橡胶管和一个注射器组成。首先在操作台上把吸有精液的注射器安装在输精管上,左手握住注射器与胶管的结合部,防止脱落,右手握住输精管的尖端,使胶管尖部隐藏在手掌内,伸入母马（驴）阴道内,找到子宫颈的阴道部,用食指和中指撑开子宫颈,将输精管导入子宫颈内 10~15 cm 处,抬起注射器,使精液自然流入或轻轻推入,然后从胶管上拔下注射器,再抽一段空气重新装在胶管上推入,使输精管内的精液全部排尽。输精完毕后,把胶管轻轻抽出,并轻轻按压子宫颈使其合拢,防止精液倒流。

3）猪的输精

母猪的阴道与子宫颈接合处无明显界限,因此,输精器较容易插入。输精时,让母猪自由站立在栏圈内,将输精管外部涂抹少量的灭菌润滑剂。先斜上方 45°角插入阴道内,避开尿道口后再向前平直前进。当感觉有阻力时,顺时针缓慢旋转,同时前后移动,知道感觉输精管前端被子宫锁定（轻轻回拉不动）时,连接输精瓶（袋）,缓慢输入精液。在输精过程中,应不断抚摸母猪腹侧、乳房、外阴或压背以刺激母猪宫缩,使子宫收缩产生负压将精液吸入。输精时不要太快,一般需 3~5 min 输完。输精完毕后应将输精管后段折弯,停留在母猪子宫内 3~5 min,使其充分刺激宫缩,最后快速平稳地抽出输精管,并按压母猪臀部片刻,以防精液倒流（如图 5.9 所示）。

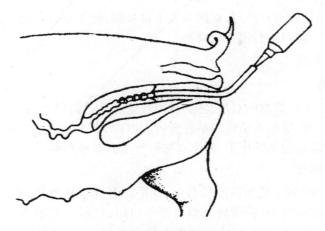

图 5.9　猪的输精方法

(引自黄功俊主编. 家畜繁殖[M]. 北京:中国农业出版社,1999.)

4)羊的输精

一般采用开腟器输精法,用开腟器打开母羊阴道,借助光源寻找子宫颈口,将输精器插入子宫颈口 1～2 cm,慢慢注入精液。为工作方便,提高效率,可在输精架后设置一坑,或安装可升降的输精台架。有些地方,由助手抓住羊后肢,使其倒立保定输精,也较方便(如图 5.10 所示)。

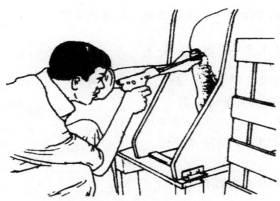

图 5.10　羊开腟器输精法

(引自黄功俊主编. 家畜繁殖[M]. 北京:中国农业出版社,1999.)

5)兔的输精

母兔输精时需仰卧式(或倒夹式、趴卧式)保定,外阴部用酒精棉球擦拭干净,一只手分开阴唇,另一只手持经润滑后的输精管,沿背测慢慢插入阴道内 7～15 cm,即可达子宫颈口位置,轻缓注入精液,输精后将母兔后躯抬高片段。抽出输精管时,可用手轻轻拍一下母兔的臀部,刺激肌肉收缩,以防止精液外流。

6)犬的输精

将母犬放在适当高度的台上站立保定,输精管插入阴门,以水平方向前行至子宫颈口附近,经产母犬可继续伸至子宫体内,即可缓缓注入精液。输精后继续抬高母犬后躯,

而且用手按摩几分钟阴道口外部,刺激母犬子宫收缩,便于子宫内精子的运行,以防精液倒流,提高受胎率。隔日进行第2次输精。

7)禽类的输精

(1)鸡的输精

辅助人员一只手抓着鸡的双腿,使鸡身附着笼底并抬高尾部,另一只手压迫泄殖腔,使阴道外口突翻出来,输精人员将输精管插入阴道口2～3 cm深,注入精液,在输入精液的瞬间,助手应解除鸡腹部的压力,使阴道部自然缩回泄殖腔内。

(2)鹅、鸭的输精

一人抓住鹅(鸭)置于适当高度的台上,徒手握着两翅和两腿,或抱在怀里尾部朝向输精人员。输精人员手持输精管插入泄殖腔外口内,轻轻向左下方深插至阴道部2～4 cm处,即可输精。输精后如看到输精管壁上沾有粪便残渣,说明插入部位不当,应重新输精。

复习思考题

一、名词解释(每题2分,共8分)

1.人工授精 2.精子活率 3.精子密度 4.自然交配

二、填空(每空0.5分,共25分)

1.动物的配种方法有_____和_____两类。

2.动物的采精方法,目前普遍采用_____、_____和_____。猪常用_____法,牛常用_____法,鸡常用_____法。

3.假阴道采精时应具备的3个条件是_____、_____和_____。

4.假阴道主要由_____、_____和_____3部分组成。

5.精液品质的直观检查内容有_____、_____、_____、_____。

6.动物的精液在正常情况下为_____色。

7.精液品质检查时,显微镜常检查的内容有_____、_____、_____。

8.精子活率的评定通常采用_____法。

9.用估测法检查精子密度,按其稠密程度划分为_____、_____和_____3级。

10.精子畸形主要有_____、_____和_____3种类型。

11.一般品质优良的精液畸形率标准为:牛小于_____,羊小于_____,猪小于_____。

12.精液稀释液的成分有_____、_____、_____。

13.精液保存的方法主要有_____、_____和_____3种。

14.精液低温保存的温区是_____。

15.精液常温保存的温区是_____。

16.精液的常温保存特别适宜于_____精液的保存。

17.输精时,镜检后的精子活率要求:新鲜精液应不低于_____,低温保存的精液不低于_____,解冻后的冷冻精液不低于_____时方可用于输精。

18.生产中,当猪有_____反应时输精为宜。

19.绵羊、山羊和兔的输精部位是_____,牛的输精部位是_____。

20.母牛输精常用_____法,母羊输精常采用_____法。

三、选择题(每题2分,共20分)

1.精子正常的运动方式是(　　)。

A.直线运动　　　　B.旋转运动　　　　C.原地摆动　　　　D.圆圈运动

2.能缩短精子生存时间的因素是(　　)。

A.0～5 ℃的温区　　　　　　　B.弱酸环境

C.1%的 NaCl 溶液　　　　　　D.向稀释液中加入土霉素

3.假阴道采精时,内壁温度以保持(　　)℃为宜。

A.30～32　　　　B.32～36　　　　C.36～38　　　　D.38～40

4.精液稀释液中,防冷休克的物质是(　　)。

A.卵黄　　　　B.甘油　　　　C.糖类　　　　D.磷酸氢二钠

5.精液稀释液配制时,药品必须使用(　　)。

A.化学纯　　　　B.工业纯　　　　C.分析纯　　　　D.杂质

6.下列家畜中(　　)的精液只能作低倍稀释。

A.牛　　　　B.羊　　　　C.兔　　　　D.猪

7.用于制作牛冷冻精液的精液精子活率不低于(　　)。

A.0.9　　　　B.0.5　　　　C.0.3　　　　D.0.7

8.母羊发情鉴定常用(　　)法。

A.外部观察法　　　B.试情法　　　C.阴道检查法　　　D.直肠检查法

9.精子活率检查时的温度以(　　)为宜。

A.35～36 ℃　　　B.36～37 ℃　　　C.37～38 ℃　　　D.38～39 ℃

10.母鸡应在(　　)以后输精较为适宜。

A.下午3:00　　　B.下午4:00　　　C.下午5:00　　　D.下午6:00

四、判断题(每题1分,共25分)

1.酸性环境中精子活力受到抑制,碱性环境中精子活力最强。　　　(　　)

2.为延长精子的寿命,精液应接受日光的直接照射。　　　(　　)

3.在3% NaCl 溶液中,精子会由于水分渗入内部而发生膨胀。　　　(　　)

4.血浆、乳类、卵黄都是精液的等渗溶液。　　　(　　)

5.消毒药品对精子都有害。　　　(　　)

6.假阴道内壁用70%的酒精消毒后,应马上用于采精。　　　(　　)

7. 手握法采精时,一定要用力握紧公猪阴茎,以防滑脱。　　　　　（　　）

8. 测量马、猪的射精量时,必须先用纱布过滤。　　　　　　　　（　　）

9. 如精液带红、绿或黄色均为不正常。　　　　　　　　　　　　（　　）

10. 精子顶体异常的检查方法步骤是:涂片—染色—固定—镜检。　（　　）

11. 精子发生冷休克后,如温度回升可恢复受精能力。　　　　　　（　　）

12. 卵黄乳及乳制品能起到抗冻的作用。　　　　　　　　　　　（　　）

13. 稀释液配制时,抗菌素需在稀释液冷却后加入。　　　　　　　（　　）

14. 牛、猪和兔的精液要作高倍稀释。　　　　　　　　　　　　（　　）

15. 马、驴、羊的精液可作低倍稀释。　　　　　　　　　　　　（　　）

16. 精液稀释时,必须将精液沿杯壁徐徐加入稀释液。　　　　　　（　　）

17. 制作冷冻精液时,精液稀释后便可进行冷冻。　　　　　　　　（　　）

18. 液氮因具超低温性,所以能杀菌。　　　　　　　　　　　　（　　）

19. 取放冷冻精液时,要把提筒提到液氮罐罐口之外,但不能过高。（　　）

20. 储存的冻精需要向另一容器转移时,在外面停留的时间不能超过 5 min。（　　）

21. 取放冻精时,若 10 min 还没有取完,应把提筒放回,经液氮浸泡后再取。（　　）

22. 母牛的输精时间一般通过直肠检查,根据卵泡发育的情况来决定。　（　　）

23. 母牛输精时,输精管要水平方向插入阴道口和阴道深处。　　　（　　）

24. 由于母猪的子宫部和阴道结合部无明显界限,因此输精操作比较简单。（　　）

25. 公畜刚射出的精子不具备受精能力。　　　　　　　　　　　（　　）

五、简答题(每题 5 分,共 15 分)

1. 人工授精的优越性有哪些?

2. 简述假阴道采精时,假阴道的安装步骤和注意事项。

3. 简述精液稀释液配制的基本原则和稀释注意事项。

六、论述题(7 分)

综合人工授精的全过程,试述如何提高人工授精的受精率。

实训 4　人工授精器械的识别及假阴道的安装

1. 目的要求

(1)熟悉动物人工授精所用的各种器械,了解其用途、构造和使用方法。

(2)掌握假阴道的安装步骤和方法。

2. 材料和仪器设备

(1)消毒用具

手提式高压蒸气消毒器、煮沸消毒器、消毒柜、酒精灯。

（2）采精用具

各种动物假阴道（全套）、电刺激采精棒，一次性橡胶手套、猪用采精杯等。

（3）精液品质检查用具

显微镜、显微镜保温箱（或恒温加热器）、恒温水浴锅、血球计数器（或精子密度仪）、玻璃棒、染色缸、染色架、3%氯化钠溶液、生理盐水、蒸馏水、盖玻片、载玻片、烧杯、刻度试管、水温计、滴管等。

（4）精液稀释、保存、运输用具

量筒、天平、角质药匙、漏斗架、输精瓶、滤纸、冰箱和广口保温瓶。

（5）输精用具

各种保定架、阴道开膣器、输精器、输精瓶、手电筒、长臂手套、液体石蜡、注射器等。

（6）精液冷冻设备

细管精液分装机、液氮机、液氮罐、保温瓶、精液自动化冷冻仪等。

（7）辅助器材

脱脂棉、纱布、大小玻璃瓶、搪瓷盘、水桶、热水瓶、面盆、毛巾、剪刀、肥皂、工作服等。

（8）常用药品

新洁而灭、75%酒精、葡萄糖、染色剂、液体石碏等。

3. 实验内容

（1）器械设备

根据实习设备的分类和顺序，了解人工授精所需的器械、用具，特别是采精和输精器械的名称，构造、用途和使用方法。

①假阴道。

A. 马。马假阴道的外壳是由镀锌铁皮做成的圆筒，两端大小不同。将内胎的边缘翻卷在外壳上以后，小端上可套以橡胶质广口集精杯。

在金属外壳的中部或靠近小端处有一短筒，其中插有一个带气咀的橡皮塞子，由此灌水和打气。外壳的中部还有一把手，以便采精时握住假阴道。假阴道的内胎由橡胶制成，装于外壳中，其两端翻卷并固定在外壳的两端上。

B. 牛和羊。牛、羊假阴道的构造基本相同，但羊假阴道较小。牛、羊假阴道外壳用硬橡胶或塑料制成。将内胎装好后，一端套上集精杯。集精杯有两种，一种是双壁集精杯，另一种是在橡皮漏斗上套上一小玻璃管。外壳中部有一圆孔，其中插有带气咀的塞子。

②精液冷冻设备。

A. 冷源：

a. 干冰是由CO_2气压缩成为雪花状的固体，将CO_2气瓶出口放低，放出的液态CO_2，用一厚布口袋承接即可得到干冰，或从工厂直接购得。干冰本身的温度为 $-79\ ℃$。

b. 液态氮是利用空气分离设备——液氮机将空气重复压缩、膨胀、冷却后液化成透明的液体，液体本身温度为 $-196\ ℃$。

B.冷冻精液保存容器:

a.广口保温瓶。即市售的玻璃胆保温瓶或以热水瓶代替。

b.液氮罐。多由铝合金制成,外层称外壳,上有罐口,手柄以及已密封的抽气孔。内层为金属制瓶罐,内外层在罐口处以绝热黏合剂牢固黏合。内外层之间为高度真空,并放置有绝热材料活性炭等。罐塞由塑料制成并留有空隙,能保证安全排出氮蒸气。在罐颈处可以固定数个提筒以储存精液。液氮罐因容量不同有不同型号。

C.冷冻精液的类型:

a.颗粒型。将精液在干冰或液氮滴冻成0.1 ml左右的丸剂,待溶解后用一般人工授精输精器输精。

b.安瓿型。将精液封装于安瓿中在干冰或液氮中冻结。加热溶解后用一般人工授精输精器输精。

c.细管型。将精液分装成0.5 ml或0.25 ml的细塑料管内,一般用液氮蒸气冻结。加热溶解后用特制的细管输精器输精。

D.手提式高压灭菌器的使用方法:

手提式高压灭菌器系由合金制成,轻便耐用,适用于小量物品灭菌,因此为人工授精站所广泛采用。其主要构造由器身、器盖及器内的安置桶所组成。盖上附有压力表,安全阀门、放气阀门与放气软管,在安置桶壁装有一小筒,用以插入放气软管,桶底面有多孔的隔板。

使用时,先在灭菌器内放2 500～3 000 ml的清水。再将盛有需灭菌的各种人工授精器械,物品的安置桶放入器身内,合上器盖,同时注意将放气软管插入安置桶壁小桶中,将锁紧螺丝扭紧,使盖平稳、牢固地合紧以免漏气。然后将灭菌器置于火炉上加热,此时可将放气阀门的手柄直立,待灭菌器的空气排尽而有白色蒸气冒出时再平放,或者待压力表指针升至0.5 kg左右时打开放气阀门以排空气,待排尽空气而有蒸气冒出时再关闭阀门,继续给灭菌器加热,控制灭菌器内的压力维持到表压0.7 kg/cm² 温度115 ℃)经30 min,或1.0 kg/cm²(温度120 ℃)经20 min。灭菌完毕后,等压力表上的指针下降至零度时,将放气阀门打开,放尽灭菌器中蒸气,趁热打开灭菌器盖,取出各种物品待用。

③输精器。

苏式牛、羊输精器为一长颈玻璃注射器,目前常用的为金属或塑料制成的输精管,其后连接一个橡皮球。冷冻细管精液输精则使用特制的卡苏枪或输精器。

对一些家畜的输精需借助阴道开张器和额灯(或手电筒)照明进行。开张器的种类和大小因畜种而异。

(2)假阴道的安装

①安装前的检查。

A.检查假阴道外壳是否有裂缝或小孔。

B.检查假阴道内胎是否漏气,内胎的光滑面是否在里边,边缘是否有裂口。

C.检查气门活塞是否有裂口或漏气,扭动是否灵活。

②安装方法。

A.装内胎。将假阴道内胎装入外壳中,光滑面应朝向内腔。把假阴道外壳夹在安装者的大腿之间,使内胎的两端翻卷于外壳两端上,注意使内胎不得扭曲,内胎的中轴应与外壳中轴重合,即内胎的两端和外壳的两端应成同心圆位置,然后用橡皮圈将两端扎紧固定。

B.消毒。用75%酒精棉球将内胎和集精杯涂擦消毒,注意消毒必须从内向外旋转,一侧消毒完,再消毒另一端。

C.安装集精杯(管)。牛、羊、猪的集精杯(管)可借助特制的保定套或橡皮漏斗与假阴道连接。

D.注水。用漏斗将45～55 ℃的温水加入假阴道内,使其能在采精时保持38～40 ℃,加水量为漏斗体积的1/3～1/2。

E.充气调压。安装气门活塞,充入空气使内胎一端的中央形成"Y"形或"X"形。

F.润滑。用消毒好的玻璃棒,取灭菌凡士林少许,均匀地涂于内胎的表面,涂抹深度为假阴道长度的1/2左右,润滑剂不宜过多、过厚,以免混入精液,降低精液品质。当用手握法给公猪采精时无须使用润滑剂。

G.测温。把消毒的温度计插入假阴道内腔,待温度不变时再读数,一般以38～40 ℃为宜,马可稍高,也要根据不同个体的要求,作适当调整。

H.用一块褶成4折的消毒纱布盖住假阴道入口,以防灰尘落入,即可准备采精。

③注意事项。

A.安装者的指甲须剪短以防将内胎划破。

B.安装好的假阴道须平置,勿碰及其他硬物而损伤内胎。

(3)输精器材的准备

金属和玻璃制成的输精管、输精枪,最好用高压蒸汽消毒,在输精前最好将输精管用稀释液冲洗1～2次。目前,猪常用一次性输精管,输精时打开密封袋,在输精管泡沫头上涂少量消毒过的润滑剂,注意不要堵塞中央的小孔。

细管冷冻精液的输精器一般由金属外壳和里面的推杆组成。使用前,应对金属外套进行消毒,前端的金属套不能连续使用。使用时,将细管的一端剪去,另一端插在输精枪的推杆上。借助推杆,推动细管中的活塞即可将精液推出。

若采用开张器法输精,须对开张器先进行严格消毒方可使用。

4.作业

(1)试述牛、羊假阴道的组成及安装时的注意事项。

(2)指出各种公畜采精器材的异同及优缺点,试提出改进意见。

实训5　精液品质检查

1.目的要求

熟悉精液品质检查的常用方法,掌握精液品质检查的操作步骤。

2.材料用品

(1)精液。选用牛、羊、猪任一种动物的新鲜精液。

(2)器械用品。显微镜、显微镜保温箱(或带恒温台的显微镜)、载玻片、盖玻片、搪瓷盘、水温计、滴管、擦镜纸、纱布、蒸馏水、生理盐水、1/1 000 新洁尔灭溶液、75%酒精、95%酒精、刻度试管、量杯、1 ml 试管和 2 ml 吸管、玻璃棒、染色缸、染色架、玻片、镊子、纱布、0.5%龙胆紫(或蓝、红墨水)、3%氯化钠溶液、血细胞计数器、精子密度仪等。

（3）其他用品。畸形精子形态图、血细胞计数板构造图、精子密度图及其他图表。

3. 方法步骤

（1）精液外观检查

①采精量。将采得的精液直接读数或倒入经消毒的有刻度试管或量杯中测量其容量,并判断射精量是否正常。

②色泽、气味。观察精液的色泽,并嗅闻其气味,判断是否正常。

③云雾状。牛、羊精液放在试管中观察其云雾状,并按以下符号记入表内:云雾状明显用"＋＋＋"表示,较明显用"＋＋"表示,不明显用"＋"表示,无云雾状用"－"表示。

（2）精子活力评定

①平板压片法。用玻璃棒蘸取 1 滴原精液或经稀释的精液(马、猪精液的精子密度小,无须稀释,而牛、羊、鸡精液的精子密度大,须用温度与精液温度相同的 0.9%氯化钠溶液稀释),滴在载玻片上,盖上盖玻片,其间应充满精液,无气泡。也可滴在盖玻片上翻放于凹玻片的凹窝上,置于显微镜下放大 200～400 倍检查。

精子的运动类型有 3 种,即直线前进运动、转圈运动和原地摆动。精子活力(活率)是指精液中呈直线运动的精子占整个精子数的百分比。

$$精子活率 = \frac{(总精子数 - 非直线运动精子数)}{总精子数} \times 100\%$$

目前评定精子活率等级的方法有两种:

"十级一分制"评分法:如果精液中有 90%的精子作直线运动,活力评为"0.9";有 80%的精子作直线前进运动,则评为"0.8",以此类推。

"五级制"评分法:全部精子都呈前进运动者属于"5"级,绝大多数精子(约 80%)呈前进运动者为"4"级,前进运动的精子略多,于半数者(约 60%)为"3"级,不及半数者为"2"级;呈前进运动的精子数目极少者属"1"级。此法常用于猪鲜精活率的评定。

牛及羊的精液中由于附性腺分泌物少,要求"密 5"(即密度为"密",活率为"5"级)及"密 4"或"中 5"及"中 4"一级才能作为输精之用。马与猪的精液中附性腺分泌多,"稀 5""稀 4"甚至"稀 3"的亦可用于输精。

②悬滴法。取一小滴精液于盖玻片上,倒置盖玻片使精液成悬滴,放在凹面玻片的凹窝内,置于镜下观察。调节显微镜的螺旋,找到视野,多看几个层面,计算平均值作为评定结果。对精子密度较大的精液,也可用温度与精液温度相同的 0.9%氯化钠溶液稀释后进行检查。

（3）精子密度测定

目前,常用测定精子密度的方法有:估测法、血细胞计数器计数法和光电比色法。

①估测法。取 1 小滴原精液滴在清洁载玻片上,加上盖玻片,使精液分散成均匀一薄层,无气泡存留,精液也不外流或溢于盖玻片上,置放大 400～600 倍显微镜下观察,按

密、中、稀3个等级评定精子密度。

精子密度等级的评定标准为：

密——在整个视野中精子密度很大，彼此之间空隙很小，看不清楚各个精子运动的活动情况。这种精液每毫升含精子数在10亿个以上。

中——精子之间的空隙明显，精子彼此之间的距离约有一个精子的长度。有些精子的活动情况可以清楚地看到。这种精液每毫升所含精子数在2亿~10亿个。

稀——精子分散存在，精子间的空隙超过一个精子长度，这种精液每毫升所含精子在2亿个以下。

②血细胞计数器计数法。血细胞计数器是由血细胞计算板、红（白）细胞吸管和盖玻片等3部分组成。操作步骤如下：

A.在显微镜下找到计算室。血细胞计算板上的计算室的高度为0.1 mm，为一正方形，边长1 mm，由25个中方格组成，每一中方格分为16个小方格（如图实5.1所示）。寻找方格时，先用低倍镜看到整个计算室的全貌，再用高倍镜进行计数。

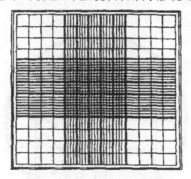

图实5.1　计数室平面图

（引自张忠诚主编.家畜繁殖学[M].北京:中国农业出版社,2004.）

B.稀释精液。用3%的NaCl溶液对精液进行稀释，同时杀死精子，便于精子数目的观察。牛、羊精液一般用红细胞吸管，可稀释100倍或200倍；马、猪的精液一般用白细胞吸管，可稀释10倍或20倍。

C.吸入计算室。抽吸后，将精液和稀释液充分混合均匀，弃去管尖端的2~3滴。然后将一小滴精液滴在盖玻片边缘，使其吸入并充满计算室（如图实5.2所示）。

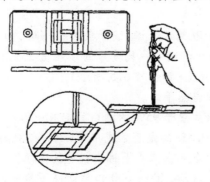

图实5.2　将稀释后的精液滴入计数室

（引自侯放亮主编.牛繁殖与改良新技术[M].北京:中国农业出版社,2005.）

D. 镜检。把计算室置于 400 倍显微镜下对精子进行计数。在 25 个中方格中选取有代表性的 5 个(4 角各 1 个,中央 1 个)进行计数(如图实 5.3 所示)。统计时,对头部压线的精子应按照数上不数下、数左不数右的原则,避免重计数或漏计(如图实 5.4 所示)。

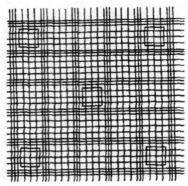

图实 5.3　血细胞计数板的 5 个计数方格

(引自侯放亮主编. 牛繁殖与改良新技术[M]. 北京:中国农业出版社,2005.)

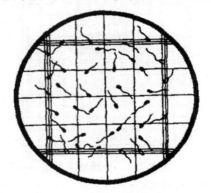

图实 5.4　计数精子的顺序和方法

(引自侯放亮主编. 牛繁殖与改良新技术[M]. 北京:中国农业出版社,2005.)

E. 计算:计算公式为:1 ml 原精液内的精子数 = 5 个中方格内的精子数 ×5(等于整个计算室 25 个中方格内精子数) ×10(等于 1 mm^3 内精子数) ×1 000(等于 1 ml 稀释后精液样品内的精子数) ×稀释倍数。

(4)精子畸形率检查

①涂片。以细玻璃棒蘸取精液 1 滴,滴于载玻片一端,如系牛、羊精液,应再加 1~2 滴 0.9% 氯化钠溶液进行稀释。以另一载玻片的顶端呈 35°角,将精液滴上,向另一端拉去,将精液均匀涂抹于载玻片上(如图实 5.5 所示)。

②干燥。抹片于空气中自然干燥。

③固定。将干燥好的涂片置于 95% 的酒精固定液中固定 3~5 min。

④染色。经阴干后,用 0.5% 的龙胆紫或用蓝(红)墨水染色,时间为 3~5 min。

⑤水洗。在缓慢流水的自来水笼头下将染料冲洗干净。

⑥镜检。经阴干或烘干后,在 400~600 倍显微镜下检查,数出不同视野的 300~500 个精子,记录其中畸形精子的数量。

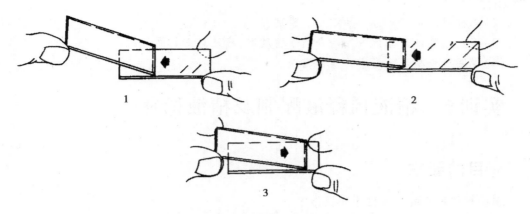

图实 5.5 制备精液抹片

(引自张周主编.动物繁殖[M].北京:中国农业出版社,2001.)

⑦计算。

计算公式为:精子畸形率 $= \dfrac{\text{畸形精子数}}{\text{检查精子总数}} \times 100\%$

4.注意事项

(1)评定精子活力时,注意将显微镜的载物台放平,调在较暗视野中进行观察。温度对精子活力影响较大,为使评定结果准确,采精后应在 22~26 ℃ 的实验室内立即进行,以在 37 ℃ 保温箱内检测或用有恒温装置的显微镜检查为最佳。

(2)用血细胞计数器计数法检查精子密度,为保证检查结果的准确性,在操作时应注意:

①滴入计算室的精液不能过多,否则会使计算室的高度增加。

②检查中方格时,要以精子头部为准,为避免重复和漏掉,对于头部压线的精子可采用"上计下不计,左计右不计"的办法。

③为了减少误差,每次应连续检查两次样品,求其平均数,如果两次样品所得数字相差较大,应再作第三次样品检查,然后取较接近两次检查的结果,求其平均值。

(3)实习前,教师应先简要讲明精子活率、密度、形态等的检查方法和应注意事项或先进行示教,然后分组进行实习。

5.实训作业

(1)记录雄性动物精液品质检查结果,填写表实 5.1。

表实 5.1 雄性动物精液品质检查记录表

畜 别	畜 号	采精时间 (年、月、日)	射精量/ml	色 泽	气 味	云雾状	密 度	活 率

（2）怎样评定精子活力和估测精子密度？

（3）用血细胞计数器计数法检查精子密度时，应注意哪些问题？

（4）说明检查精子畸形率的操作方法。

实训6 精液稀释液配制及精液稀释

1. 目的要求

掌握稀释配制的基本程序和操作方法。

2. 材料用品

①药品。葡萄糖、蔗糖、分析纯 NaCl、二水柠檬酸钠、奶粉、鲜鸡蛋、青霉素、链霉素、蒸馏水等。

②器械。三角烧瓶、烧杯、量筒、天平、漏斗、试管、水浴锅、酒精灯、电热炉、注射器、镊子、水温计、脱脂棉、玻璃棒、定性滤纸、消毒纸巾、鸡蛋、75%酒精棉球等。

③新鲜精液。

3. 方法步骤

（1）各种家畜精液常用稀释液配方及配制方法

①羊精液稀释液的配制。

A. 生理盐水稀释液：

氯化钠	0.85 g
青霉素	1 000 IU/ml
链霉素	1 000 μg/ml
蒸馏水	100 ml

配制方法：首先用天平准确称量氯化钠 0.85 g，放入烧杯中，再用量筒量取蒸馏水 100 ml 将其溶解。用定性滤纸和三角漏斗过滤至烧杯中，封口；用酒精灯或者电热炉煮沸消毒，自然（或快速）冷却至 40 ℃以下；加入青霉素 10 万 IU、链霉素 10 万 IU，备用。

B. 奶粉卵黄稀释液：

奶粉	10 g
卵黄	10 ml
青霉素	1 000 IU/ml
链霉素	1 000 μg/ml
蒸馏水	100 ml

配制方法：现将奶粉称好，用少许蒸馏水搅拌成糊状，再加定量的蒸馏水，混合均匀之后过滤、水浴消毒，冷却后加卵黄和抗生素。

②猪精液稀释液的配制。

A. 葡萄糖——卵黄稀释液：

葡萄糖	5 g
卵黄	10 ml
青霉素	1 000 IU/ml
链霉素	1 000 μg/ml
蒸馏水	100 ml

配制方法同上。

B. 葡萄糖——柠檬酸钠——卵黄稀释液：

葡萄糖	5 g
乙二胺四乙酸	0.1 g
柠檬酸钠	1.4 g
卵黄	8 ml
青霉素	1 000 IU/ml
链霉素	1 000 μg/ml
蒸馏水	100 ml

配制方法同上。

③马精液稀释液配制方法。

蔗糖—奶粉稀释液

11% 蔗糖液	50 ml
10% ~12% 奶粉	50 ml
青霉素	1 000 IU/ml
链霉素	1 000 μg/ml

配制方法同上。

（2）精液稀释

选用相应的稀释液,把精液和稀释液分别装入烧杯中,置于 30 ℃环境中作同温处理。将稀释液沿器壁缓缓加入精液中,一边加一边搅拌。稀释结束后,镜检精子活力。

4. 注意事项

（1）取用卵黄时,先将新鲜鸡蛋的蛋壳洗净,用 75% 酒精棉球擦拭消毒后,将蛋清去掉,用注射器刺破卵黄膜,吸取卵黄,待稀释液消毒冷却后加入。

（2）奶粉在溶解时先用等量蒸馏水调成糊状,然后加蒸馏水至需要量,溶解后用脱脂棉过滤,然后放入 90 ~95 ℃水浴锅中消毒 10 min。

（3）经加热消毒过的稀释液,待温度降至 40 ℃以下,再加入卵黄、抗生素、酶类、维生素、激素等。

（4）稀释时,将稀释液沿器壁慢慢加入精液中,不能将精液倒入稀释液中。轻轻搅拌,混合均匀,避免剧烈震荡。

5. 实训作业

（1）说明配制精液稀释液的方法、步骤及注意事项。

（2）葡萄糖、柠檬酸钠、卵黄、奶粉、甘油在稀释液中各起什么作用？

实训7　牛精液冷冻与解冻

1. 目的要求

熟悉冷冻精液的制作过程,熟练掌握冻精的解冻技术。

2. 材料用品

（1）牛新鲜精液。

（2）药品。葡萄糖、鸡蛋、甘油、青霉素、蒸馏水、75%酒精、柠檬酸钠等。

（3）器械。液氮罐、广口保温瓶、铝饭盒、滴管、烧杯、三角烧瓶水温计、塑料细管、漏斗、天平、显微镜、镊子、氟板、量杯、量筒、纱布、棉花、盖玻片、载玻片等。

3. 方法步骤

（1）稀释液的配制

①配方：

A. 基础液。葡萄糖 7.5 g、蒸馏水 100 ml。

B. 稀释液。基础液 75 ml、卵黄 20 ml、甘油 5 ml、青霉素 1 000 IU/ml、链霉素 1 000 μg/ml。

②配制方法。首先配制葡萄糖溶液,过滤后煮沸消毒,冷却后加入卵黄、甘油和抗生素,混合均匀。

（2）解冻液的配制

柠檬酸钠 2.9 g、蒸馏水 100 ml。溶解过滤消毒后备用。

（3）稀释

取活力不低于 0.7 的新鲜牛精液,用等温稀释液作 5~6 倍稀释,保证每个输精量中有效精子数不少于 3 000 万个。

（4）平衡

把稀释后的精液放入 0~5 ℃ 的冰箱或恒温冰箱中,放置 2~4 h。

（5）冷冻

①颗粒冻精。用广口保温瓶盛装约 2/3 的液氮,在液氮上放置一铝饭盒盖,其上放一铜纱网也可用聚四氟乙烯凹板代替。铜纱网距液氮面 1~2 cm。用低温度计测量温度,当铜纱网面温度降低至 −120~−80 ℃ 时,用滴管将平衡后的精液滴在铜纱网或者氟板上,每个颗粒的体积为 0.1 ml,停留 3~5 min,当颗粒冻精的颜色由黄变白时即冻好,取下冻精,浸入液氮中保存。

②细管冻精。方法与颗粒冻精基本相同。在 2~5 ℃ 的环境中,用细管分装机将平衡后的精液分装到 0.25 ml 的塑料细管中,封口后平置于铜纱网上,距液氮面 1~2 cm 处

熏蒸5 min后,浸入液氮中保存。

（6）**保存**

颗粒冻精每50粒或者每100粒装入1个纱布袋中,抓紧袋口,抽样解冻检查后,做好标记,放入液氮罐的提筒内保存。细管冻精做好标记后,每50支或每100支装入一纱布袋内,迅速移入液氮罐内保存。

（7）**解冻**

①颗粒冻精的解冻。在烧杯中盛满38～40 ℃温水,把1 ml解冻液（2.9柠檬酸钠液）放入一试管内,置于温水中,当解冻液与水温接近时,用镊子夹取1粒冻精投入试管中,精液颗粒溶化到一半时取出,镜检精子活力不低于0.3为合格,可用于输精。

②细管冻精的解冻。在烧杯中盛满38～40 ℃温水,打开液氮罐,把镊子放在罐口预冷,然后提起提筒至罐的颈部,迅速夹取1支冻精放入烧杯中,轻轻摇晃使其基本溶化（20 s左右）,取出镜检。

4. 注意事项

（1）牛精液冷冻前,精子活力应不低于0.7,密度不少于8亿个/ml。

（2）在精液冷冻和解冻过程中,要小心谨慎,避免液氮溅到身上。在室内操作时,应保持良好通风,防止窒息。

（3）用含甘油的稀释液配方,应采用两步稀释法,平衡时间一般不少于2 h。

（4）解冻时,常采用38～40 ℃温水解冻法,当发现冻精颜色一变,即可取出,放在手心中来回搓动,不要等精液全部溶解后取出。

5. 实训作业

（1）在精液冷冻和解冻过程中,应注意哪些问题?

（2）检查解冻后的精子活率,试讨论如何提高冷冻精液的解冻活率。

实训8　输精技术

1. 实验目的

学习牛、猪、羊的输精操作方法和要领。

2. 实验材料

（1）器械和药品。开腟器、输精器、输精枪、保定栏、手电筒、注射器、水盆、毛巾、肥皂、工作服、75%酒精棉球、液体石蜡。

（2）各种动物精液。

3.方法步骤

（1）输精前的准备

①输精器械的洗涤与消毒。输精前,所用器械必须彻底洗净并严格消毒。金属开膛器可用火焰消毒,也可用75%酒精棉球擦拭消毒;塑料及橡胶器械可用75%酒精棉球消毒,使用前用稀释液冲洗1遍;玻璃注射器、输精胶管等可用蒸煮法消毒。

②母畜的准备。经发情鉴定确定可以输精的母畜,将其牵入保定栏内保定,将尾巴拉向一侧,用温水清洗外阴,再用75%酒精棉球擦拭消毒,待干燥后方可输精。

③术者的准备。输精人员应穿好工作服,将指甲剪短磨光,手臂清洗消毒。

（2）输精操作

①母牛的输精。采用直肠把握子宫颈输精法。母牛保定后,术者将左手手臂清洗并润滑,五指并拢呈锥状,伸入直肠掏出宿便,在骨盆腔找到并把握住子宫颈,右手持装有精液的输精器,先向斜上方伸入阴道内5～10 cm,然后水平插入到子宫颈口,两手协同配合,把输精器伸入到子宫颈4～5个皱褶处或子宫体内,慢慢注入精液。如果精液受阻,可将输精器稍后退或稍微转动,调整位置后缓慢输入精液,然后慢慢拔出输精器。

②母猪的输精。母猪输精时无须保定。先将输精胶管涂以少量润滑剂,一只手分开阴门,另一只手将输精器先向斜上方插入阴道内,然后水平左右旋转慢慢插入。感到有阻力时,用顺时针缓慢旋转,同时前后移动,直到感觉输精管前端被子宫颈锁住(轻轻回拉不动),连接输精瓶(袋),抬高输精管,缓慢输入精液。输精完毕后,将输精器塑料管折起并套入精液袋的小孔或输精瓶口,刺激子宫蠕动以防精液倒流,停留3～5 min后,快速抽出输精器。

③母羊的输精。采用阴道开膛器输精法。助手倒骑在羊背上,抬起两后肢进行保定,将羊尾向上掀起固定,输精员用75%酒精棉球消毒外阴,然后将开膛器轻缓地插入并打开阴道,借助光源寻找到子宫颈口,将吸有精液的输精器插入子宫颈口0.5～2 cm内,慢慢注入精液。将输精器和开膛器小心取出。

④母马的输精。母马保定后,外阴清洗消毒,马尾固定一侧,输精员手臂清洗消毒后,将吸有精液的注射器安装在输精管上,左手握住注射器与胶管的接合部,右手握住输精管的尖端,使胶管尖端隐藏在手掌内,伸入母马阴道内,找到子宫颈阴道部,用食指和中指撑开子宫颈,将输精管导入子宫颈内10～15 cm处,抬起注射器,使精液自然流入或缓慢推入子宫内。精液排尽后,拔掉注射器再吸一段空气重新注入胶管中,使输精管内的精液全部排尽。输精完毕后,把胶管轻轻抽出,并轻轻按压子宫颈使其合拢,以防精液倒流。

⑤母兔的输精。助手双手抓住母兔两后肢,倒提保定,腹部朝外,两腿轻夹住母兔头部。输精员将母兔外阴部用酒精棉球擦拭干净,然后将消毒过的输精器润滑,吸入0.5～1 ml精液。左手分开阴唇,右手持输精器,沿背侧插入阴道15 cm左右,到达阴道底部,来回抽动几次,缓慢注入精液。输完精液后,抽出输精器,用手轻轻拍打母兔的臀部,刺激宫缩,以防精液外流。

4. 注意事项

(1)认真组织和管理,注意人畜安全。

(2)进行牛直肠把握法输精时应注意的事项:

①正确把握子宫颈。一种方法是拇指在上,其余四指在下,平直握住子宫颈后端;另一种方法是掌心向下,拇指和其余四指跨捏子宫颈的两侧,固定子宫颈。

②当母牛努责时,应停止操作,将直肠内的手握成空拳,并随着直肠管壁的收缩向外移动,助手可按压母牛的腰部,使其放松后,再进行操作。

③插入输精枪时,一定要避开尿道口。当到达子宫颈口时,输精枪要上下移动,并在两手协调配合下缓慢插入子宫内,切不可用力过猛,否则会损伤子宫颈黏膜。

5. 实训作业

(1)叙述牛、羊、猪、马、兔的输精方法及要点。

(2)怎样输精才能提高母畜的受胎率?

实训9　鸡的人工授精技术

1. 目的要求

通过训练,要求学生掌握公鸡的训练与采精技术,正确处理精液,检查精液品质,掌握输精技术。

2. 材料与用品

(1)经训练能采出精液的和未经训练的种公鸡若干只。

(2)生理盐水、刻度集精杯、保温杯、消毒盒、温度表、显微镜、输精枪、电炉、毛巾、脸盆和试管刷等。

3. 方法与步骤

(1)公鸡的训练与采精

公鸡提前3~5 d隔离,剪去公鸡泄殖腔周围的羽毛,以避免采精时污染精液。未采过精的公鸡,每隔1~2 d用手按摩公鸡的腰荐部数次,进行采精训练,以建立条件反射。训练3~4 d,大部分公鸡能采出精液。对一些虽然经多次训练,但仍无射精的或者精液少的应及早淘汰。新买的集精用具要先用肥皂水浸泡洗刷,再用清水冲洗干净,然后在1%~2%的盐水中浸泡数小时,再冲洗干净烘干备用。每次使用后的集精用具应及时浸泡在清水中,然后用毛刷细心刷洗,冲洗干净,烘干,以备下次使用。

采精时,助手用双手握住鸡的两腿并连同两翅翼羽一同握住,鸡的双腿以自然站立宽度分开,鸡身保持水平状态,把颈部轻轻夹于右腋下,使公鸡成自然交配状态。采精员

右手的中指和无名指夹住集精杯的柄(杯口向下藏二手心内),四指并拢,拇指分开,轻轻扶在紧挨耻骨下缘的腹部。左手也四指并拢,拇指分开,手心朝下,稍用力从颈后翅膀基部眼背部向尾根区域推滑,并且用拇指和另外四指捏的动作刺激尾根部3～4次,频率要高。当公鸡泄殖腔外翻时,左手立即从背部绕到鸡尾后面,用中指、无名指及小指挡住尾羽,拇指和食指的指尖放在肛门稍上缘的两侧,作好挤压泄殖腔的准备,右手随之以较高的频率抖动腹部,直到泄殖腔完全外翻为止。此时右手食指拇指立即捏住外翻的泄殖腔基部,使乳头突全部露出。右手随即停止抖动,手心迅速上翻,将集精杯口放在泄殖腔开口下缘接取精液。全部动作要迅速连贯,一般采1只公鸡的精液只需10～20 s,最快的仅需5～8 s。

(2)精液品质检查

正常精液是乳白色的不透液体,每毫升含30亿个以上的精子为正常精液。采精后30 min内要进行精子活力检查。取精液和生理盐水各1滴,置于载玻片混匀,放入盖玻片,精液不宜过多,以布满载玻片不溢出为宜。在27 ℃条件、400倍显微镜下观察精子的活力、密度。有活力的精子呈直线前进运动,精子密度大的精液,精子呈漩涡翻滚状态。评定时按直线前进的精子占全部精子的比例,分为1～9级,异常精液有粉红色(混油血液)、酪絮状(混有尿酸盐)、胶状溶剂状(混有透明液)、灰褐色(混有粪便),均不可使用。

(3)精液的保存

精液一般现采现用。大规模人工授精可对采精的精液暂时保存。常温保存时新鲜精液在18～20 ℃,保存不能超过1 h。用于输精时,可用生理盐水稀释液,比例为1:1;低温保存时,一般在稀释之后进行,降温时速度要慢,一般每分钟下降0.2～0.5 ℃。

(4)输精操作

输精一般在下午3:00— 4:00后进行。助手用左手大拇指与食指、小指与无名指分别捏住母鸡的两腿,掌心紧贴鸡的胸部,随之将手直立,使母鸡的背部紧贴自己的胸部,鸡头部向下,然后再将右手拇指其余手指分开呈"八"字型,横跨于泄殖腔两侧柔软部分,轻轻地向下一压,同时用手支撑母鸡胸部的左手向上一推,即可开口于泄殖腔的输卵管中翻出(位于鸡体左侧)。输精者用吸有0.025～0.05 ml精液的输精器,插入输卵管开口处2～3 cm深,将精液输入,在输精的瞬间,助手压迫腹腔的手要稍微放松,使阴道部自然缩回泄殖腔内。

笼养鸡输精时,可用左手握住母鸡的双腿,顺势以右手向前挤压母鸡左侧腹部,即可将输卵管开口翻出进行输精。

4. 注意事项

(1)采精时,从鸡笼抓出公鸡要立即采精,否则时间越长,动作也越迟缓,越容易导致采不出精液或采精量少。

(2)采出精液后,要及时用细管导入集精杯中,并及时把精液中的血、尿、屎等杂物清除,以免精液被污染而影响精液品质。

(3)精液存放的时间越长,活力越低,受精率也越低。因此,如果是原精液输精,必须在采出精液后半小时内输完。如果稀释精液短期保存后输精,应于采精后15 min内稀释,保存在 5 ℃下,稀释可用含 5.7% 葡萄糖的生理盐水进行 1:2稀释。

(4)输精时,先将母鸡输卵管翻出,才能将精液输入。输精适宜深度为 2.5 ~ 3 cm。

(5)一般情况下,原精液输精 0.015 ~ 0.03 ml,稀释 1:1的输入量为 0.04 ~ 0.06 ml。输精最好在下午 3:00—4:00 产完蛋后进行。

(6)在 44 周龄后,有些母鸡的输卵管难以翻出,在正确的手势下都难以翻出输卵管的母鸡大多数是不产蛋的,对于这种母鸡应予以淘汰。

(7)输精过程中,往往有极少数母鸡的输卵管内有待产的蛋,这时应将鸡挑出,待产下蛋后再输精。

5. 实训作业

(1)总结鸡的采精和输精要领。

(2)在采精和输精过程中,如何防止精液被污染?

第6章
受精、妊娠及妊娠诊断

> **本章导读**：本章主要讲了精子和卵子形成合子的过程，早期胚胎发育基本规律，妊娠的一般生理特征，母体的妊娠变化，以及妊娠诊断方法。掌握这些知识点对畜牧生产中保胎、减少空怀、增加畜产品和提高繁殖率是很重要的。

6.1 受 精

受精是指精子和卵子结合，产生合子的过程。在此过程中，精子和卵子经历一系列的形态、生理和生物化学变化，使单倍体的生殖细胞共同构成双倍体的合子。

6.1.1 配子的运行

通常，大多数动物的受精发生在母畜输卵管壶腹部。精子从射精部位到达受精部位，以及卵子从卵泡排出，进入输卵管到达受精部位的过程，均称为配子的运行。与卵子相比，精子运行的路径更长，更复杂。

1）精子在母畜生殖道内的运行

（1）射精部位

在自然交配时，公畜射入发情母畜生殖道的精液所处的位置有明显的种间差异。一般可分为阴道射精和子宫射精两种类型。牛和羊交配时精液射在阴道内子宫颈口的周围，这称为阴道射精型。猪交配时，因发情母畜子宫组织松弛开放，螺旋状阴茎可进入子宫颈，有时甚至可达到子宫角内；马属动物交配时，子宫颈口变得十分松软和开张，膨大的阴茎龟头可将松弛的子宫颈外口覆盖，将精液直接射入子宫，两者都称为子宫射精型。

（2）精子运行的过程

公畜射精后，精子在母畜生殖道的运行主要通过子宫颈、子宫和输卵管3个主要的部分，最后到达受精部位。以牛、羊为例，由于以上各部位的解剖结构和生理机能特点，精子在通过这几个部位的速度和运行方式都会产生相应的变化。

①精子进入子宫颈。母畜子宫颈上皮有两种细胞：一种是分泌细胞，主要功能是分泌黏液；另一种是纤毛细胞，它们在子宫颈管腔端有纤毛。发情母畜在雌性激素的作用下，分泌细胞分泌大量稀薄黏液，黏液中的黏蛋白排成纵行，纤毛细胞的纤毛摆动使黏液

由前向后流动。射精后，一部分精子借自身运动和黏液向前的流动进入子宫，另一部分则随黏液的流动流入腺窝。排卵后，在孕酮的影响下，子宫颈黏液中的黏蛋白分子结构变卷曲，分子间水分减少而变得黏稠，使精子难以通过。

子宫颈是阴道射精型动物精子进入母畜生殖道的第一道生理屏障。屏障的作用是阻止衰老或畸形精子通过，而被子宫颈黏膜绒毛颤动排回阴道或被白细胞吞噬，起到对精子的初步筛选作用。这样既保证了运动和受精能力强的精子进入子宫，也防止过多的精子同时涌入子宫。子宫颈也称为精子运行中的第一道栅栏。绵羊一次射精近30亿个精子，但能通过子宫颈进入子宫的不足100万个。子宫颈管内有许多隐窝对精子起暂时储存作用，具有缓慢释放精子的作用，同时，也起到精子库的作用。因此，子宫颈也是阴道射精动物的精子进入母畜生殖道后的第一个精子库。

②精子进入子宫。发情母畜在雌性激素、前列腺素（来自精清）、催生素（经交配刺激后由垂体后叶释放）和少量的孕酮协同作用下，子宫肌肉发生强烈的间歇性收缩，这种收缩是由子宫颈向子宫角、输卵管方向逆蠕动。穿过子宫颈的精子在阴道和子宫肌收缩活动的作用下进入子宫。大部分精子在子宫内进入子宫内膜腺，形成精子在子宫内的贮库。精子从这个贮库中不断释放，并在子宫肌和输卵管系膜的收缩、子宫液的流动以及精子自身运动综合作用下通过子宫，进入输卵管。交配时这种逆蠕动量更为强烈，子宫肌肉的收缩，推动子宫内液体的流动，促使子宫内的精子向宫管结合部运行。牛羊交配后约经15 min即可在输卵管壶腹部出现少量精子，猪需2 h才有少量精子到达这个部位。

精子的进入促使子宫内膜腺白细胞反应加强，一些死精子和活动能力差的精子将被吞噬，使精子又一次得到筛选。精子自子宫角尖端进入输卵管时，宫管连接部成为精子向受精部位运行的第二道栅栏，也是第二个精子库。对子宫射精型动物，则是第一道生理屏障和第一个精子库。此处可24 h使活动的精子源源不断地向输卵管输送，在发情时牛的宫管结合部收缩关闭，限制了大量的精子通过，只有生命力强的精子才能进入输卵管。宫管结合部还能限制异种动物的精子通过。

③精子进入输卵管。输卵管有同时输送精子与卵子向相反方向前进的功能。精子在输卵管中的运行主要受输卵管的蠕动与反蠕动的影响。当精子通过输卵管狭部进入壶腹部，两者连接处即为壶峡部，峡部也是暂时性精子库。精子因峡部括约肌的有力收缩被暂时阻挡，造成到达受精部位的第三道栅栏，防止多精子受精。在交配（受精）时，虽然有大量的精子进入母畜生殖道，但通过以上3个栅栏后，精子在母畜生殖道内分布很不均匀，阴道内多于子宫内，子宫内多于输卵管内。越接近受精部位精子越少，最后到达输卵管壶腹的精子只有数十个至数千个（如图6.1所示）。

（3）精子运行的动力

射精的力量是精子运行的最初动力。发情母畜在雌激素和少量孕酮的协同作用下，及在精清中的前列腺素和交配时释放的催产素的刺激下，使生殖道发生有节律地收缩，这是将精子推向受精部位的主要动力。母畜生殖道管腔液体的流动以及精子自身的运动都是精子受精前运行的动力。

（4）精子在母畜生殖道运行的速度

精子从射精部位到达受精部位的时间远比精子自身运动的时间要短。精子运行的

速度与母畜的生理状态,黏液的性状以及母畜的胎次都有密切关系(如表6.1)。

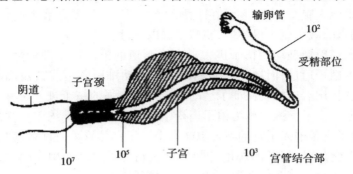

图6.1　精子运行中的损耗

(引自 R. H. F. Hunter:Reproduction of Farm Animals,1982.)

表6.1　各种动物精子运行情况

种别	射精部位	射精到输卵管出现精子的时间/min	到达受精部位的精子数/个
猪	宫颈、子宫	15～30	1 000
牛	阴道	2～13	很少
绵羊	阴道	6	600～700
兔	阴道	数分钟	250～500
犬	子宫	数分钟	50～100
猫	阴道、子宫颈	—	40～120

(引自中国农业大学主编. 家畜繁殖学[M]. 北京:中国农业出版社,2000.)

(5)精子保持受精能力的时间

　　配种或输精后,由于母畜生殖道中的陷窝、子宫内膜腺和输卵管峡部的作用,使精子陆续到达壶腹部,并使到达腹部的精子数大为减少。各种动物到达的精子数虽然相差很大,但一般不超过1 000 个。只有在一定数量的精子到达受精部位时,才能发生受精作用。各种家畜的精子在雌性生殖道内保持受精能力的时间都不相同(如表6.2)。

表6.2　精子与卵子保持受精能力的时间

单位:h

种　类	精　子	卵　子
牛	30～48	8～12
马	72～120	6～8
兔	30～36	6～8
绵羊	30～48	16～24
猪	24～72	8～10

(引自张周主编. 动物繁殖[M]. 北京:中国农业出版社,2001.)

2）卵子在输卵管的运行

（1）卵子的接纳

新排出的卵子包裹在放射冠和卵丘细胞内。母畜排卵时,在雌性激素—孕酮比值变化所引起的激素作用下,输卵管伞部充血、开放而撑开呈伞状,依靠输卵管系膜肌层的收缩作用而紧贴于卵巢表面。输卵管伞黏膜上的纤毛波动能够形成液流,使卵子进入喇叭口。输卵管伞部内表面纤毛与卵子外面的卵丘细胞相互作用,促使卵子进入输卵管。所以,在发情时,伞部收集卵子的效果最高。

（2）卵子运行的过程

卵子与精子不同,本身不能自主运动。被输卵管伞接纳的卵子,在很大程度上依赖于输卵管的收缩,借助输卵管壁纤毛摆动、液体流动和肌肉活动,以及该部管腔较大的特点,很快进入壶腹的下端。在这里和已经运行到此处的精子相遇完成受精过程。这些生理活动主要受输卵管壁的神经和卵巢激素的调节。

（3）卵子保持受精能力的时间

卵子保持受精能力的时间要比精子短(如表6.2)。卵子在输卵管保持受精能力的时间多数都在 1 d 之内,只有犬长达 4.5 d。卵子在壶腹部才有正常的受精能力,进入输卵管峡部时,就丧失了受精能力,进入子宫的未受精卵子,在几天之内就崩解而被吸收,或被白细胞吞噬。因某些特殊情况落入腹腔的卵子多数退化,极少数造成子宫外孕的现象。

6.1.2　受精前的准备

受精前,精子和卵子都要经历一个进一步的成熟阶段,受精开始于获能精子进入次级卵子(马属动物为初级卵子)的透明带,结束于雌原核与雄原核的染色体组合在一起,成为一个单一的合子细胞。合子是新个体的第一个细胞,是新生命的开始。合子具有父母双方各半的遗传物质——染色体。这种结合的自然选择中,可以促进物种的进化。

1）精子受精前的准备

（1）精子的获能

哺乳动物的精子在母畜生殖道中经一定时间,精子膜发生生理生化变化,获得与卵子受精能力的过程,称为精子获能。获能的实质就是使精子去掉去能因子或使去能因子失活的过程,是精子受精前的生理成熟。哺乳动物的精子必须先经获能,才能在接近卵子透明带时发生顶体反应和超活化反应。一般情况下,雌激素对精子获能有促进作用,孕激素则为抑制作用。同种动物的精子往往可以在不同种动物的生殖道分泌物中完成获能过程,说明精子获能并无明显的种间差异。

（2）精子获能的部位

精子获能的部位主要是子宫和输卵管。最早的实验从母兔子宫内取得获能精子。其后,从输卵管峡部取到猪、牛等动物的获能精子。体外实验证明子宫液、卵泡液或其他组织液均可使精子获能,但这种获能不如在输卵管内那样完全。因此,可认为精子在子宫内开始获能,而在输卵管内完成获能,但不同的动物,精子获能的部位有差异。子宫射精型的动物,精子获能开始于子宫,但在输卵管最后完成。阴道射精型的动物,精子获能

开始于阴道,但最有效的部位是子宫和输卵管。猪、牛的精子获能部位主要在输卵管(如图6.2所示)。

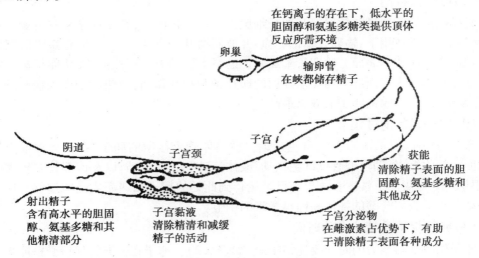

在钙离子的存在下,低水平的胆固醇和氨基多糖类提供顶体反应所需环境

卵巢

输卵管在峡都储存精子

子宫

阴道

子宫颈

获能 清除精子表面的胆固醇、氨基多糖和其他成分

射出精子 含有高水平的胆固醇、氨基多糖和其他精清部分

子宫黏液 清除精清和减缓精子的活动

子宫分泌物 在雌激素占优势下,有助于清除精子表面各种成分

图6.2 精子通过母畜生殖道期间获能的过程

(引自郑行主编.动物生殖生理学[M].北京:北京农业大学出版社,1994.张周主编.家畜繁殖[M].北京:中国农业出版社,2001.)

(3)精子获能所需时间

在自然情况下,交配发生在发情期,而排卵发生于发情末期或发情结束之后。在这一段时间内,精子早已通过母畜生殖道而到达受精地点,如遇卵子,即可发生受精。由此可见,精子也就在通往受精部位的一段时间内完成获能。估计家畜一次射精的精子陆续获能所需时间为 1.5 ~ 7 h(如表6.3)。

表6.3 不同动物精子获能的时间

单位:h

动物种类	牛	猪	绵羊	兔	犬
获能时间	3 ~ 40(20)	3 ~ 6	1.5	5	7

(引自中国农业大学主编.家畜繁殖学[M].北京:中国农业出版社,2000.)

(4)精子去能与再获能

已获能的精子如再培养于精清中,可发生失能,失去与卵子受精的能力。失能的精子培养于输卵管液、卵泡液或人工配制的获能制剂中孵育可再次获能。表明精子的获能有可逆性。

(5)精子的顶体反应

获能后的精子,在受精部位与卵子相遇,会出现顶体帽膨大、精子质膜和顶体外膜相融合,融合后的膜形成许多泡状结构,随后这些泡状物与精子头部分离,造成顶体膜局部破裂,顶体内酶类释放出来,以溶解卵丘、放射冠和透明带。这一过程叫顶体反应。

2)卵子受精前的准备

未通过输卵管的卵子即使与获能精子相遇也不能受精。卵子在运行到输卵管受精部位的过程中,可能发生了某种类似精子获能的生理变化而获得与精子结合的能力。在体外受精中,卵子需在体外培养液中培养若干小时才能受精。据此认为,卵子和精子一样需经历一个类似精子获能的受精准备过程,这个过程是卵子进一步成熟的过程。当卵子皮质颗粒达到最多时,卵子的受精能力最强,卵子在输卵管期间,透明带表面露出许多糖残基,具有识别同源精子并与其发生特异结合的能力,卵黄膜的亚显微结构也发生了变化。研究表明,输卵管分泌物对卵子在受精前的准备是必要的。总之,卵子的最后成熟和第二次减数分裂直到合子形成才完成。

6.1.3　受精过程

精子在到达受精部位之前依靠输卵管的蠕动。一旦到达受精部位后则主要依靠本身的趋向性活动来接近卵子。同时,卵子也能释放一种氨基多糖类的物质,诱发精子的顶体反应,并与精子释放的相关酶系发生反应。

1)精子穿过放射冠

卵子从卵巢排出后,进入壶腹部,在卵子透明带外边还包围着一堆颗粒细胞即卵丘细胞,而靠近透明带的卵丘细胞呈放射状排列,故称放射冠。受精前有大量精子包围着卵子。当精子穿过卵丘时,精子头部质膜和顶体外膜发生了复杂的膜融合,并形成小泡,从小泡之间的孔隙内释放出透明质酸酶和放射冠酶。在这些酶的共同作用下,使精子顺利地通过放射冠细胞而到达透明带的表面。

顶体反应时,因透明质酸酶和放射冠酶不具有种间特异性,因此放射冠对精子没有选择性,不同动物的精子所释放的透明质酸酶均能溶解放射冠。参与受精的精子虽是极少数,但精子的浓度对放射冠的作用有重要意义。当精子浓度大时,能释放更多的透明质酸酶,从而使黏蛋白的基质更容易被溶解,提高了精子的穿透性。

在多数家畜(特别是牛)排卵后 $3 \sim 4$ h,卵外就不存在卵丘细胞,马排出卵后就无卵丘细胞,称"光卵",也可正常受精与发育。因此对于这些动物,精子发生顶体反应所释放的酶,似乎无实际作用。此外,研究发现,兔和啮类动物的卵丘细胞分泌一种刺激精子活力的物质,这一因素在输卵管壶腹部蠕动增加精子卵子相遇的机会中起辅助作用。

2)精子穿过透明带

进入放射冠的精子,顶体发生改变和膨胀,当精子与透明带接触时,即失去头部前端的质膜及顶体外膜。在穿入透明带之前,精子与透明带上的精子受体相结合。精子受体实际为具有明显的种间特异性的糖蛋白,又称透明带蛋白。此期间经历了前顶体素转变为顶体酶的过程。顶体酶将透明带的质膜软化,溶出一条狭窄、圆形隧道形通道,精子借助自身的运动能力钻入透明带内。大量研究表明,在受精过程中钻入透明带的精子不止一个,但它能阻止异种精子进入。但同科不同种的动物不一定严格遵循这个规则,例如狮虎交配能生出狮虎兽,马驴交配生出骡。

精子头部附着于透明带糖蛋白受体的前或后,发生顶体反应,表现为顶体外膜与精子细胞膜发生融合而呈空泡化,从顶中释放出可溶解的许多酶,如透明质酸酶、芳香基硫酸酯酶、顶体酶原、脂酶、磷酯酸 A、酸性磷酸酯酶等。这些酶的数量和性质存在物种间的差异。

3)精子进入卵黄膜

当精子进入透明带后,在卵黄周隙内停留一段时间(约 20 min)而后触及卵黄膜,引

起卵子发生特殊变化,使卵子从休眠状态苏醒过来,这种变化称为"激活"。它可以引起卵黄膜收缩,释放出某些物质扩散到全卵的表面和卵黄周隙,从而使透明带关闭,后来的精子不能进入透明带,这种变化称为"透明带反应"。但家兔的卵子没有这种变化。

卵黄膜外覆盖密集的微绒毛,精子触及卵黄膜后,卵黄膜的微绒毛首先包住精子头部的核后帽区,并与该区的质膜融合,不久连同精子尾部一起托入卵黄膜内。大多数哺乳动物在精子接触卵黄膜之前,卵子的第一极体就存在于卵黄周隙中,当精子进入卵黄后,卵子才进行第二次成熟分裂,排出第二极体。进入卵黄膜的精子是有严格选择性的,一般只能进入一个。这说明只有那些尽快完成生理变化的精子才有条件进入。当精子进入卵黄膜时,卵黄膜立即发生一种变化,卵黄紧缩、卵黄膜增厚,并排出部分液体进入卵黄周隙,称为卵黄膜反应,又称为卵黄封闭作用(或多精子入卵阻滞),它能有效地阻止其他精子再次进入卵子内。

4)原核形成及配子融合

精子进入卵黄后,头尾分离,头部继续膨大,细胞膜消失,呈现许多核仁,不久外周包上一层核膜,核仁增大,并相互融合,最后形成一个比原精细胞核大的雄原核。

精子进入卵子细胞质后,大多数动物的卵子此时正处于减数分裂的完成时期,很快排出第二极体,并开始形成雌原核。形成过程与雄原核的形成一样。除猪外,其他家畜的雌原核都小于雄原核。其原因是家畜雄性染色质开始疏松增大的时间比雌性早,所以雄原核比雌原核大。猪的原核形成在排卵后 6 ~ 18 h。雌原核的特点是染色质分布不对称。

雌、雄原核同时发育,数小时内体积增大约 20 倍(大鼠)。经一段时期的发育后,在卵子中央,两原核互相靠拢,接触、缩小体积,双方核膜交错嵌合。此后,双方的核仁和核膜消失,两个原核融合成一体。于是配子融合之前,DNA 已发生复制。配子融合后,两组染色体合并而恢复双倍体,形成合子(单细胞胚胎),受精至此完成(如图 6.3 所示)。合子形成后,立即进入卵裂前期。在测定的哺乳动物中,原核的整个生存期为 10 ~ 15 h。关于受精所需的时间,由于交配和排卵的时间不十分固定,所以往往产生很大误差。一般认为,各种家畜从精子进入卵子到第一卵裂的间隔时间是:兔 12 h,猪 12 ~ 14 h,绵羊 16 ~ 21 h,牛 20 ~ 24 h,人约 36 h。

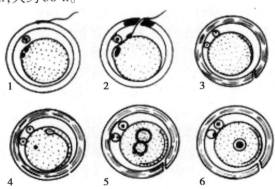

图 6.3 猪卵受精过程的模式图

1.精子与透明带接触 2.精子已穿过透明带 3.精子进入卵黄膜 4,5.雄原核与雌核的形成 6.受精完成

(引自张周主编.动物繁殖[M].北京:中国农业出版社,2001.)

6.1.4 异常受精

哺乳动物的正常受精均为单精子受精,形成的合子发育成正常的新个体。在受精过程中,由于人为和环境因素的影响,如延迟配种、生理、物理和化学刺激等,有时会出现非正常受精的现象。异常受精则包括多精子受精、双雌核受精、雄核发育和雌核发育等。异常受精的出现率为正常受精的 2% ~3%。在畜牧生产实践中,母畜配种和输精延迟易引起多精子受精。

双雌核受精是由于卵子某一次减数分裂时,未排出极体所致,如此形成有 3 个原核的三倍体。双雌核受精多见于猪,母猪发情开始 30 h 以后配种,则 20% 以上的卵子是双雌核。猪的三倍体胚胎可能存活到附植后,但不久即死亡。

雌核发育或雄核发育在受精开始时是正常的,但受精后如有一方的原核未能形成,即造成单倍体。人工孤雌生殖卵激活方法如:机械刺激(卵子体外操作和穿刺处理)、温度刺激、电刺激、酶刺激、麻醉剂处理、蛋白质合成抑制剂处理等。但实验证明,人工孤雌卵能够着床,但不能全程发育。将其与正常胚构成嵌合体后,孤雌胚则可以参与机体的全程发育,并能形成各种组织。

多倍体的单传体胚胎均不能正常发育,在发育早期死亡。

6.2 妊娠生理

妊娠又称"怀孕",是哺乳动物所特有的一种生理现象,是自卵子受精开始一直到胎儿发育成熟后与其附属物共同排出前,母体所发生的复杂生理过程。

6.2.1 胚胎的早期发育

胚胎发育在合子形成后不久开始,由于染色体数目恢复了双倍体,因此,又可以不断地分裂——卵裂,同时向子宫移动,并在其特定阶段进入子宫,然后定位和附植。各种动物卵裂速度变化也不一样(如表6.4)。早期胚胎根据其发育特点,可以分为下几个阶段:

表 6.4 各种动物受精卵发良及进入子宫的时间

动物种类	受精卵发育/h					进入子宫	
	2 细胞	4 细胞	6 细胞	16 细胞	桑椹胚	天数	发生阶段
兔	24 ~26	26 ~32	32 ~40	40 ~48	50 ~68	3	桑椹胚
犬	96	—	144	196	204 ~216	8.5 ~9	桑椹胚
山羊	24 ~48	48 ~60	72	72 ~96	96 ~120	4	10 ~16 细胞
绵羊	36 ~38	42	18	67 ~72	96	3 ~4	16 细胞
猪	21 ~51	51 ~66	66 ~72	90	110 ~114	2 ~2.5	4 ~6 细胞
马	24	30 ~36	50 ~60	72	98 ~106	6	囊胚期
牛	27 ~42	44 ~65	46 ~90	96 ~120	120 ~144	4 ~5	8 ~16 细胞

注:马、牛、犬为排卵后时间,其他动物为交配后时间。

(引自中国农业大学主编.家畜繁殖学[M].北京:中国农业出版社,2000.)

1）桑椹期

受精过程的结束即标志着早期胚胎发育的开始。早期胚胎的发育有一段时间在透明带内进行,细胞数量不断增加,但总体积不增加。这一分裂阶段维持时间较长称卵裂。第一次卵裂,合子一分为二,形成2个卵裂球的胚胎。自此以后,胚胎继续进行卵裂,卵裂球呈几何级数增加。每个卵裂球并不一定同时进行分裂,较大的一个先分裂,较小的后分裂,故可能出现3,5个等奇数的时期。

当卵裂细胞数达到16~32个,由于透明带的限制,卵裂球在透明带内形成致密的一团,形似桑椹,故称桑椹胚。这一时期主要在输卵管内完成,个别时也进入子宫。据试验,兔子的2~8细胞胚胎的每个卵裂球具有发育成一个完整胚胎的全能性;绵羊的这一全能性也要保持到8个细胞甚至更多的阶段。一般,4细胞胚胎具有全能性的卵裂球不超过3/4,8细胞胚胎则不超过1/8。

2）囊胚期

桑椹胚形成后继续发育,细胞开始分化,出现细胞定位现象。胚胎的一端,细胞个体较大,密集成团称内细胞团,将来发育成胎儿;另一端,细胞个体较小,只延透明带的内壁排列扩展,称滋养层,以后发育为胎膜和胎盘;卵裂球分泌的液体在细胞间隙积聚,最后在胚胎的中央形成一充满液体的腔——囊胚腔。这一发育阶段叫囊胚期。囊胚后期,胚胎从透明带脱出,称扩张囊胚(如图6.4所示)。这个过程叫作"孵化"。

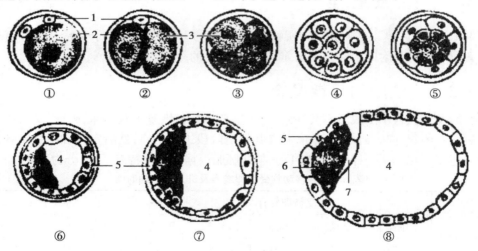

图6.4 受精卵的发育

①合子 ②二细胞期 ③四细胞期 ④八细胞期 ⑤桑椹期 ⑥⑦⑧囊胚期

1.极体 2.透明带 3.卵裂球 4.囊胚腔 5.滋养层 6.内细胞团 7.内胚层

(引自耿明杰主编.畜禽繁殖与改良[M].北京:中国农业出版社,2006.)

3）原肠胚

随着胚胎的继续发育,出现了内、外两个胚层,此时的胚胎称原肠胚。在内胚层的发生中,除绵羊是由内细胞团分离出来的外,其他家畜均由滋养层发育而来。原肠胚形成后,在内胚层和滋养层之间出现了中胚层,中胚层又分化为体中胚层和脏中胚层。

3个胚层的建立和形成,为胎膜和胎体各类器官的分化奠定了基础。

4）早期胚胎的迁移

胚胎在脱出透明带之前,一直处于游离状态。胚胎发育所需要的营养,来自子宫内膜腺和子宫上皮所分泌的物质,即子宫乳。不同的物种,胚胎在子宫内迁移的现象均有发生。多胎动物,如猪胚胎可从排卵一侧的子宫角游向子宫体,也可以游向另一侧子宫角。有人试验,将一头黑猪的卵子移入受体左侧子宫角,将白猪的卵子移入受体右侧子宫角,当受体妊娠到90 d时屠宰发现,黑猪胎儿和白猪胎儿在两面侧子宫角中均匀分布。

单胎动物胚胎迁移很少,牛排一个卵子,胚胎总是在与黄体同侧的子宫角内。若一侧卵巢排2个卵子,其中一个卵子通过子宫体的只有10%。绵羊内迁移现象略高些,胚胎位于黄体对侧子宫角占8%,而一个卵巢排2个卵子内迁移占90%。猫和犬的球形胚胎也能从一侧子宫角迁移到另一侧子宫角,以使胚胎等距离分布。

不同动物,胚胎在子宫腔内选择定位的位置不同。反刍动物往往在子宫角中部。猪、牛、羊的胚胎常位于子宫角系膜的对侧。由此证明,胚胎在子宫内的迁移和定位对于维持妊娠起重要作用。

6.2.2　胚胎附植

胚胎在母体子宫中定位,便结束游离状态,并与母体建立紧密的联系,这个过程称为着床或附植。胚胎在子宫内附植的部位,通常都是对胚胎发育最有利的位置。多胎动物可通过子宫内迁作用均匀分布两侧子宫角。牛、羊单胎动物时,常在子宫角下 1/3,双胎时则均分于两侧子宫。据估计,家兔胚胎开始附植的时间为 4 ~ 6 d,绵羊和牛为15 ~ 30 d。在附植前,胚胎进行卵裂和囊胚形成的同时,子宫也发生变化为附植作准备。在此期间,子宫肌肉的活动和紧张度减弱,这样有助于囊胚在子宫内留存。同时,子宫膜充血、增厚、上皮增生、子宫腺盘曲明显,分泌能力增强,为胚胎附植提供了有利的环境条件。在附植期间,子宫液的氨基酸和蛋白质含量也有改变,有些蛋白仅在此期出现于子宫液,对胚胎有营养作用。

6.2.3　胎膜和胎盘

1）胎膜

胎膜是胎儿的附属物,是卵黄膜、羊膜、绒毛膜、尿膜和脐带的总称。其作用是与母体子宫黏膜交换养分、气体及代谢产物。胎膜对胎儿的发育极为重要。在胎儿出生后,即被摒弃,所以是一个暂时性器官。胎膜源于 3 个基础胚层,即外胚层、中胚层和内胚层。以下是猪、牛、马的胎膜(如图 6.5 所示)。

(1)卵黄囊

哺乳动物的卵黄囊由胚胎发育早期的囊胚腔形成。哺乳动物的卵只有卵黄体或很小的卵黄块。卵黄囊上有稠密的血管网,能帮早期胚胎发育吸收子宫乳中的养分,排出废物。因此,卵黄囊只在胚胎发育的早期起营养交换作用。一旦尿膜出现其功能即为后者替代。随着胚胎的发育,卵黄囊逐渐萎缩,最后在脐带里留下一点遗迹,称为脐囊。这在马身上表现得较为明显。

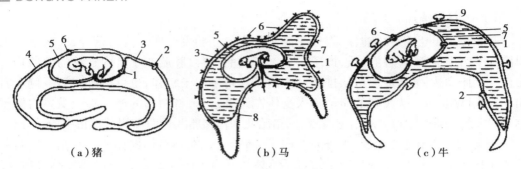

（a）猪　　　　　　　　（b）马　　　　　　　　（c）牛

图6.5　猪、马、牛胎膜切面

1.尿膜羊膜　2.尿膜绒毛膜　3.尿膜外层　4.绒毛膜　5.羊膜　6.羊膜绒毛膜　7.尿膜内层　8.绒毛　9.子叶

（引自 E.S.E.Hafez：Reproduction in Farm Animals.6th Ed.，1993.）

（2）羊膜

羊膜是包裹在胎儿外的最内一层膜，呈半透明状，由胚胎外胚层和无血管的中胚层形成。在胚腔内充满羊水，能保护胚胎免受震荡和压力的损伤，同时，还为胚胎提供了向各方面自由生长的条件。羊膜能自动收缩，使处于羊水中的胚胎略呈摇动状态，从而促进胚胎的血液循环，防止胚胎粘连。

（3）尿膜

尿膜由胚胎的后肠向外生长形成。其功能相当于胚体外的临时膀胱，并对胎儿的发育起缓冲功能和保护作用。当卵黄囊失去功能后，尿膜上的血管分布于绒毛膜，成为胎盘的内层组织。尿囊内有尿水，胎儿膀胱的尿液通过脐尿管排入尿囊。随着尿液的增加，尿囊亦增大，在奇蹄类有部分尿膜和羊膜黏合形成尿膜羊膜，而与绒毛膜黏合则成为尿膜绒毛膜。

（4）绒毛膜

绒毛膜是胚胎最外层膜，表面有绒毛，富含血管网。除马的绒毛膜不和羊膜接触外，其他家畜的绒毛膜均有部分与羊膜接触。

（5）脐带

脐带是胎儿和胎膜间联系的带状物，被覆羊膜（除马外），其中有两支脐动脉，一支脐静脉（反刍动物有两支），有卵黄囊的残迹和脐尿管。其血管系统和肺循环相似，脐动脉含胎儿的静脉血，而脐静脉则是来自胎盘，富含氧和其他成分，具动脉血特征。脐带随胚胎的发育逐渐变长，使胚体可在羊膜腔中自由移动。

2）胎盘

胎盘通常是指由尿膜和子宫黏膜发生联系所形成的构造。其中，尿膜绒毛膜部分称为胎儿胎盘，而子宫黏膜部分称为母体胎盘。胎儿胎盘和母体胎盘都各自有自己的血管系统，并通过胎盘进行物质交换。因此，对胎儿来说，胎盘是一个具有很多功能活动并和母体有联系但又相对独立的暂时性器官。

（1）胎盘的类型

胎盘的类型根据绒毛膜表面绒毛的分布一般分为4种类型，即弥散型胎盘、子宫型胎盘、带状胎盘和盘状胎盘（如图6.6所示）。也有按照母体和胎儿真正接触的细胞层次将胎盘分为上皮绒毛型胎盘、结缔组织型胎盘、内皮绒毛膜胎盘和血绒毛型胎盘。

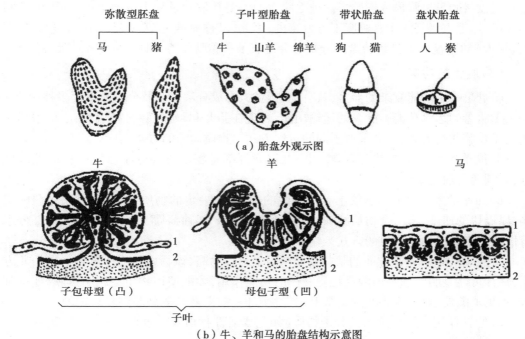

（a）胎盘外观示图

（b）牛、羊和马的胎盘结构示意图

图6.6　胎盘的类型和结构

1.尿膜绒毛膜（胎儿胎盘）　2.子宫内膜（母体胎盘）

（引自 E. S. E. Hafez 主编. Reproduction in Farm Animals. 6th Ed,1993.）

①弥散型胎盘。弥散型胎盘是动物中比较广泛的一种胎盘类型,这种类型的胎盘绒毛基本上均匀分布在整个绒毛膜表面,如猪、马。猪的绒毛膜有集中现象,即少数较长绒毛聚集在小而圆的称绒毛晕的凹陷内。每一绒毛上部都有动脉、静脉的毛细血管分布。与胎儿胎盘绒毛相对应,子宫黏膜上皮向深部凹入形成腺窝,绒毛插入此腺窝内,因此又称为上皮绒毛膜胎盘。此类胎盘构造简单,胎儿和母体胎盘结合不甚牢固,分娩时出血较少,胎衣易于脱落。

②子叶型胎盘。子叶型胎盘以反刍动物牛、羊为代表。绒毛集中在绒毛膜表面的某些部位,形成许多绒毛从,呈盘状或杯状凸起,即胎儿子叶。胎儿子叶与母体子宫黏膜的特殊突出物——子宫阜(母体子叶)融合在一起形成胎盘的功能单位。胎儿子叶上的许多绒毛,嵌入母体子叶的许多凹下的腺窝中。子叶之间一般表面光滑,无绒毛,故称子叶型胎盘。绵羊的子宫阜数目为 90～100 个,平均分布在妊娠和未妊娠子宫角内,牛为 70～120 个,环绕着胎儿发育。在妊娠时,子宫阜比原来的直径增加几倍,位于孕角内的比终末端的发育要大。

这种类型的胎盘母仔联系紧密,分娩时不易发生窒息。牛的子宫阜是凸出的,产后胎衣排出慢且易出现胎衣不下。而绵羊和山羊则是凹陷的,分娩时胎衣容易排出。因牛、羊的绒毛和子宫结缔组织紧密结合,在分娩时有出血现象。

③带状胎盘。带状胎盘以肉食类为代表,其绒毛膜上的绒毛聚集在绒毛囊中央,形成环带状,故称带状胎盘或环状胎盘。在胎儿胎盘和母体胎盘附着的子宫黏膜上皮被破

坏,使绒毛直接与子宫血管内皮相接触,所以此类胎盘又称为上皮绒毛内皮胎盘。

④盘状胎盘呈圆形或椭圆形。绒毛膜上的绒毛在发育过程中逐渐集中,局限于一圆形区域,绒毛直接侵入子宫黏膜下方血窦内,因此,又称血绒毛型胎盘。啮齿类和灵长类(包括人)的胎盘属于盘状胎盘。分娩时会造成子宫黏膜脱落、出血,也称蜕膜胎盘。

(2)胎盘的功能

胎盘是一个功能复杂的器官,具有物质运输、合成分解代谢及分泌激素等多种功能。

①胎盘的运输功能。胎盘的运输功能,表现在胎儿和母体间的物质交换。根据物质的性质及胎儿的需要,胎盘采取不同的运输方式。物质运输的方式主要有:

A.简单扩散。如二氧化碳、氧、水、电解质等都是物质自高分子浓度区移向低浓度区,直到两方取得平衡。

B.加速扩散。可能细胞膜上有特异性的载体,与一定的物质结合,通过膜蛋白的变构,以极快的速度,将结合物从膜的一侧带到另一侧。如葡萄糖、部分氨基酸及大部分水溶性维生素等以加速扩散的方式运输。

C.主动运输。胎儿方面的某些物质浓度较母体为高,该物质仍能由母体运向胎儿方面,估计可能是胎盘细胞内酶或特异载体的功能作用,才能使该物质穿越胎盘膜,如氨基酸、无机磷酸盐、血清铁钙及维生素 B_1、维生素 B_2、维生素 C 等就是这样运输的。

D.胞饮作用。极少量的大分子物质(如免疫活性物质及免疫球蛋白)可能借这一作用而通过胎盘。

②胎盘的代谢功能。胎盘组织内酶系统极为丰富。所有已知的酶类,在胎盘中均有发现。因此,胎盘组织具有高度生化活性,具有广泛的合成及分解代谢功能。

③胎盘的内分泌功能。胎盘像黄体一样也是一种暂时性的内分泌器官。既能合成蛋白质激素(如孕马血清促性腺激素、胎盘促乳素),又能合成甾体激素。这些激素合成释放到胎儿和母体循环中,其中一些进入羊水被母体或胎儿重吸收,在维持妊娠和胚胎发育中起调节作用。

④胎盘的屏障。胎儿为自身生长发育的需要,既要从母体进行物质交换,又要保持自身内环境同母体内环境的差异。物质进入胎盘前通过严格的选择,并且有些物质必须分解成比较简单的物质才能进入胎儿血液。特别是有害物质通常不能通过胎盘,保护了胎儿的生长发育环境。

6.3 妊娠诊断

6.3.1 妊娠母畜的生理变化

1)母畜体的变化

怀孕后,母体的新陈代谢旺盛,食欲增进,消化能力提高。因此,孕畜营养状况改善,表现为体重增加,毛色光润。青年母畜本身在妊娠期仍能进行正常生长。除因交配过早及饲养水平很低外,妊娠并不影响其继续生长,在适当营养条件下尚能促进生长。由于营养丰富,母畜体重显著增加。饲养不足,在妊娠中、后期则体重明显减轻,甚至导致胚胎死亡,尤其是妊娠后1/3期的饲养水平更能影响胎儿的发育。

在妊娠后半期,是胎儿生长发育最快的阶段,也是钙、磷等矿物质需要量最多的阶段,往往会造成母畜体内钙、磷含量降低。若得不到补充,易造成母畜脱钙而后肢跛行、产后瘫痪等。妊娠末期,母畜内不能消化足够的营养物质以供给迅速发育的胎儿的需要,需消耗妊娠前半期储存的营养物质,供应胎儿。因此,母畜在分娩前常常消瘦。要使孕畜本身正常生长,而且又要保证胎儿的发育良好,妊娠期的营养应是首要的问题。

怀孕母畜出现水分分布的巨大变化,腹主动脉和腹腔、盆腔中的静脉因受增大的子宫压迫,血液循环不畅,使躯干后部和后肢出现淤血、水肿。在牛、马怀孕的后期,常可以发现由乳房到脐部的水肿扩展及后肢发生水肿。

怀孕母畜,随着胎儿的增长,母体内脏器官容积缩小,这就使排粪、排尿次数增多,而每次量减少。妊娠末期,腹部轮廓极度增大,行动稳定,谨慎,容易疲倦,出汗。

2)卵巢的变化

母畜配种后,没有怀孕时,卵巢上的黄体退化,然而有胚胎时,这种黄体可作为妊娠黄体继续存在,分泌孕酮,维持妊娠。从而中断发情周期。在怀孕早期,这种中断是不完全的。对于一些母牛,由于卵巢的卵泡活动,妊娠早期仍可出现发情。虽然有卵泡发育甚至接近排卵前的体积,但这些卵泡多不能排卵而退化,闭锁。

卵巢的位置:怀孕后随着胎儿体积的增大妊娠子宫逐渐深入腹腔,卵巢也随之下沉。

妊娠母牛卵巢的黄体以最大的体积持续存在于整个怀孕期,其颜色为金褐色,并不突出卵巢表面。孕猪卵巢的黄体数目往往较胎儿为多,孕后也有再发情的。

3)子宫的变化

随着怀孕的进展,子宫容积逐渐增大。子宫通过增生、生长和扩展的方式以适应胎儿生长的需要。子宫肌保持着相对静止和平稳的状态,以防胎儿的过早排泄。

子宫各种变化具体时间随畜种而不同,增生是子宫内膜由于孕酮的致敏而出现,发生在胚泡附植之前,其主要变化为血管分布增加,子宫腺增长,腺体卷曲及白细胞浸润。子宫的生长是在胚胞附植后开始,它包括子宫肌的肥大,结缔组织基质的广泛增长,纤维成分及胶原含量增加。这种基质的变化,对于子宫适应孕体的发展及产后子宫的复原过程是有意义的,子宫的生长也是在雌性激素和孕酮的协同作用下发生的。在子宫扩展期间,子宫生长减慢,胎儿迅速生长,子宫肌层变薄,纤维拉长。

子宫的生长和扩展,首先是由孕角和子宫体开始的,在整个怀孕期,单胎动物孕角的增长比空角的大得多。因此,孕角与空角始终不对称。怀孕的前半期,子宫体积的增长主要是子宫肌纤维肥大及增长。怀孕的后半期,则是胎儿使子宫壁扩展。因此,子宫壁变薄。猪怀孕时,子宫肌纤维主要是长度增加,因肌肉公稍变厚,胎儿所在处子宫角较粗,两个胎儿之间的部分较为狭窄,子宫角长度可达3 m,充满胎儿的子宫角曲折地位于腹腔底部,因此使腹壁下垂。子宫角向前可抵达隔膜。

怀孕时,子宫颈的脉管数目增加,并分泌一种封闭子宫颈管的黏液,称子宫颈栓。牛的子宫颈栓较多,且经常更新,排出时常附着于阴门下角。马的子宫颈栓较少,子宫颈的括约肌收缩很紧。因此,子宫颈管就完全封闭起来,宫颈外口即紧闭。

4)阴门及阴道

怀孕初期,阴唇收缩,阴门裂紧闭。随妊娠期进展,阴唇的水肿程度增加,牛的这种变化比马的明显,处女牛在怀孕5个月时,成年母牛在怀孕7个月时出现。怀孕时,阴道黏膜的颜色变为苍白,黏膜上覆盖有从子宫颈分泌出来的浓稠黏液。因此,阴道黏膜并不滑润而比较涩滞,插入开张器时较为困难。在怀孕末期,阴唇、阴道变得水肿而柔软。

5)子宫动脉的变化

由于子宫的下沉及扩展,子宫阔韧带及子宫壁内血管也逐渐变得较直。由于供应胎儿的营养需要,血量增加,血管变粗,同时,由于动脉血管内膜的皱褶增高变厚,而且因它和肌肉层的联系疏松,因此,血液流过所造成的脉搏以原来清楚地跳动变为间隔不明显地颤动。这种间隔不明显的颤动叫作怀孕脉搏。怀孕脉搏孕角比空角出现得早且显著。

6.3.2　妊娠诊断

在动物配种之后,及时掌握母畜是否妊娠、妊娠的时间、胎儿和生殖器官的异常情况,以便对已妊娠者加强饲养管理,对未孕者进行必要的处理。监测动物妊娠与否,或胚胎的发育情况称为妊娠诊断。

1)早期妊娠诊断的意义

配种后,如能尽早进行妊娠诊断,对于保胎、减少空怀、增加畜产品和提高繁殖率是很重要的。妊娠诊断的目的是:确定母畜是否已经妊娠,以便按妊娠母畜对待;加强饲养管理,维持母畜健康,保证胎儿正常发育,以防止胚胎早期死亡或流产。如果确定没有妊娠,则应密切注意其下次发情,抓好再配种工作,并及时找出其未孕的原因,以便在下次配种时作必要的调整、改进或及时治疗。

妊娠诊断不但要求准确,而且要能在早期或超早期确认,这是母畜高效生产的重要技术环节之一。掌握早期妊娠诊断技术,可以充分发挥家畜的繁殖潜力,对有效地提高畜牧业生产效率有着广泛的实践意义。若不能早期作出诊断,有的母畜虽未怀孕,但又不能返情,经过了较长的时间后才发现不孕,延长了空怀的时间。对牛而言,不仅影响泌乳量,甚至可能少产一犊,耽误一个泌乳期。对猪、羊等家畜或其他经济动物而言,损失也是比较严重的。因此,简便、准确、快捷、经济的早期妊娠或超早期妊娠诊断方法,为世界各国畜牧兽医工作者所重视,并为畜牧生产更好的服务。

2)妊娠诊断的基本方法

目前妊娠诊断的方法,主要包括外部观察法、阴道检查法、直肠检查法和超声波检查法、X线检查法等。

(1)外部检查法

母畜妊娠以后,一般表现为周期发情停止,食欲增进,营养状况改善,毛色光亮润泽,体型变得丰满,性情变得温顺,行为谨慎安稳。到一定时期(马、牛5个月,羊3~4个月,猪2个月以后)腹围增大,妊娠后期腹壁一侧较另一侧更为突出(牛、羊右侧比左侧突出,马左侧比右侧突出),乳房胀大,有时牛、马腹下及后肢可出现水肿。在一定时期(牛7个月后,猪2个半月以后),隔着右侧(牛、羊)或最后两对乳房的上方(猪)的腹壁可以触诊到胎儿,在胎儿胸壁、紧贴母体腹壁时,可以听到胎儿的心音,可根据这些外部表现诊断是否妊娠。妊娠末期,有的孕畜下腹部或两后肢出现明显水肿。

上述方法的最大缺点是不能早期进行诊断。同时,没有某一现象时也不能肯定未孕,如表现不明显,或胎儿已死腹中。此外,不少马、牛妊娠后,也有再出现发情的,依此做出未孕的结论将会判断错误。还有的在配种后没有怀孕,但由于饲养管理,利用不当,生殖器官炎症,以及其他疾病而不复发情,据此做出怀孕的结论也是不合适的。

外部检查法对牛、马等大家畜来说并不重要,因为有更可靠的直肠检查法。以猪羊等中等体型动物为例,在妊娠中后期,可隔着腹壁直接触及胎儿,较为实用可靠。猪触诊时,可抓痒令母猪卧下,然后再用一只手或两只手在最后两对乳房上壁处前后滑动,触摸是否有硬物而判断。羊检查时,术者两腿夹住颈部(或前躯)保定,用双手紧贴下腹壁,以左手在右侧腹壁,以右手在左侧腹壁前后滑动,触摸是否有硬块,有时可以摸到子叶,给予确诊。

(2)阴道检查法

妊娠期间,子宫颈口处阴道黏膜处于与黄体期相似的状态,分泌物黏稠度增加,黏膜苍白干燥。阴道检查法就是根据这些变化判定动物妊娠与否。这些性状的表现,各种家畜基本相同,只是稍有差异。被检查的母畜有持久黄体或有干尸化胎儿存在时,极易和妊娠征象混淆,而误判为妊娠。当子宫颈及阴道有病理过程时,孕畜又往往表现不出妊娠征象而判为未孕。检查不能确定妊娠日期,特别是对于早期妊娠诊断不能做出肯定的结论,所以阴道检查法主要适用于牛、马等大动物妊娠诊断的一个辅助方法,不可作为主要诊断方法。一般情况下,于配种后经过一个发情周期以后进行检查,这时如果未妊娠,周期黄体作用已消失,所以阴道不会出现妊娠时的征象。如果已妊娠,由于妊娠黄体分泌孕酮的作用而发生妊娠变化。

阴道检查时,术前准备及消毒工作和发情鉴定的阴道检查法相同,必须认真对待。如果消毒不善,会引起阴道感染,如果操作粗鲁,还会引起孕畜流产,故务必谨慎。

阴道检查法,也可以通过内窥镜观察阴道黏膜、黏液和子宫颈变化。现代阴道检查进行早期妊娠或超早期妊娠有了新的进展,日本1993年研究出一种"繁殖检测器",测定阴道黏液钠离子浓度,准确率100%。也有用电子探针,通过检测阴道内部两个不同部位的电阻,从而判断奶牛所处的生理状态,进行适时授精和早期妊娠诊断。电子探针的类型不同,其早期妊娠的判断标准也不同。

(3)**直肠检查法**

在畜牧生产中,直肠检查法是迄今为止对牛和马等大家畜检查妊娠和胚胎发育状况的最简便的方法,一般在配种后40~60 d进行。对猪也可进行直肠检查。直肠检查判定母畜妊娠的重要依据是怀孕后生殖器官的变化。通过直肠触诊卵巢、子宫、子宫动脉的变化,孕体是否存在而进行判断。其方法操作简便、结果准确,是大家畜最可靠的妊娠诊断方法,在生产上广为应用(如图6.7和图6.8所示)。该法的不足之处是:要求操作人员具有丰富的经验,并易导致某些职业病。下面,以牛为例来谈直肠检查法。

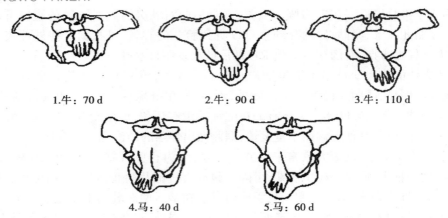

1.牛：70 d   2.牛：90 d   3.牛：110 d

4.马：40 d   5.马：60 d

图 6.7　直肠检查大动物的妊娠

（引自张周主编.动物繁殖［M］.北京:中国农业出版社,2001.）

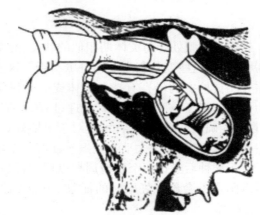

图 6.8　牛的妊娠检查

（引自张周主编.动物繁殖［M］.北京:中国农业出版社,2001.）

检查时,先触摸子宫颈,再将中指向前滑动,寻找角间沟。然后将手向前、向下、再向后试着将子宫角都掌握在手内,分别触摸。经产牛子宫角有时不呈绵羊角状垂直入腹腔,不易全部摸到。这时握住子宫颈将子宫角向后拉,然后带着肠管迅速向前滑动,握住子宫角,逐渐向前移,就能摸清整个子宫角。在子宫角尖端外侧或下侧寻找卵巢。常用一手进行触诊即可。

寻找子宫动脉时,将手贴着骨盆顶向前滑动,越过岬部以后,可以清楚地摸到腹主动脉最后一对粗大的分支,即左、右髂内动脉。子宫动脉和脐动脉共同起于髂内动脉的起点处。子宫动脉从髂内动脉分出后不远即进入阔韧带内,所以触摸时感觉是游离的。触诊阴道动脉子宫支时,将指尖伸至相当于荐骨末端处,并且贴在骨盆侧壁的坐骨上棘附近,前后滑动手指。阴道动脉是骨盆内比较游离的一条动脉,由上向下行,而且很短,易识别。

直肠黏膜是单层柱状上皮,受到刺激容易渗出血液,手在直肠内操作时,只能用指肚、指尖,不要触及黏膜,且仅能在肠道松弛时触摸。遇到直肠收缩时,手应随其自然收缩而稍向后退,不可强行向前伸。

当配种后约一个情期(18～25 d),如果母牛仍未出现发情,可进行直肠检查,但此时子宫角的变化不明显。如卵巢上没有正在发育的卵泡,而在排卵侧有妊娠黄体存在,可初步诊断为妊娠。如果触摸到子宫两角大小相等,形状相似,弯曲如绵羊角状,富有弹性,则说明是空怀。

妊娠30 d,两侧子宫角已不对称,孕角略粗大松软。稍用力触压,感觉子宫内有波动,收缩反应不敏感,子宫角最粗处壁薄,空角较厚且有弹性。用手指从子宫角基部向尖端滑动,偶尔可感到胎胞从指间滑过。子宫角的粗细依胎次而定,胎次多的较胎次少的稍粗。

妊娠60 d,直肠检查可发现孕角比空角粗约两倍,孕角壁软而薄,且有液体波动,但角间沟仍清晰可辨。此时,一般可确认。

妊娠90 d,孕角继续增大,孕角大如婴儿头,波动明显,子宫已开始沉入腹腔。空角比平时增长1倍,很难摸到角间沟。有时可以摸到胎儿。孕角液体波动感清楚,有时在子宫壁上可以摸到如同蚕豆样大小的胎盘突。卵巢移至耻骨前缘之前。孕角子宫动脉根部已有轻微的妊娠脉搏。触诊不清子宫时,用手提起子宫颈,可明显感到子宫的重量增大。

妊娠120 d,子宫已全部深入腹腔,只能摸到子宫的后部及该处的子叶,手提子宫颈可明显感觉到重量,此时子宫大如排球。子宫动脉的震颤脉搏较上一个月明显。

妊娠180 d,直检可触到明显胎动。自此以后直至分娩,随着胎儿增大,子宫渐膨大。子宫动脉加粗,开始表现清晰的妊娠脉搏。寻找子宫动脉时,手伸入直肠内,掌心朝上紧贴椎体前移,在岬部附近可找到腹主动脉的最后一个分支,即为髂内动脉,在其前方由髂内动脉基部分出的一条动脉即为子宫动脉,子宫动脉沿子宫阔韧带下行至子宫角小弯处进入子宫。随着怀孕的推进,胎儿逐渐长大,可以摸及其头部、嘴、眼、眉弓、臀部、尾巴及四肢的一部分。

(4)超声波诊断法

超声波是指声音的振动频率大于20 000/s一种声波。超声波诊断是利用超声波的物理特性和动物体组织结构声学特点密切结合起来的一种物理学检查方法。检测超声波诊断技术具有安全可靠、操作简单、结果判断迅速、准确率高等优点。

超声波碰到正在运动的物体时,以略微改变的频率返到探头,此称多普勒效应,用以探测脏器的运动和和血流,如心脏和脉管的活动、胎心和脐带的搏动等。目前被广泛用于动物的妊娠诊断和监测胎儿死活。

B超是通过脉冲电流引起超声探头电晶体的振动而同时发射多束超声波,在一个断面上进行探测,并利用声波的反射,经探头转换为脉冲电流信号,在显示屏上形成明暗亮度不同的光点来显示被探查部位的一个切面断层图像。由于机体各种组织的声阻值不同,从而表现出声波反射的强度差异,当探测到无反射(液体)和强反射(致密组织)的部位时,则分别显示无回声波的黑色和强回声波的白色。因此,B型超声波又称实时断层超声波。B超应用更广泛。

超声波诊断法主要用于探查猪、羊、奶牛、黄牛、驴的胎动、胎儿心搏及子宫动脉的血流。此外,亦可根据超声波反射的波形进行诊断。由于机体内各种脏器组织的声阻抗不同,超声波先通过子宫壁进入子宫,而后经子宫壁出子宫,从而产生一定的波形。若已妊

娠,子宫内有胎儿存在时超声波则通过子宫壁(包括胎膜),胎水、胎儿,再经胎水、子宫壁(包括胎膜)出子宫,产生与未孕时不同的特有的波形,据此可作为妊娠诊断的依据。

国外应用超声波进行家畜早期妊娠诊断报道较早。近年来,超声波在我国也被广泛应用于家畜的诊断。

(5)其他诊断法

随着妊娠诊断技术的发展,除以上方法外,现已发现了多种母畜妊娠早期检查方法还有宫颈黏液检查法、孕酮水平测定法、免疫学诊断法、早孕因子测定法、血小板计数法、经穴皮温变化法、血清酸滴定法、碱性磷酸酶活力测定法、PMSG 放射免疫测定法等。此外,还有辅助诊断技术,如子宫颈黏液煮沸法、7% 碘酒测定法、3% 硫酸铜测定法。

总之,妊娠诊断或早期妊娠诊断方法不断增多,如放射免疫测定法(RIA)、酶联免疫吸附测定法(ELISA)、乳胶凝集试验(LAIT)等。可供测定的样品种类多,如乳样(全乳、脱脂乳和干乳)、血样、尿样、毛发、粪便等。测定的激素或因子种类也增多,如早孕因子(EPF)等。测定的灵敏度和精确度及各测定法间的相关性不断提高,如吸附测定法(ELISA)的灵敏度 10 ~ 20 Pg。测定程序更为简单、快速,如 20 世纪 80 年代的乳汁 P4 现场测定试剂盒,在几分钟即可获得诊断结果。

复习思考题

一、名词解释(每题 4 分,共计 20 分)

1.受精　2.精子获能　3.透明带反应　4.精子顶体反应　5.卵黄封闭作用

二、填空题(每空 1 分,共计 20 分)

1.大多数动物的受精发生在母畜输卵管_____部。

2.精子在母畜生殖道内的运行,_____为精子运行中的第一道栅栏,_____部成为精子向受精部位运行的第二道栅栏,精子因_____部括约肌的有力收缩被暂时阻挡,造成到达受精部位的第三道栅栏。

3.卵子在输卵管保持受精能力的时间多数都在_____d 之内,只有犬长达 4.5 d。

4.哺乳动物的精子在母畜生殖道中经一定时间,精子膜发生生理生化变化,获得与卵子受精能力的过程,称为_____。

5.当卵裂细胞数达到 16 ~ 32 个,由于透明带的限制,卵裂球在透明带内形成致密的一团,形似桑椹,故称_____胚。

6.胚胎的早期发育包括_____胚、_____胚、_____胚 3 个阶段。

7.牛、羊单胎动物时,常在子宫角下_____,双胎时则均分于两侧子宫。

8.胎盘的类型根据绒毛膜表面绒毛的分布一般分为 4 种类型,即_____、_____、_____、_____。

9.精子获能的部位主要是_____和_____。

10.目前妊娠诊断的方法,主要包括_____法、_____法、_____法和超声波检查法、X线检查法等。

三、多项选择题(每题2分,共计10分)

1.精子在母畜生殖道的运行主要通过( )3个主要的部分,最后到达受精部位。
A.宫颈　　　　　B.子宫　　　　　C.输卵管　　　　　D.阴道口
2.( )属于单胎动物。
A.牛　　　　　　B.水牛　　　　　C.山羊　　　　　D.马
3.正常精子顶体中含有( )。
A.透明质酸酶　　B.淀粉酶　　　　C.脂肪酶　　　　D.顶体素
4.胎盘对物质的转运功能包括( )。
A.简单扩散　　　B.加速扩散　　　C.主动运输　　　D.胞饮作用
5.精液的常规检查项目有( )。
A.活率　　　　　B.密度　　　　　C.畸形率　　　　D.射精量

四、单项选择题(每题2分,共计10分)

1.猪、牛的精子获能部位主要在( )。
A.输卵管　　　　B.子宫　　　　　C.阴道　　　　　D.都不是
2.卵子在输卵管保持受精能力的时间多数都在1 d之内,只有犬长达( )。
A.2 d　　　　　B.3 d　　　　　C.4.5 d　　　　　D.5 d
3.哺乳动物的精子必须先经( ),才能在接近卵子透明带时发生顶体反应。
A.获能　　　　　B.顶体获能　　　C.失能　　　　　D.自溶
4.( )对精子获能有促进作用,孕激素则为抑制作用。
A.雄激素　　　　B.雌激素　　　　C.都对　　　　　D.都不对
5.马排出卵后就无卵丘细胞,称"( )",也可正常受精与发育。
A.毛卵　　　　　B.滑卵　　　　　C.光卵　　　　　D.无丘卵

五、问答题(每题8分,共计40分)

1.简述精子的运行和合子的形成。
2.何为透明带反应和卵黄膜封闭作用? 它在家畜繁殖上有何作用?
3.胎膜有哪些? 各有什么作用?
4.胎盘具有哪些功能? 不同动物的胎盘都有哪些种类?
5.试述动物的妊娠诊断方法有哪些? 各适用哪些动物?

实训10　妊娠诊断技术

诊断母畜妊娠的方法有:外部检查法、阴道检查法、直肠检查法和实验室法等。其中以直肠检查法为最准确、可靠且简便易行。虽然外部检查法的准确性不太大,但均属于畜牧工作者必备的一般知识。所以,必须掌握这种方法。

1. 外部检查法

(1) 实训目的

掌握外部检查妊娠方法。

(2) 实训材料

①妊娠后期的母牛或妊娠 2 个半月以上的母羊、母猪。

②各种妊娠母畜外部触诊法挂图、保定器械、听诊器等。

(3) 外部检查的方法

外诊包括视诊、触诊和听诊 3 种方法。

①视诊。怀孕的家畜，可以看到腹围增大，膁部凹陷，乳房增大，出现胎动。但不到怀孕末期，通常难以得到确诊。

A. 牛。由于母牛左后腹腔为瘤胃所占据，因此，站在妊娠母牛后侧观察时，会发现右腹壁突出。

B. 羊。同牛，在妊娠后半期右壁表现下垂而突出。

C. 猪。妊娠后半期，腹部显著增大下垂（在胎儿很少时，则不明显），乳房皮肤发红，逐渐增大，乳头也增大。

②触诊。在怀孕后期，可以从外部触知胎儿。

A. 牛。早晨饲喂之前，用手掌在右膝襞之前方，膁部之下方，压触以诱发胎儿运动，也可用拳头在膁部往返抵动，以触知胎儿。但此方法不可过于猛烈，以免引起流产。能触知的时间一般须在怀孕 6 个月以后。如果从右侧触诊不到可在左侧试验。

B. 羊。检查者在羊体右侧并列而立，或两腿夹于羊之颈部，以左手从左侧围住腹部，而右手从右侧抱之，如此用两手在腰椎下方压缩腹壁，然后用力压左侧腹壁，即可将子宫转向右腹壁而右手则施以微弱压力进行触摸，胎儿是硬的，好像漂浮于腹腔中，营养较差被毛较少的母羊有时可以摸到子宫，甚至可以摸到胎盘。

C. 猪。触诊时，使母猪向左侧卧下，然后细心地触摸腹壁，在妊娠 3 个月时，在乳腺的上方与最后两乳头平行处触摸可发现胎儿，有坚硬的质地，但仅是瘦的母猪在后期才能摸到。一般情况下，母猪皮下脂肪厚，不易摸到。

2. 阴道检查法

(1) 实训目的

认识母畜妊娠后阴道内所发生的变化，从而帮助直肠检查法，作出准确的妊娠诊断。

(2) 实训材料及实习动物

①未孕母牛及怀孕母牛、妊娠 2 个半月以上及未孕母羊、母猪。

②保定架、绳索、鼻捻棒、尾绷带、开膣器、额灯或手电筒、热水、脸盆、肥皂、石蜡油、酒精棉球、细竹棒（长约 40 cm）、消毒棉花、玻片、滴管、95% 酒精、姬姆萨染色剂、蒸馏水、显微镜、红兰试纸和制成的膣垢抹片。

(3) 准备工作

①保定家畜。置家畜于保定架内保定，并将其尾缠绷带后扎于一侧，如无保定架也

可用三角绊控制。

②消毒。检查用具,如脸盆、镜子、开膣器等,先用清水洗净后,再用火焰消毒,或用消毒液浸泡消毒。但其后必须再用开水或蒸馏水,将消毒液冲净。

母畜阴唇及肛门附近先用温水洗净,最后用酒精棉花涂擦。如须将手伸入阴道进行检查时,消毒手的方法与手术前手的准备相同,但最后必须用温开水或蒸馏水将残留于手上的消毒液冲净。

(4)检查的方法及妊娠时阴道的变化

①检查阴道黏膜及子宫颈变化的方法。

A.给已消毒过的开膣器前端约5 cm处向后涂以滑润剂(石蜡油等),在检查之后用消毒纱布复盖,以免灰尘玷污。

B.检查者站于母畜左右侧,右手持开膣器,左手拇食二指将阴唇分开,将开膣合拢呈侧向,并使其前端略微向上缓缓送入,待完全进入后,轻轻转动开膣器,使其两片成扁平状态,最后压紧两柄使其完全张开,进行观察。

C.检查完毕,将开膣器恢复到送入时状态,然后再缓慢抽出,抽出时切忌将开膣器闭合,否则易于损伤阴道黏膜。

D.检查完毕将开膣器进行消毒。

②妊娠时阴道黏膜及子宫颈之变化。

A.妊娠时阴道黏膜变为苍白、干燥、无光泽(妊娠末期除外)至妊娠后半期,感觉阴道肥厚。

B.子宫颈的位置改变,向前移(根据时间不同而异),而且往往偏于一侧,子宫颈口紧闭,外有浓稠黏液,在妊娠后半期黏液量逐渐增加,非常黏稠(牛在妊娠末期则变为滑润)。

C.附着于开膣器上之黏液呈条纹状或块状,灰白色,以石蕊试纸检查呈酸性反应。

3. 直肠检查法

(1)实训目的

掌握大家畜牛怀孕在各月份生殖器官各部分的变化,从而确定其是否怀孕及怀孕时间的长短。

(2)实验材料

①家畜。怀孕1~3个月、4~5个月及6个月以上的母牛。

②器械及用品。保定架、缠尾绷带、指甲剪、肥皂、温水、毛巾。

③牛怀孕各月份的生殖器官标本和挂图。

(3)实验内容

①检查前的准备工作。同发情鉴定直肠检查前的准备工作。

②检查方法和步骤:

A.检查者站立于母畜后一侧,以涂有润滑剂的手抚摸肛门,然后手指合拢成锥状,缓缓地以旋转动作插入肛门逐渐伸入直肠。

B.直肠如有宿粪,应分次少量的掏完。

C. 将手指合拢成锥状,伸入直肠狭窄部前的小结肠内,将手尽可能地向前推进,以期在肠道比较活动的部分,能够使手臂自由地在各个方向探摸。

D. 寻找卵巢和子宫。

E. 注意触摸以下项目:子宫角的大小,形状、对称程度,质地、位置;子宫体,子宫角可否摸到胎盘,胎盘的大小;有无漂浮的胎儿及胎儿活动状况;子宫内液体的性状;子宫动脉的粗细及妊娠脉搏的有无。

③怀孕时间长短的判断:

方法:根据怀孕各时期生殖器官各部分的变化情况。

牛怀孕各月分卵巢、子宫及胎儿的变化。

4. 实训作业

(1)列表比较妊娠诊断各种外部检查法的适用时间、检查部位、检查方法及准确性。

(2)妊娠时阴道发生变化的原因是什么?

(3)将检查结果写成实训实习报告,并诊断是否怀孕或怀孕时间的长短。

(4)由老师详细讲解和同学们熟悉操作后,再在畜牧场、农村或配种站实习本次实验。

实训 11　犬的配种与妊娠诊断

1. 目的要求

通过训练,掌握犬的配种技术和妊娠鉴定方法。

2. 材料用品

(1)实验动物

发情母犬和妊娠母犬若干只。

(2)器械

保定栏、开膛器、口笼、输精器械、听诊器、多普勒妊娠诊断仪、手电筒、脸盆、毛巾、75%酒精棉球、肥皂、消毒液等。

3. 方法步骤

(1)确定配种适期

①滴血确定法。在发情期间,母犬阴户往往滴血。从第一次见到发情母犬阴户滴血算起,初产母犬一般在其后的第 11～13 d 首次配种较为合适。经产母犬在其后的第 9～11 d 首次配种较为合适。母犬的年龄每增加两岁或者胎数每增加 4 窝,其首次配种的时间就应该提前 1 d。总之,绝大多数母犬的最佳配种期是在母犬阴户滴血后 9～13 d。但也有极少数经产母犬在多次产仔后,发情 5～6 d 阴户即停止滴血,在随后的 1～2 d 内配

种也可受孕。

②外阴确定法。在母犬发情期间,如果没能掌握母犬阴门滴血的确切日期,可根据母犬阴道分泌物颜色的变化和外阴肿胀程度来确定最佳配种期。母犬最初的阴道分泌物为红色,当颜色由红色转为稻草黄色后 $2 \sim 3$ d 配种效果最佳。当发情母犬的阴户水肿明显减轻并开始变软时配种也较为合适。也可用手打开母犬的阴户观察,当阴道内黏膜由深红色变为浅红色或桃红色时配种较为合适。

③公犬试情法。在生产过程中,有少数母犬在发情期不出现阴户滴血现象,也有的老龄母犬发情时阴户肿胀不明显、阴户分泌物少。此时宜采用公犬试情法来确定其最佳配种期,以防漏配。一般母犬不再愿意接受公犬爬跨后的 $2 \sim 3$ d 为最佳配种期。为提高母犬的产仔率,防止母犬空怀,应采用复配方法,即每隔 24 h 配种 1 次,连配 $2 \sim 3$ 次,以确保母犬受孕,提高养犬的经济效益。

（2）配种方法

①自然交配。观察犬的自然交配过程。对公犬来说,自然交配包括勃起、交配、射精、锁结、交配结束等过程。

②人工辅助交配。母犬虽然已到交配期,但由于公犬缺乏"性经验",或公、母犬体型大小悬殊等原因而不能完成交配时,有关人员可辅助公犬将阴茎插入母犬阴道,或抓紧母犬脖圈,协助固定,托住腹部使其保持站立姿势,迫使母犬接受交配。

③人工授精。将符合标准的精液,适时而准确地用输精器械输入到发情母犬的子宫内,整个过程应做到慢插、适深、轻注、缓出。每次输入精液的标准为:精子活力不低于 0.35,输精量 0.25ml,含有效精子数不低于 2×10^7 个。

（3）妊娠诊断

①外部观察法。

A. 行为的变化。妊娠初期无行为变化。妊娠中期母犬行为迟缓而谨慎,有时震颤,喜欢温暖场所。妊娠后期,母犬易疲劳,频繁排尿,接近分娩时有做窝行为。

B. 体重的变化。妊娠母犬体重的增加与食欲的变化相平衡。排卵后到第 30 d 时的体重与排卵时体重略有增加,但幅度不大,在此之后到妊娠第 55 d 母犬的体重迅速增加,妊娠 55 d 到分娩体重增加不明显。胎儿数越多,体重增加得越快。

C. 乳腺的变化。妊娠初期乳腺变化不明显,妊娠 1 个月以后乳腺开始发育,腺体增大,临近分娩时,有些母犬的乳头可以挤出乳汁。

D. 外生殖器的变化。母犬发情结束后,其外阴仍然肿胀,非妊娠犬经过 3 周左右逐渐消退,妊娠犬在整个妊娠期外阴部持续肿胀。妊娠犬肿胀的外阴部常呈粉红色的湿润状态。分娩前 $2 \sim 3$ d,肿胀更加明显,外阴部变得松弛而柔软。阴道分泌多量的、黄色黏稠的且不透明的黏液。以后不管妊娠与否,仍然间断性地分泌,但妊娠母犬分泌的黏液变为白色稍黏稠而不透明的水样液,这种黏液并非都是分泌的。临近分娩时,子宫颈扩张,分泌 $1 \sim 3$ ml 非常黏稠的黄色不透明黏液。

外部观察法可以早期诊断妊娠,但是其准确率低,更无法辨认妊娠与假妊娠。

②触诊法。是指隔着母体腹壁触诊胎儿及胎动的方法。凡触及胎儿均可诊断为妊娠,但触不到胎儿时不能否定妊娠。此法可用于妊娠前期。

③多普勒超声法。通过子宫动脉音、胎儿心音和胎盘血流音来判断是否妊娠的方

法。在交配第 23 d 后,让母犬自然站立,腹部最好剪毛,把探头触到稍偏离左右乳房的两侧,子宫动脉音在未妊娠时为单一的搏动音,妊娠时为连续性的搏动音。胎儿心音比母犬心音快得多,似蒸汽机的声音。

4. 注意事项

(1)尽量选择发情明显的母犬做实训动物,必要时采用诱导发情的方法使母犬发情。

(2)要求按操作规程进行操作,检查过程中要确保人犬安全。

(3)辅助交配或者输精前对咬人公犬或者咬人母犬应戴上口笼。防止母犬坐倒,避免挫伤公犬阴茎或损伤母犬阴道。

(4)在妊娠诊断中,动作要轻,严防流产。整个操作过程要做到严格消毒,以防手术后感染。

5. 实训作业

(1)如何根据犬的特征表现来确定最佳配种时机?

(2)如何对犬进行妊娠诊断?

第7章
分娩与助产

本章导读：本章主要讲述了雌性动物分娩发动的调节机理、产力的来源、胎儿同产道的关系、分娩预兆、分娩过程、助产方法、难产的预防处理、胎衣不下的原因及处理、产后的母子护理等。通过学习，了解动物的分娩特点，熟悉正常分娩的助产和难产救助方法，掌握产后母畜及仔畜的护理方法。利用所学知识以确保母畜顺利分娩和完成难产的救助工作。

7.1　分　娩

7.1.1　分娩机理

分娩是指孕期满，胎儿发育成熟，母体将胎儿及其附属物从子宫内排出体外的生理过程。分娩启动是指雌性动物妊娠末期开始终止妊娠的生理过程。关于分娩启动的原因，众说纷纭。分娩的发生不是由某一特殊因素所致，而是由机械性扩张、激素、神经等多种因素互相联系、彼此协调而引起的。

1）母体因素

（1）**物理因素**

当胎儿迅速生长时，随同胎儿的增大和子宫内容物的增加，可使子宫肌兴奋性与紧张性提高。子宫的高度扩张，一方面导致子宫肌对雌激素及催产素的敏感性增强；另一方面，由于妊娠末期，胎液渐趋减少，容积缩小，胎儿本身则在急剧增大。胎儿和胎盘之间的缓冲作用减弱，以致对胎盘和子宫产生机械性刺激，或增加对子宫壁的压力。子宫壁被迫扩张后，胎盘血液循环受阻，胎儿所需氧气及营养得不到满足，产生窒息性刺激，引起胎儿强烈反射性活动，而导致分娩。一般双胎比单胎怀孕期短，胎儿发育不良，妊娠期延长。

（2）**分娩前后内分泌激素的变化**

①孕酮。胎盘及黄体产生的孕酮，对维持怀孕起着极其重要的作用。孕酮通过降低子宫对催产素，乙酰胆碱等催产物质的敏感性，抗衡雌激素，来抑制子宫收缩。这种抑制作用一旦被消除，就成为启动分娩的重要诱因。

②雌激素。怀孕期间，雌激素刺激子宫肌的生长及肌动球蛋白的合成，为提高子宫

肌的收缩能力创造了条件。怀孕末期,胎盘产生的雌激素逐渐增强,使子宫、阴道、外阴及骨盆韧带(包括荐骨韧带、荐髂韧带等)变得松弛。分娩时,雌激素能增强子宫肌的自发性收缩,因为它克服了孕酮的抑制作用,使子宫肌对催产素的敏感性增强,刺激前列腺素的合成及释放。

③前列腺素。对分娩发动起主要作用的是 $PGF_{2\alpha}$,它通过子宫动脉—卵巢静脉的逆流传递系统,到达卵巢,溶解黄体。

④催产素。催产素能使子宫发生强烈阵缩。在分娩的开始阶段,血液中催产素的含量变化很小,在胎儿排出时达到高峰,随后又降低。此外,胎儿及胎囊对产道的压迫和刺激,也可反射性地引起催产素的释放。

⑤松弛素。猪、牛和绵羊的松弛素主要来自黄体,兔主要来自胎盘。它可使经雌激素致敏的骨盆韧带松弛、骨盆开张、子宫颈松软、弹性增加。

(3)神经系统

神经系统对分娩并不是完全必需的,但对于分娩过程具有调节作用,如胎儿的前置部分对子宫颈及阴道产生刺激,通过神经传导使垂体后叶释放催产素。此外,很多家畜的分娩多半发生在夜间,这时外界的光线及干扰减少,中枢神经系统的紧张性降低,易于接受来自子宫及软产道的冲动信号。这说明,外界因素可以通过神经系统对分娩发生作用。

2)胎儿因素

现已证实,胎儿的下丘—垂体—肾上腺轴对于发动分娩起着决定性的作用,特别是牛羊。

当切除胎羔的下丘脑、垂体或肾上腺,可以阻止母羊分娩,怀孕期延长。当胎儿发育成熟时,它的脑垂体分泌大量促肾上腺皮质激素,使胎儿肾上腺皮质激素的分泌增多,后者又引起胎儿胎盘分泌大量的雌激素,同时也刺激子宫内膜分泌大量的 $PGF_{2\alpha}$。$PGF_{2\alpha}$ 溶解妊娠黄体,抑制胎盘产生孕酮,使子宫的稳定性降低,而雌激素增强了子宫肌对催产素刺激的敏感性。最终高浓度雌激素、$PGF_{2\alpha}$、催产素、低浓度的孕激素,以及卵巢分泌的松弛素增加,使子宫颈软化,导致子宫肌节律性收缩加强,发动分娩。

3)免疫学机理

从免疫学的观点来看,胎儿可对母体产生免疫反应。在胎儿发育成熟时,胎盘发生老化、变性,导致胎儿就像异物一样被排出体外,即发生排异反应。

7.1.2 分娩预兆

母畜分娩前,在生理、形态和行为上都将发生一系列变化,称为分娩预兆。对这些变化的全面观察,可以预测分娩时间,作好助产准备,确保母子平安。

1)一般预兆

(1)乳房

分娩前,乳房迅速发育,腺体充实,有些个体发生乳房底部水肿,并可挤出少量清亮胶状液体或乳汁,乳头增大变粗。以此预测分娩时间比较可靠。

（2）**外阴部**

临近分娩前数天到1周,阴唇柔软、肿胀、增大,黏膜潮红,从阴道流出的黏液由浓稠变得稀薄,子宫颈松弛。

（3）**骨盆**

由于骨盆血管内血量增多,静脉淤血,促使毛细血管壁扩张,血液的液体部分渗出管壁,浸润周围组织。骨盆韧带从分娩前1~2周开始软化,骨盆及荐髂韧带松弛,荐骨活动性增大,尾根及臀部肌肉塌陷。

（4）**行为**

行为变化在分娩前都有较明显的精神状态变化,均出现食欲不振、精神抑郁、徘徊不安和离群寻找安静地点(散养情况下)等现象。猪在临产前6~12 h,出现衔草做窝的现象。家兔有扯咬胸部被毛和衔草做窝的现象。羊前肢刨地,食欲下降,行为谨慎,僻静离群。

（5）**体温**

家畜一般从产前1~2个月体温开始逐渐上升,在分娩过程中和产后又逐渐恢复到产前的正常体温。

所有动物在分娩前都出现各种预兆,但在实践中不可单独依据其中某一个分娩预兆来判断分娩时间,要全面观察,综合分析才能作出正确判断。

2）各种家畜分娩预兆的特点

（1）**猪**

腹部大而下垂,卧时可见胎动。产前3~5 d,阴唇肿胀松弛,尾根两侧塌陷,产前3 d中部两对乳头可挤出少量清亮液体,产前1 h可挤出初乳。

（2）**牛**

初产牛妊娠4个月后乳房开始增大,后期乳房胀大明显,经产牛分娩前数天乳头呈现蜡状光泽,可挤出清亮胶状液体,并且在分娩前2 d充满初乳。产前2个月到产前7~8 d,体温上升达39 ℃,产前12 h左右,体温下降0.4~1.2 ℃。

（3）**羊**

临近分娩,骨盆韧带和子宫颈松弛,子宫的敏感性和胎儿的活动性增强。分娩前12 h子宫内压升高,压力波随之加强。子宫颈在分娩前1 h迅速扩张。分娩前数小时,精神不安,用蹄刨地,频频转动或起卧,喜欢接近其他羔羊。

（4）**兔**

产前数天乳房肿胀,可挤出乳汁,肷窝凹陷。外阴部肿胀,充血,黏膜潮红湿润。食欲减退,甚至绝食。产前数小时,开始衔草做窝。

（5）**犬**

分娩前两周乳房开始膨大,分娩前几天乳房分泌乳汁,阴道流出黏液。临产前,母犬不安、喘息并寻找僻静处筑窝分娩。母犬临产前3天左右体温开始降低,母犬的正常体温是38~39 ℃,分娩前下降为36.5~37.5 ℃,当体温回升时即要分娩,这是分娩的重要预测指标。分娩前24~36 h,母犬食欲逐渐减退,甚至停食,行动异常,常以脚趾扒地,回

头望腹,初产母犬的反应更加明显。分娩前,母犬翳 坐骨结节处下陷,外生殖器肿胀,分娩前3~10 h,子宫颈口开张,在此期间母犬坐卧不安,常打哈欠并张口发出怪声、呻吟或尖叫,抓垫草,呼吸加快,同时排尿次数增多,这时出现阵痛。

(6)猫

母猫交配后40 d,可以观察到孕猫腹部逐渐膨大、下垂,平常不易看到的两排乳头也逐渐明显了,甚至到临产前还会自动流出奶汁。临产前的孕猫进入产箱或产窝不愿出来。临产当天一般不吃食,所以如无疾病等原因的干扰,到预产日期时突然停食,应该是孕猫分娩的重要预兆。产前12~24 h,孕猫的体温也明显下降1 ℃左右。

7.1.3 分娩过程

1)决定分娩过程的因素

分娩时,排出胎儿的动力是依靠子宫肌和腹肌的强烈收缩。分娩正常与否,主要取决于产力、产道及胎儿3个方面。

(1)产力

产力是指将胎儿从子宫中排出的力量。它是由子宫肌及腹肌的有节律地收缩共同构成的。阵缩是指子宫肌有节律地收缩,尤以子宫环形肌收缩最为有力,这是分娩过程中的主要动力。它的收缩是由子宫底部开始向子宫颈方向进行,收缩具有一阵阵的间歇性特点,这是由于乙酰胆碱及催产素的作用时强时弱。这对胎儿的安全非常有利,如果收缩没有间歇性,胎盘上的血管就会受到持续性的压迫,血流中断,胎儿缺氧而窒息死亡。腹壁肌和膈肌的收缩,称为努责,是随意性收缩,而且是伴随阵缩进行的,是作为娩出胎儿的辅助动力,当母畜横卧分娩时更为明显。努责能使腹腔内压增高,从而加强对子宫的压迫。这两种娩出力的收缩强度和频率,决定分娩过程的快慢。在分娩时,最初阵缩不是很强,而且不规律,维持时间也较短,继后逐渐变为有规律,且持久力加强。每次阵缩均是由弱到强,持续与间歇交替进行,强弱也相互交替。

(2)产道

①产道的构成。

产道是分娩时胎儿由子宫内排出所经过的道路,其大小、形状和松弛度影响分娩过程。产道分为软产道和硬产道。

软产道。包括子宫颈、阴道、前庭和阴门。在分娩时,子宫颈逐渐松弛,直至完全开张。

硬产道。指骨盆,主要由荐骨与前3个尾椎、髂骨及荐坐韧带构成。骨盆分为以下4个部分:

入口。是骨盆的腹腔面,斜向前下方。它是由上方的荐骨基部、两侧的髂骨及下方的耻骨前缘所围成。骨盆入口至出口的形状大小和倾斜度对分娩时胎儿通过难易有很大关系,入口较大而倾斜,形成圆而宽阔,胎儿则容易通过。

骨盆腔。是骨盆入口至出口之间的腔体。骨盆腔的大小决定于骨盆腔的垂直径和横径。骨盆顶由荐骨和前3个尾椎构成,侧壁由髂骨、坐骨的髋臼支和韧带构成,底部由耻骨和坐骨构成。

出口。是由上方的第一、第二和第三尾椎,两侧荐坐韧带后缘以及下方的坐骨弓围成。

骨盆轴。是通过骨盆中心的一条假想线,是指通过入口荐耻径、骨盆垂直径和出口上下径3条线中点曲线,线上任何一点距骨盆壁内面各对称点的距离都相等,它代表胎儿通过骨盆时所走的路线,骨盆轴越短越直,胎儿通过越容易。

②各种母畜的骨盆特点(如图7.1和表7.1所示)。

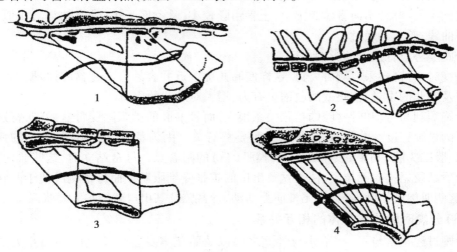

图7.1 各种雌性动物的骨盆轴

1.牛 2.马 3.猪 4.羊

(引自张周主编.动物繁殖[M].北京:中国农业出版社,2001.)

表7.1 各种母畜骨盆特点

畜 别	牛	水 牛	马	猪	羊
入口	竖长椭圆	椭圆形	圆形	近乎圆形	椭圆形
出口	较小	较大	大	很大	大
倾斜度	较小	较大	大	很大	很大
骨盆轴	曲线形	浅曲线	浅弧形	较直	弧形
分娩难易程度	较难	较易	易	很易	易

(引自张周主编.动物繁殖[M].北京:中国农业出版社,2001.)

不同种动物骨盆特点由于家畜种类不同,骨盆构造存在一定差异,了解这些不同点,将有助于接产工作。

牛。黄牛、奶牛骨盆入口呈竖椭圆形,倾斜度小,骨盆底下凹,荐骨突出于盆腔内,骨盆侧壁的坐骨上棘高而且斜向骨盆腔。因此,横径小、荐坐韧带宽、坐骨粗隆很大,妨碍胎儿通过。牛的骨盆轴是先向上水平,然后又向上,形成一条曲折的弧线。因此,母牛分娩时胎儿通过较难,比其他家畜所需时间长。

水牛。骨盆入口横径比荐耻径要小,呈椭圆形,倾斜度比黄牛大,坐骨上棘较低,骨

盆腔横切径及荐坐韧带比较宽,而且骨盆底部较平坦。坐骨结节较大,所以骨盆出口比黄牛大。骨盆轴也比黄牛直。因此,水牛分娩时,胎儿的排出比较容易。

马和驴。入口圆而斜,底平坦,轴短而直。坐骨上棘小,荐骨韧带宽阔,骨盆横径大,出口坐骨粗隆较低,胎儿易通过。另外,胎儿的头及躯干相对较直,分娩时也促进胎儿很快排出。

猪。坐骨粗隆发达,且后部较宽,入口大,髂骨斜,骨盆轴向后下与牛相似,但入口倾斜角度比牛大,荐骨不向骨盆腔突出,坐骨粗隆较小,骨盆底平坦,骨盆轴与马相似,呈直线或缓曲线,胎儿易通过。

分娩姿势对骨盆腔的影响:

分娩时,母畜多采取侧卧姿势,这样使胎儿更接近并容易进入骨盆腔;腹壁不负担内脏器官及胎儿的重量,使腹壁的收缩更有力,增大对胎儿的压力。

分娩顺利与否,和骨盆腔的扩张关系很大,而骨盆腔的扩张除受骨盆韧带,特别是荐坐韧带的松弛程度影响外,还与母畜立卧姿势有关。因为荐骨、尾椎及骨盆部的韧带是臀中肌、股二头肌(马牛)及半腱肌、半膜肌(马)的附着点。母畜站立时,这些肌肉紧张,将荐骨后部及尾椎向下拉紧,使骨盆及出口的扩张受到限制。而母畜侧卧便于两腿向后挺直,这些肌肉则松弛,荐骨和尾椎向上活动,骨盆腔及其出口就能扩大开张。

(3)分娩时胎儿与母体的相互关系

分娩过程正常与否,和胎儿与骨盆之间以及胎儿本身各部位之间的相互关系密切相关。

①胎向、胎位和胎势。

A. 胎向。是指胎儿在母体子宫内的方向,即胎儿纵轴与母体纵轴之间的关系。通常分为以下3种情况:

a. 纵向。是指胎儿纵轴与母体纵轴互相平行的分娩方式。纵向分娩有以下两种可能:正生,胎儿方向与母体方向相反,头和前肢先进入骨盆腔;倒生,胎儿方向与母体方向相同,胎儿的后肢和臀部先进入骨盆腔。

b. 横向。是指胎儿横卧在母体子宫内,胎儿的纵轴与母体的纵轴呈水平交叉的分娩方式。横向分娩有如下两种情况:背横向又称为背部前置横向,是指分娩时,胎儿背部向着产道出口;腹横向又称为腹部前置横向,是指分娩时,胎儿腹部向着产道出口。

c. 竖向。是指胎儿的纵轴与母体的纵轴呈上下垂直状态的分娩方式。有如下两种情况:背竖向分娩时,胎儿的背部向着产道出口;腹竖向分娩时,胎儿的腹部向着产道出口。

纵向是正常胎向,横向和竖向都属反常胎向,易发生难产。生产实践中,严格的横向和竖向一般很少发生。

B. 胎位。指胎儿的背部与母体背部的关系,有以下3种:

a. 下位。胎儿仰卧在子宫内,背部朝下,远离母体的背部及荐部(如图7.2所示)。

b. 上位。胎儿俯卧在子宫内,背部朝上,靠近母体的背部及荐部。

c. 侧位。胎儿侧卧在子宫内,背部位于一侧(如图7.3所示),靠近母体左侧或右侧腹壁及髂骨。上位是正常的,下位和侧位是反常的。侧位如果倾斜不大,称为轻度侧位,仍可视为正常。

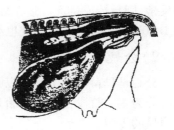

图7.2　马胎儿下位　　　　　　　　　　　图7.3　牛胎儿侧位

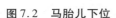

（引自中国农业大学主编.家畜繁殖学［M］.北京:中国农业出版社,2000.）

C.胎势。指胎儿在母体子宫内的姿势,即各部分伸直的或屈曲的程度。通常,胎儿在子宫内体躯微弯,四肢屈曲,头部向着腹部俯缩。例如,在分娩前牛的胎向是纵向,近似侧位全身弯曲呈长椭圆形。山羊、绵羊和牛相似,怀双胎时两子宫角各一胎儿。

D.前置(先露)。指胎儿最先进入产道的部分,如正生时前躯前置,倒生时后躯前置。常用"前置"说明了胎儿的反常情况,如前腿的腕部是屈曲的,腕部向着产道,叫腕部前置。

②分娩时胎位和胎势的改变。母畜分娩时胎向不发生变化,但胎位和胎势则必须发生改变后才能产出。由于子宫收缩或因胎儿窒息所引起的反射性挣扎,可使胎儿由下位或侧位转变为上位,胎势也由弯曲转变为伸展(如图7.4所示)。一般家畜分娩时,胎儿多是纵向,头部前置,马属动物占98%～99%,牛约95%,羊70%,猪54%。牛羊双胎时,可能为一个正生,一个倒生,猪常常是正倒交替产出,倒生率为46%左右。

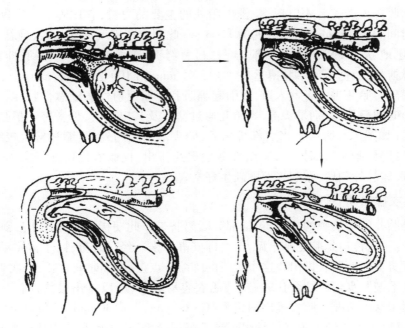

图7.4　正常分娩过程胎位变化示意图

（引自张周主编.动物繁殖［M］.北京:中国农业出版社,2001.）

正常姿势在正生时两前肢、头颈伸直,头颈放在两前肢上面;倒生时,两后肢伸直。这两种楔状进入产道的姿势,容易通过骨盆腔,不会发生难产。如果胎儿过大,并伴有胎

势反常,则易造成难产。猪在分娩时胎儿通过骨盆不存在困难,因仔猪的体重仅为母猪的 1/80 左右,胎儿的最宽处也小于母体骨盆腔,所以不易发生难产。

2)分娩过程

分娩是母畜借助子宫和腹肌的收缩,把胎儿及其附属膜(胎衣)排出体外的过程。分娩可分为 3 个阶段:开口期、胎儿产出期、胎衣排出期。实际上开口期和胎儿排出期并没有明显的界限。

(1)开口期

开口期是指从子宫开始阵缩起,到子宫颈口完全开张,与阴道之间的界限完全消失为止。这一期的特点是:母畜只有阵缩而不出现努责。初产孕畜表现起卧不安,举尾徘徊,食欲减退。经产孕畜一般表现安静。

由于子宫颈的扩张和子宫肌的收缩,迫使胎水和胎膜推向松弛的子宫颈,促使子宫颈开张。开始子宫肌收缩每 15 min 一次,每次持续 15 ~ 30 s。但随着时间的进展,收缩频率、强度和持续时间增加,一直到最后以每隔几分钟收缩一次。

子宫颈口开张,一是松弛素和雌激素的作用使子宫颈变软;二是由于子宫颈是子宫肌的附着点,子宫肌收缩及子宫内压升高迫使子宫颈开张。分娩时,子宫内压力的升高也是促使子宫颈开张的原因之一。

(2)胎儿产出期

胎儿产出期指从子宫颈完全开张到排出胎儿为止,由阵缩和努责共同作用完成。努责一般在胎膜进入产道后才出现,是排出胎儿的主要的力量,它比阵缩出现晚,停止早。每次阵缩时间为 2 ~ 5 min,而间歇期为 1 ~ 3 s。此期产畜极度不安,痛苦难忍,起先时常起卧、前肢刨地、后肢踢腹、回顾腹部、唉气、弓背努责;继而产畜侧卧、四肢伸直、强烈努责。呼吸脉搏加快,据报道牛脉搏达 80 ~ 130 次/min、猪 100 ~ 160 次/min。

当羊膜随着胎儿进入骨盆入口,便引起膈肌和腹肌反射性和随意性收缩。胎儿最宽部分的排出时间最长,特别是头部,当胎儿通过盆腔及其出口时,母畜努责最强烈。如为正生胎向时(如图 7.5 所示),当肩部排出后,胎头落出阴门外,阵缩和努责较缓和,母畜稍微休息,继而将胎儿胸部排出,其余部分便迅速排出,仅胎衣仍留在子宫内。此时,母体不再努责,休息片刻后,站起来照顾新生仔畜。

(3)胎衣排出期

胎衣是胎儿的附属膜的总称,包括部分断离脐带。此期指从胎儿排出后到胎衣完全排出时为止。其特点:是胎儿排出后,产畜即安静下来。经过几分钟,子宫主动收缩有时还配合轻度努责而使胎衣排出。这个阶段的阵缩特点是:间隔时间较长,每次 1 ~ 2 min。

上皮绒毛型胎盘组织结合比较疏松,胎衣容易脱落,所以排出最快,猪、马和驴的胎衣排出就属于这种情况。胎衣排出期猪为 10 ~ 60 min,平均 30 min;马和驴为 5 ~ 90 min;牛、羊的胎盘属于上皮绒毛膜与结缔组织绒毛膜混合型,母子胎盘结合比较紧密,所以需要时间较长,胎衣排出期:2 ~ 8 h,长者可达 12 h;水牛平均为 4 ~ 5 h;绵羊为 0.5 ~ 4 h;山羊为 0.5 ~ 2 h。

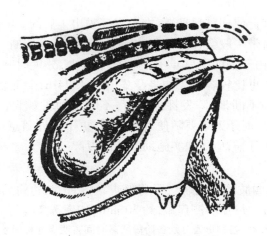

图 7.5　牛的正常分娩示意图

(引自张周主编. 动物繁殖[M]. 北京:中国农业出版社,2001.)

3)各种家畜分娩的特点

(1)牛、羊

开始努责即行卧下,但也有些牛时起时卧,到胎儿前置部分进入骨盆的坐骨上棘间狭窄位置才卧下。此时多数由羊膜绒毛膜形成囊状突出于阴门外,该膜为淡白或淡黄色、半透明,上有少数细而直的管,囊内有胎儿和羊水。此囊破裂后排出胎儿和羊水,羊水浓稠,颜色淡白色或微黄色。在胎衣排出期,尿膜绒毛膜囊破裂,流出黄褐色尿水。牛羊胎儿排出时,身上不会有完整的羊膜包裹,故无胎膜窒息之忧。

(2)猪

分娩时均侧卧。子宫除纵向收缩外,还分节收缩。先由距子宫颈最近的胎儿开始,子宫的其余部分不收缩,然后一般两子宫角轮流收缩,逐步到达子宫颈尖端,依次将胎儿全部排出。猪的胎膜不露在阴门外,胎水极少,当努责 1 ~ 4 次即可产出一仔,间隔时间 5 ~ 20 min,仔猪产出期一般为 2 ~ 6 h。产后 10 ~ 60 min 排出两堆胎衣,每堆胎衣彼此套叠,不易分开。

猪属弥散性胎盘,胎儿胎盘和母体胎盘的联系不紧密,子宫的强烈收缩容易使其分开。因此,胎儿的产出很快,否则胎儿易缺氧而窒息死亡。

(3)犬

母犬分娩常是侧卧姿势,这时子宫肌收缩加强,子宫口开张,伴随着阵痛,其特点是强烈而间隔时间短,当阵痛缩短,呼吸急促且渐加强,然后伸长后肢时,第 1 只胎儿随之产出,胎儿产出的间隔时间一般为 10 ~ 30 min,个别达数小时。胎儿出生时常被包在胎膜内,这时母犬会迅速用牙齿将胎膜撕破,有时在胎膜刚露出产道时,母犬就用牙齿将其拉出来,使胎膜和胎儿一起脱出。之后母犬再将脐带咬断,吃掉胎膜,舔干仔犬身上的黏液,15 min 后,又出现阵痛,相继产出第 2 只仔犬,若生 5 ~ 6 只仔犬需 3 ~ 4 h。

(4)猫

猫的分娩一般持续 1 ~ 3 h。分娩时孕猫常改变体位,每产出 1 只仔猫时,它就会马上舔舐其全身,以除去胎衣,同时有刺激仔猫呼吸的作用(如难产时剖腹取出胎儿,也应

该注意模拟这一刺激来促使仔猫呼吸）。在整窝仔猫出生后的 2 h 左右,产后母猫第一次吃食和哺乳。仔猫的脐带一般会在分娩时自动扯断,即使未扯断,产后也会被母猫及时咬断,所以不必去管。由于猫的子宫阜上血管分布较少,分娩时一般出血很少。在剖腹产时选择子宫壁的切口也比较容易。如果孕猫已破水 24 h,胎儿仍不能正常娩出时,即为难产。这时可见孕猫不断地、阵发性地努责,不时地回头观腹,并不断地来回变动体位,常伴发有呻吟声。这时千万不要随便乱动母猫,更不允许随意挤压孕猫腹部,或将手伸进母猫产道中去乱掏仔猫,应尽快实施助产或剖腹产。

（5）兔

临产前精神不安、四肢刨地、顿足、弓背努责,一边产一边将脐带咬断,吃掉胎衣,舔干兔身上的血迹和黏液。母兔的产程短,约 30 min（如表 7.2）。

表 7.2　各种母畜分娩各阶段所需时间有明显的种间差异

畜　别	开口期	胎儿产出期	胎衣产出期
牛	6 h(1~12)	0.5~4 h	2~8 h
水牛	4 h(0.5~2)	20 min	3~5 h
马	12 h(1~24)	10~30 min	20~60 min
猪	3~4 h(2~6)	2~6 h	10~60 min
羊	4~5 h(3~7)	0.5~2 h	2~4 h
犬	1 h(0.5~2)		50~60 min
兔	20~30 min		

（引自张周主编.动物繁殖[M].北京:中国农业出版社,2001.）

7.2　助产与难产处理

7.2.1　母畜产前的准备工作

1）产房准备

提前对产房进行卫生消毒,注意防寒、避暑,产房地面铺垫柔软干草,保持产房区域安静。

2）母畜转入产房

根据配种卡片和分娩征兆,分娩前一周将待产母畜转入产房。

3）母畜处理

母畜消毒外阴部,尾巴拉向一侧缠尾,以便分娩和助产。

4）药品及用具的准备

准备必要的药品及用具:肥皂、毛巾、刷子、绷带、消□□□□□杰尔灭、来苏儿、酒精和碘酒）、产科绳、镊子、剪子、脸盆、诊疗器械及手术□□□

5）接产人员的安全卫生防护

接产人员在助产时要注意自身做好消毒和防御，防止人身伤害和人畜共患病的感染。

6）安排好值班人员

母畜多在夜间分娩，应做好夜间值班安排工作。

7.2.2　正常分娩的助产

原则上，对母畜的正常分娩无须人为干预。助产人员的主要任务在于监视分娩情况和护理仔畜，发现问题后给予必要的护理。

当临近分娩时，清洗母畜的外阴部及其周围，并用消毒药水擦洗，缠尾。在产出期开始时，助产人员穿戴好卫生紧身的工作服，做好必要的检查工作。

为了防止难产，当胎儿前置部分进入产道时，可将手臂消毒后伸入产道，进行检查，确定胎儿的方向、位置及姿势是否正常。此外，还可检查母畜骨盆有无变形，阴门、阴道及子宫颈的松软程度，以判断有无产道反常而发生难产的可能。

阵缩和努责是仔畜顺利分娩的必要条件，应注意观察。胎头通过阴门困难时，尤其当母畜反复努责时，可沿骨盆轴方向帮助慢慢拉出，但要防止会阴撕裂。

当看到胎儿三件（唇和两蹄）露出阴门外时，如果上面盖有羊膜，帮助撕破，并把胎儿鼻腔内的黏液擦净，以利呼吸。但不要过早撕破，以免胎水过早流失。马属动物有时会因绒毛膜较厚，完整地包裹着胎儿排出。此时，立即撕破胎膜，拉出胎儿。

猪在分娩时，有时两个胎儿的产出时间拖长。这时如无强烈努责，虽产出较慢，但对胎儿的生命没有影响；如曾强烈努责，但下一胎儿并不立即产出，则有可能窒息死亡。这时可把胎儿掏出来；也可注射催产药物，促使胎儿及早排出。

胎儿产出后，擦净鼻孔内的羊水，并观察呼吸是否正常，然后处理脐带。如果脐带是自行挣断需用5%～10%碘酊液消毒，以防感染。

新生仔畜断脐后及时擦干身体，天冷时尤须注意。牛羊可由母畜自然舔干，对头胎羊须注意，不要擦羔羊的头颈和背部，否则母羊可能不认羔羊。而且让母畜舔去部分羊水，有利于胎衣的排出。随后辅助仔畜站立，帮助吃初乳。

胎儿产出数小时，注意胎衣的排出，排出的胎衣要检查是否完整和正常，以便确定是否有部分胎衣不下和子宫内是否有病理变化。同时，防止母畜吞食胎衣，以防消化不良。如果猪常吞食生胎衣，易产生吞食仔猪的恶癖。

7.2.3　难产处理

1）难产的分类及检查

（1）分类

根据引起难产的原因不同，可将难产分为3类：由母体引起的产力性难产、产道性难产、胎儿性难产。

①产力性难产。阵缩及努责微弱；阵缩、破水过早及子宫疝气。阵缩及努责微弱是

产畜分娩时子宫及腹壁收缩的次数少、时间短和和收缩强度不够引起的。这种情况常见于牛（尤其是奶牛）、羊和猪。

②产道性难产。子宫位置不正；子宫颈、阴道及骨盆狭窄；产道肿瘤。多见猪、牛和羊。

③胎儿性难产。胎儿过大、过多；胎儿姿势不正；胎儿位置不正；胎儿方向不正。牛的这类难产占难产总数的70%以上。其中，肉牛的发生率高于奶牛。驴怀骡胎发生这类难产占难产总数90%左右。

（2）检查

为了判明难产的原因，除了检查母畜全身状况外，必须重点对产道及胎儿进行检查。

①产道检查。主要检查是否干燥、有无损伤、水肿、狭窄、肿瘤，子宫颈开张程度（母牛子宫颈开张不全较多见），硬产道有无畸形，并注意流出的液体和气味。

②胎儿检查。不仅了解其进入产道的程度、正生或倒生以及姿势、胎位、胎向的变化，而且要判定胎儿是否存活。检查的要领是：正生时，将手指伸入胎儿口腔，或轻拉舌头、或按压眼球、或牵拉刺激前肢，注意有无生理反应，如口吸吮、舌收缩、眼转动、肢伸缩等，也可触诊颌下动脉或心区，有无搏动。倒生时最好触到脐带查明有无搏动，或将手指伸入肛门，或牵拉后肢，注意有无收缩或反应。助产时要注意胎儿的安全，防止母畜会阴撕裂。如胎儿已死亡，助产时可不顾忌胎儿的损伤。

2）难产的救助原则

助产时，除注意挽救难产的母畜和胎儿外，要尽力保持母畜的繁殖力，防止产道的损伤、破裂和感染，注意器械的使用和消毒。为了便于推回或拉出胎儿，尤其是产道干燥，应向产道内灌注润滑剂，如肥皂水或油类。矫正胎儿反常姿势，应尽量将胎儿推回到子宫内，以利矫正（如图7.6和图7.7所示）。推回的时机应在阵缩的间隙期。拉出胎儿时，应随母畜的努责而用力。注意保护会阴，特别是初产母牛胎头通过阴门时，会阴容易撕裂。

图7.6　腕部前置的助产

图7.7　胎儿侧弯的助产

（引自张周主编.动物繁殖［M］.北京:中国农业出版社,2001.）

3）难产预防

难产极易引起仔畜的死亡并严重危害母畜的生命和以后的繁殖能力。为此，难产的预防是十分重要的。一般预防措施如下：

（1）切忌母畜过早配种

由于青年母畜尚未发育成熟，分娩时常因骨盆狭窄导致难产。

（2）**对母畜进行合理的饲养管理**

妊娠期间,对母畜进行合理的饲养,以保证胎儿的生长,维持母畜的健康,防止母畜过肥,胎儿过大,减少分娩时发生难产的可能性。

（3）**安排适当的使役和运动**

安排适当的使役和运动,提高母畜对营养物质的利用;使全身及子宫肌的紧张性提高。同时对胎儿在子宫内位置的调整、减少难产和胎衣不下等都有积极的作用。

（4）**对孕畜进行临产前检查**

做好临产前对孕畜的检查,矫正胎位对减少难产和胎衣不下等都有积极的作用。检查时间:如牛从开始努责到胎膜露出或排出胎水这一段时间。检查方法:将手臂及母畜的外阴消毒后,手伸入阴门,隔着未破羊膜或伸入已破羊膜触诊胎儿。如果摸到胎儿是正生,前置部分(头及两前肢)正常,可任其自然排出,如有异常应及时矫正。因为此时胎儿的躯体尚未楔入骨盆腔,难产的程度不大,胎水尚未流尽,子宫滑润,矫正容易。倒生时,要迅速拉出,防止胎儿窒息。

7.3 产后母畜及仔畜的护理

7.3.1 新生仔畜的护理

新生仔畜是指断脐至脐带干缩脱落这个阶段的幼畜。仔畜出生以后,较其在子宫内相对稳定的环境发生了巨大的变化,各个器官开始独立活动,由于生理机能还不甚完善,适应性和抵抗力都差,容易患病和死亡。为使仔畜逐渐适应外界环境条件,必须加强护理和观察。

1）防止新生仔畜窒息

出生后应立即清除其口腔和鼻腔的黏液。如果出现窒息,应立即施行人工呼吸。

2）注意观察脐带

脐带断端一般于生后1周左右干缩脱落,仔猪生后24 h即干燥。此期注意观察,防止仔畜间互相舔吮造成感染发炎。如脐血管闭缩不全,有血液滴出,或脐尿管闭缩不全,有尿液流出,应进行节扎。

3）保温

新生仔畜体温调节中枢未发育完全,体温调节能力差,体内能源物质储备少,对极端温度反应敏感。尤其在冬季,应密切注意防寒保温。分娩后尽量让母畜自行舔干仔畜身上的黏液,减少热量的散失,且有利于增近母仔感情。

4）早吃、吃足初乳

初乳是指分娩后头几天分泌的乳汁。初乳含有丰富的营养,其中大量的维生素 A 有利于防止下痢,大量的蛋白质无须经过消化,可直接被吸收,还含有较多的镁盐(软化和促进胎粪排出),而且含有大量抗体,可增加仔畜抵抗力。

5)预防疾病

由于遗传、免疫、营养、环境以及分娩等因素的影响,常在生后不久,多发疾病。因此,应积极采取预防措施:要做好配种时的种畜选择和加强妊娠期间的饲养管理,并注意环境卫生。

7.3.2　母畜产后生殖机能的恢复

产后期是指胎盘排出,母体生殖器官恢复到正常不孕的阶段。此阶段是子宫内膜的再生、子宫复原和发情周期恢复的关键时间。

1)子宫黏膜的再生

分娩后子宫黏膜表层发生变性、脱落,由新生的黏膜代替曾作为母体胎盘的黏膜。对于反刍动物来说,子宫阜的高度降低、体积缩小,逐渐恢复到妊娠前的大小。在黏膜再生过程中,变性的母体胎盘、白细胞、部分血液及残留胎水、子宫腺分泌物等被排出,最初为红褐色,再变黄,最后为无色透明,这种液体叫恶露。恶露排出时间过长,或有异味或异常颜色,说明子宫内膜有病理变化。恶露排尽的时间:猪 2~3 d,牛 10~12 d,绵羊 5~6 d,山羊 12~14 d。

牛子宫阜表面上皮,在产后 12~14 d 通过周围组织的增殖开始再生,一般在产后 30 d 内才全部完成;猪子宫上皮的再生在产后第一周开始,第三周完成。

2)子宫复原

子宫复原是指胎儿、胎盘排出后子宫恢复到未孕时的大小。子宫复原的时间:水牛需 30~45 d,牛需 9~12 d,猪需 10 d 左右,绵羊 17~20 d。

3)发情周期的恢复

牛卵巢黄体在分娩后才被吸收,因此产后第一次发情较晚,往往只排卵而无发情表现。若生产后哺乳或增加挤奶次数,发情周期的恢复就更长。一般产犊后卵泡发育及排卵发生于前次未孕角一侧的卵巢。母猪分娩后黄体退化很快,生产后 3~5 d,部分母猪会出现无排卵发情现象,由于绝大多数母猪正处在哺乳期,使发情和排卵受到抑制。

7.3.3　产后母畜的护理

分娩后,母畜生殖器官发生很大变化。子宫的收缩,产道开张,胎儿的产出,产道黏膜表层有可能受到损伤,以致降低机体的抵抗力。母体体力大量消耗,特别是子宫内大量恶露的存在,易引起病原微生物的侵入和繁殖。为此,对产后的母畜必须加强护理,妥善饲养,促进其尽快恢复正常。

母畜分娩时由于脱水严重,产后发生口渴现象,因此,在产后要准备好新鲜清洁的温水,以便在母畜产后吸时给予补水。饮水中加入少量食盐和适量麸皮,以增强母畜体质,以利于恢复健康。

分娩后要随时观察母畜是否有胎衣不下、阴道或子宫脱出、产后瘫痪和乳房炎症发生,一旦出现异常现象,要及时诊治。产后如果发现母畜尾根、外阴周围有恶露黏附时,要清洗和消毒,防止蚊叮虫咬,细菌滋生。垫草也要及时更换。

母畜产后的最初几天要给品质较好易消化的饲料,猪需 7～8 d,牛约需 10 d,羊约需 3 d 即可转为正常饲料饲养。

7.3.4　胎衣不下及其处理

胎衣不下,如果奶牛胎衣在产后 12 h 以内不能自然完全脱落而滞留于子宫内,就称为胎衣不下。胎衣不下的发病率通常为 10%～25%,有的为 30%～40%,甚至某些季节高达 50% 以上。该病治疗不当易继发子宫内膜炎等多种疾病,不少胎衣不下的母畜因不孕而被淘汰,重度的可引起败血症,造成母畜死亡,给养殖业造成严重的经济损失,是目前严重影响养殖业发展的产科疾病。

1)病因

(1)子宫收缩无力

母畜孕期饲料单纯,日粮中缺少碳水化合物、维生素、常量和微量元素等,缺少户外运动。胎儿过大,胎水过多,使子宫扩张。难产,手术助产之后,产后子宫阵缩微弱,导致胎衣不下。

(2)相关疾病

胎儿胎盘和母体胎盘粘连。由于妊娠期子宫感染或子宫炎症复发,布氏杜菌病等引起子宫黏膜与胎膜炎症,彼此粘连。

(3)症状与诊断

①胎衣全部不下。全部胎膜滞留于子宫内,或胎膜及子叶与子宫腺窝紧密连接,一部分胎衣呈带状悬垂于阴门外。

②胎衣部分不下。部分或个别胎盘留在母体胎盘上,或是胎衣没有完整排出,排出过程中发生断离,一部分残留在子宫内,腐败后随恶露一同排出,此种情况多并发黏液性子宫内膜炎。

2)治疗(母牛)

(1)药物治疗

①抗生素油剂。例如,土霉素 5 g,灭菌植物油 50 ml,隔日 1 次,2～3 次即可,或选用青霉素或链霉素。

②促进子宫收缩。催产素 60～100 IU,肌肉注射。或 20% 葡萄糖酸钙 500 ml,25% 葡萄糖溶液 1 000 ml,一次性静脉注射,每日 1 次,连用 3 日。

(2)手术治疗

进行胎衣手术剥离,一般在产后 18～24 h 进行。母牛站立保定,术者将指甲剪短磨光,手臂消毒,涂上润滑剂。母牛外阴部周围洗净消毒后,术者左手握住阴门外的胎衣,稍用力拉紧,右手沿胎衣伸入子宫内,找到胎盘,用拇指或食指沿着胎盘边缘,向内分离,即可将胎儿胎盘从母体中分离出来。剥离应由近及远,一个一个顺序剥离。这样,右手在子宫内逐个地分离胎盘,左手配合轻微用力向外拉出胎衣。剥离完毕后,可用土霉素 2 g 或金霉素 1 g,溶于 200～300 ml 生理盐水中一次灌入子宫,隔日 1 次,直至子宫分泌物洁净为止。

3)预防措施(母牛)

(1)干奶期的饲料应多样化

粗饲料应含有全株玉米青贮、碱草、青干草、苜蓿草,精料补充料应营养丰富,易于消化。另外添加一些多汁饲料,如胡萝卜、甜菜等。

(2)激素法

于奶牛产后半小时内肌肉注射催产素 60 IU,加强子宫收缩性,促进胎衣排出。

(3)接产方法

正确的接产方法和接产时机有利于胎衣的排出,尽量避免接产过早或过晚。

复习思考题

一、名词解释(每题 2 分,共 20 分)

1.产力　2.产道　3.胎向　4.胎位　5.胎势　6.上位　7.下位　8.侧位　9.前置　10.分娩预兆

二、填空题(每空 1 分,共 20 分)

1.分娩机理由 _____ 、_____ 和 _____ 因素引发。

2.分娩正常与否,主要取决于 _____ 、_____ 和 _____ 3 个方面。

3.产道的构成分为 _____ 和 _____ 两部分。

4.胎儿纵轴与母体纵轴之间的关系,通常分为 3 种情况 _____ 、_____ 和 _____ 。

5.家畜多在 _____ 分娩。

6.子宫肌的收缩是从子宫的 _____ 开始。

7.恶露排出时间过长,表明子宫有 _____ 。

8.家畜难产时以 _____ 性难产最为多见。

9.牛排出恶露的时间为 _____ d。

10.母畜产后 1~3 d 排出的乳汁称 _____ 。

11.母猪产后 3~5 d 的发情是 _____ 性的。

12.母猪分娩时都是 _____ 卧。

13.胎儿产出期是指从子宫颈完全开张到 _____ 为止。

三、单项选择题(每题 1 分,共 10 分)

1.容易发生胎衣不下的家畜是( )。

A.猪　　　　　　B.马　　　　　　C.牛　　　　　　D.羊

2.家畜正常的胎向为( )。

A.纵向　　　　　B.横向　　　　　C.直向　　　　　D.竖向

3.子宫肌的收缩是从子宫的( )开始。

A.子宫角 B.子宫体 C.子宫颈 D.子宫底部

4.分娩较难的家畜是( )。

A.猪 B.马 C.牛 D.羊

5.分娩胎儿排出期的主要力量是( )。

A.阵缩 B.努责

C.阵缩和努责,以阵缩为主 D.阵缩和努责,以努责为主

6.牛的胎衣排出期超过( )h,叫胎衣滞留。

A.10 B.12 C.14 D.16

7.一般家畜分娩时,胎儿多为( ),头部前置。

A.纵向 B.横向 C.直向 D.竖向

8.分娩开口期的主要力量是( )。

A.阵缩 B.努责

C.阵缩和努责,以阵缩为主 D.阵缩和努责,以努责为主

9.牛的胎衣排出期多为( )。

A.1~2 h B.20~60 min C.3~5 h D.4~6 h

10.( )环境,有利于母畜子宫肌的收缩。

A.安静 B.应激 C.不安 D.惊恐

四、判断题(每题1分,共15分)

1.骨盆轴越短越直,胎儿通过就越容易。 ( )

2.母畜分娩时卧下比站立更有利。 ( )

3.新生仔畜采食初乳,吸收母系球蛋白,可获得被动性免疫。 ( )

4.阵缩是可逆性的。 ( )

5.胎儿一产出,阵缩即停止。 ( )

6.胎儿产出后努责即停止。 ( )

7.努责是随意性收缩。 ( )

8.子宫肌的收缩具有间歇性。 ( )

9.马的胎衣很容易脱落。 ( )

10.阵缩和努责同时开始。 ( )

11.下位最易分娩。 ( )

12.分娩时阵缩和努责同时发生。 ( )

13.家畜的胎衣脱落时会引起大出血。 ( )

14.冬季和早春,应注意新生仔畜的保温。 ( )

15.新生仔畜出生后,开始吃到初乳的时间越早越好。 ( )

五、简答题(每题5分,共25分)

1.临产母畜有哪些精神、行为上的征兆?

2. 助产前应做好哪些准备工作?

3. 产后对母畜、仔畜应如何护理?

4. 为什么牛分娩时容易发生胎衣不下?

5. 难产救助的原则是什么?

六、论述题(10 分)

如何提高母畜分娩后仔畜的成活率?

实训 12　母畜的分娩和助产

1. 目的和要求

观察分娩预兆及分娩过程,了解助产的一般方法及要领。

2. 材料和仪器设备

临产母畜、消毒药物(酒精、碘酒、来苏儿等)、石蜡油、肥皂、缠尾绷带、毛巾、剪刀和产科绳等。

3. 方法和步骤

根据分娩母畜的种类和数量,将学生分为相应的小组,由教师带领,一边讲解,一边观察,一边操作。

(1)分娩预兆的观察

分娩预兆的观察应主要注意以下几点:

①乳房胀大,乳头肿胀变粗,可挤出初乳,某些经产母牛和母马产前常有漏奶现象。

②荐坐韧带松弛,触诊尾根两旁即可感觉到荐坐韧带的后缘极为松软,牛、羊表现较明显,荐骨后端的活动性增大。

③阴唇肿胀,前庭黏膜潮红,滑润,阴道检查可发现子宫颈口开张,松弛。

④母牛产前几个小时体温下降 $0.4 \sim 1.2$ ℃。

⑤临产前母畜表现不安,常起卧、徘徊、前肢刨地、回头顾腹、拱腰举尾、频频排便。母马常出汗,母猪常有衔草做窝的表现。

(2)产前的准备工作

①对母马和母牛应用缠尾绷带缠尾于一侧。

②用温洗衣粉水彻底清洗母畜的外阴部及肛门周围,最后用来苏儿溶液消毒。

③助产者要将手臂清洗并以酒精消毒。

(3)分娩过程的观察及助产

①当母畜开始分娩时,要密切注意其努责的频率、强度、时间及母畜的姿态。其次,要检查母畜的脉搏,注意记录分娩开始的时间。

②母马和母牛的胎囊露出阴门或排出胎水后,可将手臂消毒后伸入产道,检查胎向、胎位和胎势是否正常,对不正常者应根据情况采取适当的矫正措施,防止难产的发生。当发现倒生时,应及早撕破胎膜拉出胎儿。

③马的尿囊先露出阴门,破水后流出棕黄色的尿囊液。随后出现的是羊膜囊,胎儿的先露部位随之排出,羊膜囊破后流出白色浓稠的羊水。牛和羊在分娩时,先露出的一般为羊膜囊,也有时先露出尿囊。

④当胎儿的嘴露出阴门后,要注意胎儿头部和前肢的关系。若发现前肢仍未伸出或屈曲应及时矫正。

⑤胎儿通过阴门时,应注意阴门的紧张度。如过度紧张,应以两手顶住阴门的上角及两侧加以保护,防止撕裂。

发现胎头较大难以通过阴门时,应将胎膜撕破,用产科绳系住胎儿的两前肢球节,由术者按住下颌,一两名助手牵引产科绳,配合母畜的努责,顺势拉出胎儿。牵引方向应与母畜骨盆轴的方向一致,用力不可过猛以防子宫外翻。

⑥当牛、羊胎儿腹部通过阴门时,要注意保护脐带的根部,防止脐血管断于脐孔内,引起炎症。

⑦胎儿排出后,应将胎膜除掉。个别情况下,马的尿膜羊膜与胎儿完整排出,应立即撕破,取出胎儿,并防止胎儿吸入羊水造成窒息或感染。当胎儿排出但脐带未断时,可将脐带内的血液尽量持向胎儿,待脐动脉搏动停止后,用碘酒消毒,结扎后断脐。对自动断脐的幼畜脐带也应用碘酒消毒。

猪的胎儿排出常在母猪强烈努责数次之后,但应注意排出胎儿的间隔时间。羊产双羔或三羔时也应注意其间隔的时间,以便采取相应的助产措施。

(4)新生仔畜的护理

①擦去仔畜鼻口中的黏液,并注意有无呼吸。若无呼吸,可有节律地轻按腹部,进行人工呼吸。对新生仔猪和羔羊还可将其倒提起来轻抖,以促进其恢复呼吸。

②用干布擦去(马、猪)或令母畜舔干(牛、羊)仔畜身上的羊水。

③注意仔畜保暖。

④尽早给仔畜吃到初乳。对仔畜和羔羊要防止走失和被母畜压死。

(5)母畜的护理

①擦净外阴部、臀部和后腿上黏附的血液、胎水及黏液。

②更换褥草。

③及时饮水,并给予柔软易消化的饲料。

④注意胎衣排出的时间和排出的胎衣是否完整,如发现胎衣不下或部分胎衣滞留的情况应及早剥离或请兽医处理。

4. 作业

写出实训报告:记录所观察到的分娩预兆和分娩的过程。

第8章
发情控制技术

本章导读:本章主要介绍了发情控制技术的原理和方法。掌握发情控制技术,可以打破季节性繁殖和生理及病理性乏情期;由单胎变多胎;由分散发情变集中发情;缩短繁殖周期、提高繁殖效能;实现繁殖的专业化,提高优秀种畜的利用率。

发情控制注意事项:一是科学的饲养管理是家畜正常繁殖的基本条件,任何繁殖技术的运用只能在这个前提下才会表现出应有的作用;二是在发情控制中,使用激素制剂务必有严谨的科学态度,如严格掌握特定生理条件、血液激素浓度、激素维持时间、激素之间的协同和拮抗作用等。

8.1 诱导发情

8.1.1 概念

诱导发情是指利用人工的方法,通过某种刺激(如激素处理、环境气候变化、断奶和性刺激)诱发乏情的雌性动物发情,达到缩短繁殖周期,增加胎次的目的。

8.1.2 机理

在季节性或泌乳性乏情的情况下,FSH 和 LH 分泌量不足以维持卵泡发育,卵巢处于静止状态,卵巢上既无黄体存在又无卵泡发育,此时,如果对乏情动物通过激素处理、环境气候改变、断奶和性刺激等内分泌和神经作用,激发卵巢从静止状态转变为机能活跃状态,从而促进卵泡的正常生长发育,使雌性动物恢复正常发情和排卵。因持久黄体造成的病理性乏情,利用激素消除黄体,使卵巢恢复周期性活动,这种治疗处理从广义上讲也属于诱导发情。

8.1.3 方法

诱发发情最直接最快引起效应的方法是激素处理。在神经刺激中,异性刺激所产生的效应最明显,在生产中采用的"公畜效应"表明了此方法的特殊作用。

1）非发情季节进行诱导发情

（1）生殖激素处理

①羊的诱导发情。在非发情季节，对乏情羊用孕激素处理 6 ~ 9 d，在停药前 48 h 按每千克体重注射 PMSG 15 IU，同期发情率可达 95% 以上，第一情期受胎率为 75%。应用 FSH 或氯地酚，也可促使母羊发情排卵，做到两年产 3 胎，使羊全年均衡发情。

②牛的诱导发情。

A. 孕激素埋植法。欲使母牛产后提前配种，可采用提前断奶的方法或用孕激素处理 1 ~ 2 周（埋植），并在处理结束时注射孕马血激素 800 ~ 1 000 IU。

B. FSH 肌注法。肌注 100 ~ 200 IU 促卵泡素，每日或隔日 1 次。每次注射后须作检查，如无效，可连续应用 2 ~ 3 次，直至有发情表现为止。

C. 肌注雌激素制剂。如己烯雌酚（乙酚）20 ~ 25 mg 或苯甲酸雌二醇 4 ~ 10 mg。这类药品不能直接引起卵泡发育及排卵，但能使生殖器官出现血管增生，血液供给旺盛，机能增强，从而摆脱生物学上的相对静止状态，使正常的发情周期得以恢复。因此，用药后头一次发情时不排卵，可不配种，而以后的发情周期中却可以正常发情排卵，可配种。

③猪的诱导发情。母猪在哺乳期内通常不发情，即使发情也不一定排卵。如要在哺乳期诱导发情，则在哺乳 6 周后注射 PMSG 750 ~ 1 000 IU 能引起发情和排卵，早于这个时间，剂量应加大，但一般不早于 1 个月。对于一般性乏情的母猪可注射 PMSG 或氯地酚 20 ~ 40 mg/头。现代化养猪业提高母猪繁殖力的重要技术措施之一是早期断奶，这种方法能有效地诱发母猪提前发情配种。

（2）光照处理

母羊在春秋非繁殖季节，利用人工暗室，模拟秋季，逐渐缩短光照时间，每日光照 8 h、黑暗 16 h，处理结束后 7 ~ 10 周开始发情。

（3）公畜刺激

发情季节到来之前，在母羊群中投放公羊，能使母羊提前发情，提早母羊的配种季节（公羊效应）。同样，公猪、公牛效应均能刺激母畜提早发情配种。

2）哺乳期乏情

母牛可在产后 2 周开始采用孕激素作预处理约 10 d，再注射 PMSG 1 000 IU，即可诱导发情；也可肌肉注射牛初乳 20 ml，同时注射新斯地明 10 mg，发情母牛配种时再注射 LH-RH 100 IU，可诱发 80% ~ 90% 母牛发情排卵。母猪哺乳期通常不发情，因此常采用早期断奶诱导发情。哺乳母猪 1 个月断奶，将仔猪进行人工哺乳，母猪可在 1 周内发情。如果在断奶时注射 PMSG 效果更好，可大大缩短繁殖周期，做到 2 年 5 胎。产后 1 个月以上的泌乳山羊在耳后皮下埋植 60 mg18-甲基炔诺酮药管维持 9 d，在取出药管前 48 h，肌肉注射 PMSG 15 IU/kg 体重，同时肌肉注射溴隐亭 2 mg/只，间隔 12 h 再注射 1 次，发情前后静脉注射 GnRH 100/只，诱导发情率达 90% 以上。

3）病理性乏情

（1）卵巢机能减退

此病多发生于气候寒冷、营养状况不良、使役过度的母畜或高产奶牛，可用促性腺激

素作辅助治疗。

（2）**持久黄体**

给予乏情动物前列腺素药物治疗可溶解黄体，并停止孕激素的分泌，促使卵泡生长发育。

8.2　同期发情

8.2.1　概念

同期发情又称同步发情，是指利用某些激素制剂人为地控制并调整一群母畜发情周期的进程，使之在预定的较短的时间内集中发情，以便有计划地组织配种。

8.2.2　意义

1）有利于推广人工授精

同期发情可以更迅速而广泛地应用冷冻精液，推广人工授精技术，变分散、零星发情为成批、集中、定时发情，克服交通不便，节约能源，省去繁琐的发情鉴定程序，就可以根据预定的日程巡回进行定期配种。

2）便于合理组织集约化生产，实施科学化饲养管理

同期发情可以使畜群的妊娠和分娩时间相对集中，仔畜培育、断奶等各阶段做到同步化。因而可以合理调配人力、物力资源，实现商品家畜的成批生产。

3）提高繁殖力

同期发情技术在处理一群母畜时，不但使正常发情母畜同期化，从而有效地进行饲养管理，节约劳动力和费用，对于工厂化养牛有很大的实用价值，而且使乏情状态的母畜出现性周期活动，缩短群体的繁殖周期，提高繁殖率。例如，卵巢静止的母牛经过孕激素处理后，很多表现发情；因持久黄体存在而长期不发情的母牛，用前列腺素处理后，由于黄体消散，生殖机能随之得以恢复。

4）为胚胎移植创造条件

在胚胎移植技术的研究和应用中，必须要求供给胚胎的母畜和接受胚胎的母畜达到同期发情，这样，母畜的生殖器官就能处于相同的生理状态，移植的胚胎才能正常发育。

8.2.3　机理

黄体期的结束是卵泡期到来的前提条件，相对高的孕激素水平，可抑制发情，一旦孕激素的水平降到低限，卵泡即开始迅速生长发育，并表现发情。因此，同期发情的核心是控制黄体期的寿命并同时终止黄体期，而引起一群母畜同时发情。

在自然状况下，任何一群母畜，每个个体均随机地处于发情周期的不同阶段，如卵泡期或黄体期的早、中、晚各期均存在。同期发情技术主要是借助外源性激素，有意识地干

预母畜的发情过程,暂时打乱自然发情周期的规律,继而把发情周期的进程调整到统一的步调之内,也就是被处理的家畜卵巢按照预定的要求发生变化,使它们的机能处于一个共同的基础上。

同期发情有别于诱导发情。前者针对周期性发情各阶段的母畜群,希望在预定的日期而且在相当短的时间内(2~3 d)集中发情,也叫群集发情;后者针对乏情的个体,使之发情。

同期发情采用两种途径:一是延长黄体期,给一群母畜同时施用孕激素药物,抑制卵泡的生长发育和发情,经一定时期后同时停药。由于卵巢同时失去外源性孕激素的控制,卵巢的周期黄体已退化,于是同时出现卵泡发育,最终引起母畜同时发情。采用孕激素抑制母畜发情,实际上是人为地延长黄体期,起到延长发情周期、推迟发情期的作用。二是缩短黄体期,应用$PGF_{2\alpha}$加速黄体退化溶解,中断黄体期,使卵巢提前摆脱体内孕激素的控制,使母畜缩短发情周期,于是在短时间内卵泡同时开始发育,从而达到母畜同期发情,实际上缩短了发情周期,如图8.1和图8.2所示。

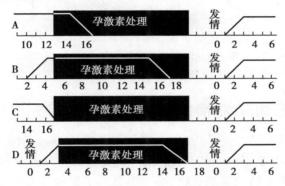

图8.1　孕激素诱发母牛同期发情

(引自张周主编.动物繁殖[M].北京:中国农业出版社,2001.)

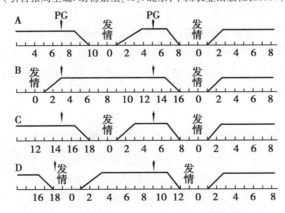

图8.2　两次施用PG诱发全群母牛同期发情

(引自张周主编.动物繁殖[M].北京:中国农业出版社,2001.)

孕激素处理法不但可用于周期活动的母畜,也可在非配种季节处理乏情动物。而$PGF_{2\alpha}$法只适用于正常发情周期活动的母畜。但其共同点,通过延长或缩短黄体期而导致动物体内孕激素水平迅速下降,最终达到调节卵巢功能的目的,如图8.3所示。

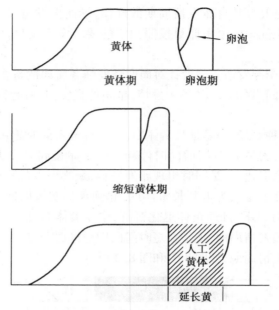

图 8.3　同期发情两种处理方法比较

（引自张忠诚主编.家畜繁殖学［M］.北京:中国农业出版社,2004.）

8.2.4　用于同期发情的激素和使用方法

应用于同期发情的药物,根据其性质大体可分 3 类:一是抑制卵泡发育的制剂(如孕激素);二是溶解黄体的制剂(如前列腺素);三是促进卵泡发育、排卵的制剂(如促性腺激素)。前两类是同期发情的基础药物,第三类是为了促使母畜发情有较好的准确性和同期性,是配合前两类使用的药物。

1)抑制卵泡发育的药剂

如孕酮、甲孕酮、甲地孕酮、炔诺酮、氯地孕酮、18-甲基块诺酮等。它们能够抑制垂体FSH 的分泌,延长黄体期,因而间接地抑制卵泡发育和成熟,使母畜不能发情。

这些药物的用药期通常适于或者相当于一个正常发情周期的时间,其用药方式有以下 4 种:

(1)阴道栓塞法

栓塞物可用泡沫塑料块或硅橡胶环,后者为一螺旋状钢片,表面敷以硅橡胶。它们包含一定量的孕激素制剂。将栓塞物放在子宫颈外口处,其中激素即渗出。处理结束时,将其取出即可,或同时注射孕马血清促性腺激素。孕激素的处理有短期(9 ~ 12 d)和长期(16 ~ 18 d)两种。长期处理后,发情同期率较高,但受胎率较低;短期处理后,发情同期率较低,而受胎率接近或相当于正常水平。如在短期处理开始时,肌注 3 ~ 5 mg 雌二醇(可使黄体提前消退和抑制形成)及 50 ~ 250 mg 的孕酮(阻止即将发生的排卵),这样就可提高发情同期化的程度。但由于使用了雌二醇,故投药后数日内母牛出现发情表现,但并非真正发情,故不要授精。使用硅橡胶环时,环内附有一胶囊,内装上述量的雌二醇和孕酮,以代替注射。孕激素处理结束后,在第二、第三、第四天内大多数母牛有卵泡发育并排卵。通常用于牛、羊,不宜用于猪。

(2)孕激素埋植法

将一定量的孕激素制剂装入管壁有小孔的塑料细管中,利用套管针或者专门的埋植器将药管埋入耳背皮下,经一定天数,在埋植处作切口将药管同时挤出,并注射孕马血清促性腺激素 500~800 IU。也可将药物装入硅橡胶管中埋植,硅橡胶有微孔,药物可渗出。药物用量依种类而不同,18-甲基炔诺酮为 15~25 mg。目前国外已生产埋植物制品在市场出售。将成形的药剂或装有药物的带孔容器,埋植于皮下组织,经一定时间后取出。此法可作群体处理,具体如图 8.4 所示。

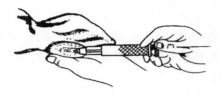

1.将埋植物放在埋植器内,针头刺入皮下　　　　2.推出埋植物至皮下

图 8.4　牛耳背皮下埋植孕激素制剂

(引自张周主编.动物繁殖[M].北京:中国农业出版社,2001.)

(3)口服法

每日将一定量的药物均匀拌在饲料内,以单个饲喂较为准确,经一定时间后同时停药。这种方法可用于舍饲母畜,但较费时费工,用药量大,且个体摄取剂量不准确,所以很少用此法。

(4)注射法

每日将定量药物作皮下或肌肉注射,经一定时期后给药。此法剂量准确,但操作麻烦。

2)溶解黄体的制剂

在同期发情处理中,$PGF_{2\alpha}$ 具有明显的溶解黄体作用。猪在发情周期第 10 d 前,对前列腺素不敏感,牛、羊在发情周期 5~16 d 以内的黄体对前列腺素都易产生反应。采取子宫内灌输法的效果优于肌肉注射法。经前列腺素处理后的群体母畜,一般在 2~4 d 后有75% 左右的母畜集中表现发情,在群体中总有 25% 左右的母畜正处于非黄体期。如果使全群母畜同期发情,可在第一次使用前列腺素处理后 1 d,再用前列腺素处理一次。一般子宫内注入量为数毫克,肌肉注射量大一些。

有人将孕激素短期处理与前列腺素处理结合起来,效果优于两者单独处理。即先用孕激素处理 5~7 d 或 9~10 d,结束前 1~2 d 注射前列腺素。无论采用什么处理方式,处理结束时配合使用孕马血清促性腺激素,可提高同期发情率和受胎率。

3)促进卵泡发育

排卵的药剂在使用同期发情药物的同时,如果配合使用促性腺激素,可以增强发情同期化和提高发精率,并促使卵泡更好地成熟和排卵。常用药物为 PMSG,HcG,FSH,LH及 GnRH 等,使用孕激素作用同期发情处理后,第一次发情的受胎率往往较低,但第二次发情的受胎率即趋正常。这是由于其能影响精子在母畜生殖道内的运行和生活力。因

此,在孕激素停止施药后,立即配合应用 PMSG,将会提高受胎率。

同期发情处理后,虽然大多数母畜的卵泡正常发育和排卵,但不少母畜无外部发情症状和性行为表现,或表现非常微弱,其原因可能是激素未达到平街状态;第二次自然发情时,其外部症状、性行为和卵泡发育则趋于一致。

8.3　超数排卵

8.3.1　超数排卵的概念

在母畜发情的适当时间内利用外源性激素,促进卵巢机能,激发卵巢一次有较多卵泡发育成熟并排卵,简称"超排"。超排是进行胚胎移植时,对供体母畜必须进行的处理,其目的为了得到多量的胚胎,诱使单胎动物产双胎。

8.3.2　超数排卵的方法

1)牛

(1)PMSG + PGF$_{2\alpha}$法

在母牛性周期的第 8 ~ 12 d 中的任一天肌注 PMSG 2 000 ~ 3 000 IU(初产牛 2 000 IU,经产牛 2 500 ~ 3 000 IU,老年牛剂量更大些),一般不超过 3 000 IU,否则不但不能增加母牛的排卵数,反而易引起卵巢囊肿(如表 8.1)。48 h 后肌注 PGF$_{2\alpha}$ 15 ~ 25 mg 或子宫灌注 PGF$_{2\alpha}$ 2 ~ 3 mg,在处理后 PGF$_{2\alpha}$ 36 ~ 48 h 多数母牛发情,发情后 12 h 进行第一次输精。

表 8.1　母牛使用 PMSG 剂量和排卵数

PMSG 剂量/IU	排卵数/个	PMSG 剂量/IU	排卵数/个
1 000	1.5	4 000	8.9
1 500	3.0	5 000	9.3
2 000	10.5	6 000	9.1
2 500	11.5	7 000	10.3
3 000	14.1		

(引自张周主编.动物繁殖[M].北京:中国农业出版社,2001.)

(2)FSH + PGF$_{2\alpha}$法

此法常需加 LH,其比例为 FSH∶LH = 5∶1。在母牛发情期的 10 ~ 13 d 肌注 FSH(+LH),每天 2 次,以递减的剂量连续肌注 4 d,总计量为 360 IU,每天的用量参见表8.2,效果参见表 8.3。

表8.2 母牛使用 FSH 每天的用量

单位:IU

	第 1 d	第 2 d	第 3 d	第 4 d
上午	60	50	40	30
下午	60	50	40	30

表8.3 FSH 的给药次数和超排效果

剂 量	32 mg				50 mg			
注射次数/d	3	2	1	0.5	3	2	1	0.5
黄体数/个	7.3	9.3	7.6	2.5	10.6	11.2	7.1	5.5
收回胚胎数/个	5.6	5.7	4.4	1	8.2	7.7	2.6	2
正常胚胎数/个	4.1	4.3	2.3	0.6	4.2	5.9	1.2	0.6

（引自张周主编.动物繁殖［M］.北京:中国农业出版社,2001.）

在第 3 d 也即第 5 次肌注 FSH 时,同时肌注 $PGF_{2\alpha}$ 4 mg 或子宫灌注 2 mg,注射 $PGF_{2\alpha}$ 后 36 ~ 48 h 母牛发情,发情后 12 h 第一次输精,输精同时肌注 0.5 mg LRH - A,200 ~ 300 μg,以提早排卵。牛一般输精 2 次,间隔时间为 12 h。

2）羊

（1）用 FSH 超排

在发情周期第 12 d 或 13 d 开始肌注,以递减剂量连续注射 3 ~ 6 d,每次间隔 12 h,总剂量为 200 ~ 350 IU,在第 5 次注射时同时肌注 $PGF_{2\alpha}$ 2 mg,发情后立即注射 LH 100 ~ 150 IU。

（2）用 PMSG 超排

在发情周期的第 12 ~ 13 d,一次肌注 PMSG 700 ~ 1500 IU,出现发情或配种当天再肌注 HCG 500 ~ 750 IU,在 PMSG 注射后,隔日注射 $PGF_{2\alpha}$ 或其类似物。

8.3.3 超数排卵的效果

1）受胎率

凡进行超排处理排出的卵子的受精率一般低于自然发情排出的卵子。因为经超排处理后,在高浓度雌激素的作用下,改变了卵子各胚胎在输卵管、子宫内的生存环境,从而影响了胚胎的发育。回收时间越晚,变性胚胎的比例也就越高。因此,回收时间应适宜,一般情况下,随着排卵数的增加,其受精率和采胚率有下降的趋势。

2）排卵数

供体母畜一次超数排卵的数目不宜过多,两侧卵巢一次排卵以 10 ~ 15 枚为宜。否则,受精率下降,机能恢复所需时间长,对于多胎动物的排卵数可多一些。

3）发情率

应用促性腺激素和$PGF_{2\alpha}$进行超排处理,大部分母牛有发情表现,也有少数虽无发情表现,但却能正常排卵。

4）发情时间和胚胎回收率

作超排处理注射$PGF_{2\alpha}$后48 h内发情的供体母牛胚胎回收率最高,72 h后回收率明显下降,而且多为未受精卵。

8.3.4 影响超排效果的因素

1）个体

母牛在超排处理中,约有1/3的供体牛效果理想,有1/3的牛反应一般,而有1/3的牛效果甚差。有的个体对不同的促性腺激素反应不同。

2）年龄与胎次

青年母牛对超排药物敏感,所以排卵数和回收率高于经产母牛。

3）超排时间

一般,动物在发情周期第10 d以后做超排处理效果理想。分娩不久的母畜,不宜立即进行超排处理,一般需在45~60 d以后处理为宜。

4）品种

如应用PMSG 2 000 IU进行超排处理,黑白花牛平均排卵5.3枚,西门塔尔平均排卵12.2枚,利木赞平均排卵16.4枚。

5）季节

母牛在27 ℃以上,超排效果不理想。同时日照的长短对供体牛的激素分泌和受胎率也有明显的影响。

6）泌乳

对泌乳期母牛的超排处理要优于干奶期母牛,但处于泌乳高峰期的母牛对PMSG不敏感。分娩后不宜过早地进行超排处理,一般需在45~60 d以后进行。

复习思考题

一、名词解释（每题3分,共9分）

1.诱导发情 2.同期发情 3.超数排卵

二、填空题（每空2分,共50分）

1.使动物同期发情的药物有3类,分别是_____、_____和_____。

2.在同期发情时,常用于抑制卵泡发育的激素是_____。

3. 孕激素常用的使用方法有_____、_____和_____。

4. 在同期发情时,常用于溶解黄体的激素是_____。

5. 在同期发情时,常用于促进卵泡发育的激素有_____、_____、_____、_____和_____。

6. 超数排卵所使用的药物有_____、_____、_____和_____。

7. 当雌性动物卵巢机能发生减退时,常用_____激素辅助治疗诱导发情。

8. 同期发情常采用两种途径:一种是_____,常用_____激素;另一种是_____,常用_____激素。

9. 当雌性动物发生持久黄体时,常用_____激素治疗诱导发情。

10. 雄激素、FSH、GnRH、PMSG 4 个激素中不能用于诱导发情的生殖激素是_____。

三、判断题(每题 2 分,共 12 分)

1. PMSG 和 $PGF_{2\alpha}$ 不宜同时注射。　　　　　　　　　　　　（　　）

2. 超数排卵处理的卵子受精率和受胎率均低于自然发情的受胎率和受精率。
（　　）

3. 对供体进行超排处理时,每次超排的卵子数越多越好,这样可以充分发挥母畜的繁殖潜力。　　　　　　　　　　　　（　　）

4. 超数排卵后的母畜,其发情周期缩短。　　　　　　　　　　（　　）

5. 青年母牛对超排药物敏感,所以排卵数和回收率均高于经产母牛。　（　　）

6. 为充分发挥优良母畜的利用价值,对分娩后的母畜,应立即进行超排处理。
（　　）

四、简答题(共 29 分)

1. 动物诱导发情的方法有哪些?

2. 试述动物同期发情的原理。

3. 动物同期发情的意义有哪些? 常使用哪些药物?

4. 动物超数排卵使用的药物有哪些?

5. 影响超数排卵效果的因素有哪些?

第9章
胚胎工程

本章导读: 本章主要讲述了胚胎工程技术。通过学习,掌握供体和受体的准备工作,胚胎的采集、保存和应用技术,为提高优良母畜的繁殖力提供了新的技术途径。

9.1 胚胎移植

9.1.1 胚胎移植的概念

胚胎移植就是采用一定的方法将良种母畜的多枚早期胚胎从体内取出,移植到同种生理状态相同的母畜(受体)的体内,使之继续发育成为新个体的过程,称为胚胎移植,也叫借腹怀胎(如图9.1所示)。提供胚胎的雌性动物个体称供体,一般为优良品种动物,稀有动物或具有特殊用途的动物。接受胚胎的雌性动物个体称受体,一般为数量多、价格便宜、价值低的动物。

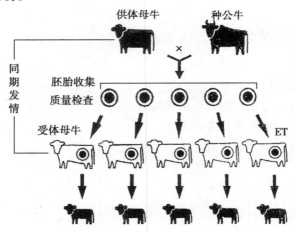

图9.1 牛胚胎移植示意图

(改自加藤征史朗主编.家畜繁殖学[M].日本朝仓书店,1994.)

胚胎移植实际上是产生胚胎的供体和养育胚胎的受体分工合作共同繁殖后代的过程。胚胎移植产生的后代,遗传物质来自供体母畜和与之交配的公畜,而发育所需的营养物质则从养母(受体)获得。因此,供体决定着它的遗传特性(基因型),受体只影响它的体质发育。

9.1.2　胚胎移植的意义

1)充分发挥优良母畜的繁殖潜力

增加排卵数量,使一头家畜在一个情期产生10余个胚胎。缩短繁殖周期,母畜无须承担妊娠和泌乳负担,每年可有8~10个发情周期。应用胚胎移植技术,1年可得到几头至几十头甚至几百头优良母畜的后代,大大加速了动物的良种化进程。

2)提高生产效率

诱发牛、羊产双胎。向已配种的母牛、羊(排卵的对侧子宫角)移植一个胚胎,或者向未配种的母畜移植两个胚胎。

3)代替种畜引起,加速扩大良种畜群

这是现代动物育种技术的主要组成部分。冷冻胚胎可以使胚胎移植跨地域和时空,大大节约购买和运输活畜的费用。

4)可尽早进行母畜的遗传力测定

短期内重复进行超排处理,大大提高了后代总数,有利于通过后裔鉴定筛选更为优秀的母畜。

5)节约生产成本

应用胚胎移植还可以减少肉用繁殖母牛的饲养头数,节约生产成本。

6)保存品种资源

胚胎的冷冻保存,费用低于活畜保存,并且它与冷冻精液可共同构成动物优良性状的基因库。

7)提供研究手段

胚胎移植是胚胎工程、转基因动物生产以及克隆动物的最基础工作,同时也是研究受精作用、胚胎学和遗传学等理论问题的一种很好手段。

8)预防疾病

及时发现疾病,治疗疾病,严格操作环节,减少生殖道疾病。在生产当中,为了建立SPE畜群,向封闭畜群引进新个体时,为了控制疾病,往往采取胚胎移植技术代替剖腹取仔的方法。

9.1.3　胚胎移植的生理学基础

1)母畜发情后生殖器官的孕向发育

母畜的发情、配种都是受精、妊娠的前奏。大多数自然排卵的家畜,发情后无论是否配种,或配种后是否受精,在最初一段时期,生殖系统均处于受精后的生理状态下,即黄体形成、孕酮水平高、子宫内膜组织增生增厚、分泌活动增强。在生理机能上,妊娠和未

孕并无区别。所以,发情后的母牛生殖器官的孕向变化,是进行胚胎移植时使不配种的受体母牛可以接受胚胎,并为胚胎发育提供各种条件的主要生理学依据。

2)早期胚胎的游离阶段

当胚胎游离时,从体内取出胚胎,移植到相同生理状态的受体体内,胚胎仍可发育。

3)胚胎移植不存在免疫问题

受体母畜的生殖道(子宫和输卵管)对于自己胚胎和同种动物胚胎不表现免疫排斥反应。其主要原因是孕激素对免疫排斥反应具有抑制作用。这一点对胚胎由一个体移植给另一个体后而继续发育极为有利。

4)胚胎的遗传特性

胚胎的遗传特性主要受供体和与供体交配的雄性动物影响,受体只对胚胎后期的发育有影响,而不会影响胚胎的遗传特性和胚胎固有的优良性状。

9.1.4　胚胎移植的基本要求

①供体与受体属于同一物种。

②生理状态一致性。供体和受体在发情时间上的同期性。一般胚胎移植时,受体处于黄体期。

③解剖位置上的一致性,即移植后的胚胎与移植前所处的空间环境的相似性。

④胚胎收集期限。胚胎收集和移植的期限(胚胎的日龄)不能超过周期黄体的寿命,最迟要在周期黄体退化之前数日进行移植。通常在供体发情配种后 3~8 d 收集胚胎,受体同时接受移植。

⑤母体和胚胎不受伤害。在全部操作过程中,胚胎不应受到任何不良因素(物理的、化学的、微生物的)影响而危及生命力。鉴定正常后才能用于生产,避免造成不必要的经济损失。

⑥供体的生产性能、经济价值须大于受体,两者都健康无病。这样胚胎来源丰富,数量充足,质量稳定可靠。

⑦专业技术人员的操作熟练程度,技术条件、药品、器械齐备是必需的。

9.1.5　胚胎移植的基本程序

胚胎移植的基本程序,可参见图9.2所示。

1)供体与受体的选择

(1)供体的选择

①具备遗传优势,育种价值高。应选择生产性能高,经济价值大的母畜作为供体。

②具有良好的繁殖能力。既往繁殖史正常,对超排反应良好,易配易孕,没有遗传缺陷,分娩顺利、正常,无难产。

③健康无病。特别是无繁殖疾病和传染性疾病。

④营养良好,体质健壮。

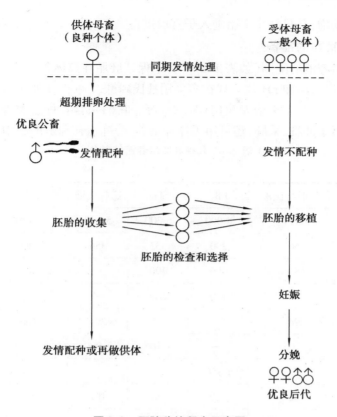

图9.2 胚胎移植程序示意图

(引自杨利国主编. 动物繁殖学[M]. 北京:中国农业出版社,2003.)

(2)受体的选择

受体母畜要求数目较多,可选用非优良品种的个体,但应具有良好的繁殖性能和健康体况,体形中上等。可选择与供体发情同期相同的母畜作为受体,一般两者发情同步差不超过 ±24 h。

2)供体和受体的发情同期化与超数排卵处理

①供体和受体的发情同期化。供体、受体的同期化是胚胎移植的关键,只有当供体、受体的生殖器官处于相同的生理状态,移植的胚胎才能正常发育。若不同期,胚胎处于不同生理环境,受体母畜不能产生促黄体作用,不能分泌足量的孕酮,胚胎就不能附植。一般,供受体同期化发情时间不得超过 1 d,同期化越近,成功率越高。

通常,用前列腺素及其类似物,其剂量根据药物的种类和方法而不同。采用子宫灌注的剂量低于肌肉注射的剂量(参看第 8 章 8.2)。在注射 $PGF_{2\alpha}$ 后 24 h,配合注射 PMSG 或 FSH,可以明显提高同期发情效果。

②超数排卵处理(参看第 8 章 8.3)。

③供体的人工授精或配种 2~3 次,每次间隔 8~12 h。

3)胚胎采集

采胚是指借助工具,利用冲胚液将胚胎由生殖道(输卵管或子宫角)中冲出,并收集在器皿中。胚胎采集有手术法和非手术法两种,手术法适用于各种动物;非手术法仅适

用于牛、羊等大动物，且只能在胚胎进入子宫后进行。

（1）胚胎采集前的准备

①冲胚液、培养液的配制（如表9.1）。为了保证胚胎在离体条件下不受损伤，冲胚液必须符合一定的渗透压和 pH 值。现在多采用杜氏磷酸缓冲液（PBS）、布林斯特氏液、合成输卵管液（SOF）以及 199 培养液（TCM199）等。它们除含各种盐类外，还含有多种有机成分，不但可用于冲洗、采胚，还可用于体外培养、冷冻保存和解冻胚胎等。

表 9.1　几种胚胎培养液的成分

单位：mg/L

成分	布林斯特氏液	PBS	SOF	惠顿氏液	Ham's F – 10	TCM – 199[*]
NaCl	6 554	8 000	6 300	5 140	7 400	8 000
KCl	356	200	533	356	285	400
$CaCl_2$	189	100	190	—	33	140
$MgCl_2 \cdot 6H_2O$	—	100	100	—	—	—
$MgSO_4 \cdot 7H_2O$	294	—	—	294	153	200
$NaHCO_3$	2 106	—	2 106	1 900	1 200	350
Na_2HPO_4	—	1 150	—	—	154	48
KH_2PO_4	162	200	162	162	83	60
葡萄糖	1 000	1 000	270	100	1 100	1 000
丙酮酸钠	56	36	36	36	110	—
乳酸钠	253	—	370	2 416	—	—
乳酸钙	—	—	—	527	—	—
核糖	—	—	—	—	—	0.5
去氧核糖	—	—	—	—	—	0.5
氨基酸	—	—	—	—	20 种	21 种
维生素	—	—	—	—	10 种	16 种
核酸	—	—	—	—	2 种	8 种
微量元素	—	—	—	—	3 种	1 种
牛血清蛋白	5000	不定	不定	3 000	不定	不定

[*] 尚含有胆固醇 0.2 mg、乙酸钠 50 mg、谷胱甘肽 0.05 mg、磷酸生育酚 0.01 mg、Tween（去污剂商品名）20 mg。

（引自中国农业大学主编. 家畜繁殖学［M］. 北京：中国农业出版社，2000.）

冲胚液和培养液在使用前都要加入血清白蛋白，含量一般为 0.3% ～1%，也可用犊牛血清代替，犊牛血清需加热（56 ℃水浴 30 min）灭活，使血清中的补体失去活性，以利于胚胎存活。冲胚血清含量一般为 3%（1% ～5%），培养血清含量为 20%（1% ～50%）。

②采胚时间的确定。采胚时间的确定应根据配种时间、发生排卵的大致时间、胚胎的运行速度、胚胎的发育阶段、畜种、胚胎所处部位、采胚方法等因素来确定。一般在供体发情配种后3~8 d收集胚胎。

（2）**采胚方法**

①手术法采胚。对供体动物麻醉或保定后，在手术部位剪毛，清洗，消毒（手术部位位于右肋部或腹下乳房至脐部之间的腹白线处），在沿腹部中线作一切口，找出输卵管和子宫角，引出切口外，用注射器吸取冲洗液注入输卵管或子宫角内。从另一方向插入塑料细管或针头，用表皿接取冲洗液，胚胎即随冲洗液一起流出。两侧应分别冲洗。由于子宫角与输卵管峡部接合处结构上的不同，一般牛羊兔是将冲洗液从子宫角注入，由输卵管的伞接取（如图9.3所示），猪则相反。

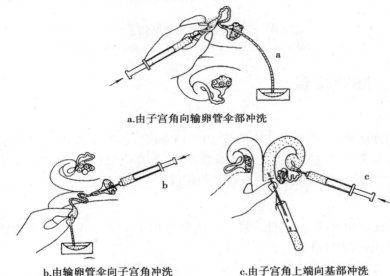

a.由子宫角向输卵管伞部冲洗

b.由输卵管伞向子宫角冲洗　　c.由子宫角上端向基部冲洗

图9.3　手术法冲洗胚胎示意图

（仿自 Hafez 著 Reproduction in Farm Animals,第4版）

注意事项：穿刺针头应磨钝，以免损伤子宫内膜；冲洗速度应缓慢，使冲洗液连续地流出。

②非手术法采胚。非手术采胚胎一般在输精后5~7 d进行。非手术法是利用三路导管的采胚器，将冲洗液通过中管注入子宫角内，然后通过内管导出冲洗液，外管前端连接一气囊，当将采胚器插入子宫角后，充气使气囊胀大，堵住子宫颈内口，以免冲洗液经子宫颈流出（如图9.4所示）。也可用二路导管采胚器，冲洗液的注入和导出是通过同一导管。非手术法采胚每侧子宫角用冲洗液100~500 ml。

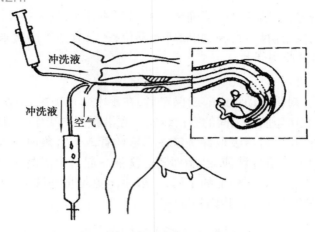

图 9.4 母牛非手术法收集胚胎示意图

(引自张忠诚主编. 家畜繁殖学 [M]. 北京:中国农业出版社,2004.)

9.1.6 胚胎检查

1)检胚

将收集的冲卵液于 37 ℃温箱内静置 10 ~ 15 min。胚胎沉底后,移去上层液。取底部少量液体移至平皿内,静置后,在实体显微镜下,先在低倍(10 ~ 20 倍)下检查胚胎数量,然后在较大倍数(50 ~ 100 倍)下观察胚胎质量。

2)洗胚

将胚胎在洗液中转移清洗、处理胚胎。吸卵可用 1 ml 的注射器装上特别的吸头进行,也可使用自制的吸卵管。

3)胚胎质量鉴定

检出的胚胎用吸胚器移入含有20%犊牛血清 PBS 培养液中进行鉴定。目前,鉴定胚胎质量和活力的方法主要有:形态学法、培养法、荧光法和测定代谢活性法等。胚胎分级标准详见表9.2。

表9.2 胚胎分级标准

作者或单位	A(优)	B(良)	C(中)	D(劣)
ELDSEN 等	胚胎处于正常阶段,外形均匀,桑椹胚阶段呈多角形,分裂球外形紧密。	与优等胚胎相似,但不均匀,在桑椹胚期分裂球脱离。与同一供体回收的其他胚胎相比发育略缓慢。	胚胎发育晚 1 ~ 2 d,桑椹胚分裂呈球形,大小不等,细胞中有空泡,与正常相比,外形较清晰或较暗。	胚胎发育晚 2 d,细胞界限不清楚,比中等胚胎的缺陷更多。

续表

作者或单位	A(优)	B(良)	C(中)	D(劣)
河北省奶牛胚胎移植技术研究中心	胚胎发育阶段与胚龄一致,卵裂球紧密充实,大小均匀成一整体,无游离细胞卵裂球,界限明显,透明度好,透明带圆而平滑,若是囊胚、胚结、滋养层细胞囊胚腔明显可见。	胚胎发育阶段与胚龄基本一致,卵裂球有基本结构,比较紧密,但有个别细胞游离,透明度较好,透明带呈圆形。	胚胎发育阶段与胚龄不太一致,细胞因松散,游离细胞较多,细胞界限模糊,发暗,卵黄周隙大。	有碎片的卵细胞变性,没有细胞组织结构。

注:A(优)、B(良)、C(中)三级细胞为可用胚胎,D(劣)级胚胎不能移植。

(引自张周主编.动物繁殖[M].北京:中国农业出版社,2001.)

发育至不同阶段的牛胚胎及形态异常的胚胎,分别如图9.5和图9.6所示。

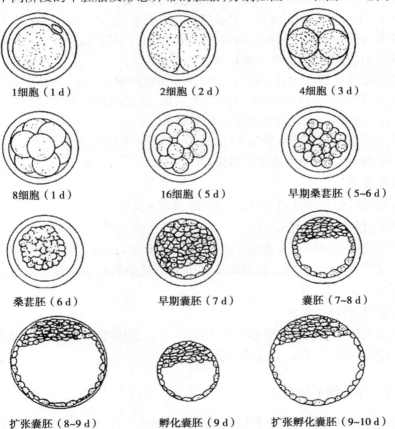

1细胞(1 d) 　 2细胞(2 d) 　 4细胞(3 d)

8细胞(1 d) 　 16细胞(5 d) 　 早期桑葚胚(5~6 d)

桑葚胚(6 d) 　 早期囊胚(7 d) 　 囊胚(7~8 d)

扩张囊胚(8~9 d) 　 孵化囊胚(9 d) 　 扩张孵化囊胚(9~10 d)

图9.5 不同发育阶段正常牛胚胎示意图

(引自张忠诚主编.家畜繁殖学[M].北京:中国农业出版社,2004.)

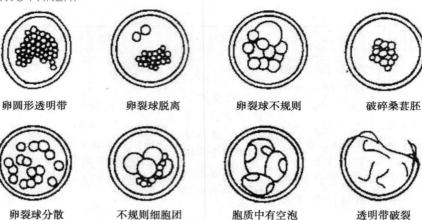

| 卵圆形透明带 | 卵裂球脱离 | 卵裂球不规则 | 破碎桑葚胚 |
| 卵裂球分散 | 不规则细胞团 | 胞质中有空泡 | 透明带破裂 |

图9.6　形态异常牛胚胎示意图

（引自张忠诚主编. 家畜繁殖学［M］. 北京：中国农业出版社，2004.）

（1）形态学法

这是目前鉴定哺乳动物胚胎最广泛、最适用的方法。一般是在 30～60 倍的立体显微镜下或 120～160 倍生物显微镜下对胚胎进行综合评定，评定的主要内容是：

①卵子是否受精。未受精卵的特点是：透明带内分布匀质的颗粒，无卵裂球。

②透明带形状、厚度以及有无破损等。

③卵裂球的致密程度，卵黄间隙是否有游离细胞或细胞碎片，细胞大小是否有差异。

④胚胎本身的发育阶段与胚胎日龄是否一致，胚胎的透明度，胚胎的可见结构如胚结（内细胞团）、滋养层细胞、囊胚腔是否明显可见。

根据胚胎形态特征将胚胎分为 A（优），B（良），C（中），D（劣）4 个等级。A，B，C 3 个等级为可用胚胎，D 级胚胎不能用于移植。

（2）体外培养法

将被鉴定的胚胎经体外培养观察，进一步判断其死活。

（3）荧光（活体染色）法

将二醋荧光素（FDA）放入待鉴定的胚胎中，培养 3～6 min，活胚胎显示有荧光，死胚胎无荧光。这种方法比较简单，而且能确切地验证胚胎的形态观察的结果，尤其对可疑胚胎有效。

（4）测定代谢活性法

将胚胎放入含有葡萄糖的培养液中，培养 1 h 后，测定培养液中葡萄糖的消耗量，每培养 1 h 消耗葡萄糖 2～5 μg 以上者为活胚胎。

9.1.7　胚胎保存

培养与保存是两个并不完全相同的概念。培养是在体温的条件下，于培养液中使胚胎继续发育。在体外发育的同时，当然也延长了体外存活的时间，间接地达到了保存的目的，但时间一般只能持续数日。保存是使胚胎在体外一定条件下（降温）停止发育，延长其在体外的生存时间，当需要时升温后进行移植。目前，胚胎的保存方法有 3 种：常温保存、低温保存和冷冻保存。

1）常温保存

常温保存是指胚胎在常温（15～25 ℃）下保存。通常采用含 20% 犊牛血清的 PBS 保存液，一般可保存胚胎 4～8 h（也有能保存 10～20 h）。

2）低温保存

低温保存是指在 0～10 ℃ 的较低温度下保存胚胎的方法。在此温度下，胚胎细胞分裂暂停，新陈代谢速度减慢，但细胞的一些成分特别是酶处于不稳定状态。因此，在此温度下保存胚胎也只能维持有限的时间。各种哺乳动物低温保存胚胎的合适温度是：山羊、小鼠 5～10 ℃，兔 10 ℃，牛 0～6 ℃。

3）冷冻保存

冷冻保存一般是指在干冰和液氮中保存胚胎。其最大的优点是：胚胎可以长期保存，而对其活力无影响。胚胎冷冻的方法很多，可以归纳为缓慢降温法、快速冷冻法和玻璃化冷冻法 3 种。

（1）缓慢降温法

缓慢降温法为最早采用的方法。加入保护剂后，以 0.2～0.8 ℃/min 的速率降至 −196 ℃ 后投入液氮。同样解冻也需要缓慢升温。此法冷冻解冻过程耗时太长，现已淘汰。

（2）快速冷冻法

快速冷冻法为目前最成熟的方法。与玻璃化冷冻法相比，虽然操作比较繁杂，需要专门的冷冻仪，但胚胎解冻后存活率及移植成功率较高，为目前生产中最常用的方法。其具体操作步骤为：

①胚胎采集和洗涤。用手术法或非手术法采集胚胎后，选择形态正常的桑椹胚或囊胚在含 20% 犊牛血清的 PBS 中洗涤两次。

②加入冷冻液。洗涤过的胚胎在室温条件下加入含 1.4 mol 甘油的冷冻液中平衡 20 min。

③装管和标记。将胚胎和冷冻液装入 0.25 ml 细管中，封口，并在细管上标记供体号、胚胎数量、等级、冷冻日期等。

④冷冻和诱发结晶（植冰）。将装入细管中的胚胎放入冷冻仪中，在 0 ℃ 平衡 10 min，以 1 ℃/min 的速度降至 −7～−6 ℃，在此温度下诱发结晶，并平衡 10 min。然后以 0.3 ℃/min 的速度降温至 −38～−35 ℃，投入液氮中保存。

⑤解冻和脱除保护剂。从液氮中取出装胚胎的细管，立即投入 37 ℃ 水浴中，并轻轻摆动，1 min 后取出即完成解冻过程。解冻后胚胎用不含抗冻剂的 20% 血清 PBS 冲洗 3～4 次，彻底脱除抗冻剂。或将解冻后的胚胎放入 0.5 mol 或 1.0 mol 的蔗糖溶液中平衡约 10 min，再将胚胎在不含抗冻剂 20% 血清 PBS 中清洗 3～4 次。

（3）玻璃化冷冻法

采用 25% 的甘油、丙二醇、乙二醇中的任何两种保护剂组成高浓度的玻璃化液。胚胎分两步移入低、高浓度的保护剂中，装入细管并在 4 ℃ 平衡 10 min，然后直接或在液氮

中放置 1 ~ 2 min 投入液氮。解冻后可分两步法脱去保护剂。此法操作简单,不需要专门的冷冻仪,为将来发展的方向,但成功率还有待提高。

9.1.8 胚胎的移植

在胚胎输入输卵管或子宫角时,为防止胚胎粘到吸管内而丢失,因此用吸管吸取胚胎的程序应为:先吸入一段保存液,后吸一段空气,然后吸一段含有胚胎的保存液,再吸一段空气,最后吸少量保存液,吸管的尖端再留一段空隙。

1)手术法移植

在进行采集胚胎或检查胚胎的同时或之后,麻醉固定受体,清洗和消毒受体右肷窝部,并做一切口。找到排卵侧卵巢,把吸有胚胎的注射器或移卵管刺入子宫角前端,将胚胎注入同侧的子宫角或输卵管内。然后将子宫或输卵管复位,缝合切口。

2)非手术法移植

此法适用于牛、马等大动物。移植时间一般在发情后第 6 ~ 8 d,移植前将可移植的胚胎吸入 0.25 ml 塑料细管内,隔着细管在实体显微镜下检查,确定胚胎已吸入细管内,然后将吸管装入移植枪内,通过子宫颈插入宫角深部,注入胚胎。如果向一头受体移植两个或两个以上胚胎时,应按照胚胎数均等地分别注入到两个子宫角内。非手术移植要严格遵守无菌操作规程,以防生殖道感染。

9.2 配子和胚胎生物技术

生物技术(生物工程)是指对卵子、精子和胚胎在体外条件下进行的各种操作和处理过程。

9.2.1 卵子的培养和体外受精

卵子的培养和体外受精是两个不同的概念,但两者联系密切。从发展看,体外受精有可能成为胚胎移植中的一种重要生物技术,是解决胚胎来源的一个途径(如图 9.7 所示),同时可作为鉴定精子和卵子受精能力的一种方法,也是克服由于输卵管不通造成不孕的有效手段。为此,需要首先取得卵子,在体外进行培养,并使之发育成熟,具有与精子结合的能力,然后再实现体外受精。体外受精和卵子培养还是研究受精过程和胚胎早期发育各种问题(形态、结构、生理、生化)的重要手段。

1)卵子培养

在卵巢上的囊状细胞或成熟卵泡细胞吸取尚处于第一次成熟分裂前期或成熟分裂开始的初级卵母细胞连同完整健全的卵丘细胞团,在特定的培养液中,使之继续发育,进行成熟分裂,达到受精的成熟阶段。此项技术为得到丰富的胚胎开辟了新途径,可以从即将淘汰的母畜卵巢得到卵泡或卵子,或在屠宰前作超排处理,获得更多的发育卵泡,进行收集和培养。根据低温生物学的原理,卵泡和其中的卵母细胞也可以像精子或胚胎那样冷冻保存起来,共同组成种质贮库。

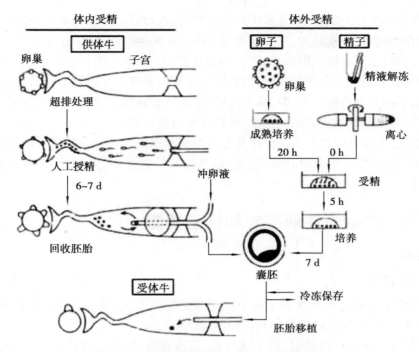

图 9.7 胚胎移植的两种生物技术途径比较

2）体外受精

体外受精就是采取雌性动物的卵子和雄性动物的精子,使其在试管中受精。体外受精原来只是生物学家为研究受精过程进行的生理实验,现在正逐渐成为一种有用的生物技术以提高胚胎移植的实用效果。应用此项技术可获得大量的胚胎,因而体外受精技术可充分挖掘优良母牛的生育潜力。实现胚胎生产的工厂化,在畜牧业中具有广泛的应用前景。这项技术成功于 20 世纪 50 年代,第一头体外受精犊牛于 1981 年在美国宾西法尼亚州诞生,在最近 20 年发展迅速,现已日趋成熟并成为一项重要而常规的动物繁殖生物技术。其方法如下:

（1）卵子体外培养成熟

将卵子采集后放入培养液中,在 39 ℃、5% CO_2 气相条件下的培养箱中培养约 24 h,一般卵丘细胞显著扩张,从形态上可以确认达到成熟,在培养液中添加 BSA(或犊牛血清)及促性腺激素、类固醇激素等可增加卵母细胞的成熟程度。

（2）精子获能

将精子放入人工合成的培养液中培养数小时,使精子获能(加入肝素及咖啡因利于精子获能),或者将采集的精子放在母畜的子宫液或卵泡液中获能后取出。

（3）受精及受精的检查

将成熟的卵子移入培养液的液滴中,加入获能的精子,置 CO_2 培养箱中共同孵育,隔一定时间检查受精情况,当发现有原核形成和正常卵裂等情况时确定为受精。

（4）体外受精卵的培育

将受精卵移入培养液中继续培养。由于早期胚胎具有体外发育阻滞现象,因此,为

克服阻滞并获得较高的发育率,多采用与卵丘细胞、输卵管上皮细胞等共同培养的方法,以使其发育至桑椹期或囊胚期,然后即可用于移植或其他生物工程的操作。

体外受精技术对动物生殖机理研究、畜牧生产、医学和濒危动物保护等具有重要意义。如用小鼠、大鼠或家兔等做实验材料,体外受精技术可用于研究哺乳动物配子发生、受精和胚胎早期发育机理。在动物品种改良中,体外受精技术为胚胎生产提供了廉价而高效的手段,对充分利用优良品种资源,缩短动物繁殖周期,加快品种改良速度等具有重要价值。对人类,体外受精技术是治疗某些不孕症和克服性连锁病的重要措施之一。体外受精技术还是哺乳动物胚胎移植、克隆、转基因和性别控制等现代生物技术不可缺少的组成部分。

9.2.2 胚胎的性别控制和性别鉴定

1)胚胎的性别控制

(1)X,Y 精子的分离

精子分离主要依据是 X,Y 精子在 DNA 含量、大小、比重、活性、膜电荷、酶类、细胞表面、移动速度、抵抗力等方面均有差异,但差异甚小。

其主要分离方法有:沉降法、离心沉降法、密度梯度离心法、过滤法、层析法、电泳法及免疫学方法等。但目前均没有取得稳定可靠的结果。从研究现状看,分离 X,Y 精子还存在相当大的困难,与生产应用尚有一定距离。

利用 X,Y 精子对抗体或特殊化学物质产生不同反应的方法是值得注意的一个领域。Y 精子表现具有一种 H-Y 抗原,这种抗原由 Y 染色体的基因所编码。H-Y 抗原可使母畜产生 H-Y 抗体。这种抗体有细胞毒性,能杀死 Y 精子,所以用 H-Y 抗体作用后的精子受精,有可能产生雌性后代。

(2)改变受精环境

日本的学者利用 5% 的精氨酸预先处理子宫颈后输精,使牛的母犊控制率达 80%。其理论依据是:雄性动物有支配性别的决定权,产生 X 或 Y 精子;而雌性动物有支配性别的选择权,改变母畜受精的环境,有可能改变性比例。

2)胚胎的性别鉴定

胚胎性别鉴定就是在胚胎移植之前对胚胎进行性别鉴定,来控制下一代的性别,使之达到理想的性别比例,或者让母牛只怀同性双胎,避免产生异性孪生母犊。

性别鉴定的方法主要有两种:

(1)组织学方法

其生理基础是雄性家畜性染色体组合为 XY,雌性家畜性染色体组合为 XX。采取一部分胚胎组织,立即固定有丝分裂细胞,并对胞核进行染色,制成染色体标本,根据检出的 XX,XY 染色体来进行性别鉴定,再把剩余的胚胎组织移植到子宫内,使之继续发育。

(2)免疫学方法

H-Y 抗原为雄性哺乳动物细胞膜所特有,而雌性动物细胞膜则无此抗原,通过检测胚胎细胞膜上是否存在 H-Y 抗原即可鉴别其性别。免疫学鉴定法的操作技术有以下

两种:

①细胞毒性试验。是将胚胎孵育于加有补体(多用豚鼠血清)和 H-Y 抗血清的培养液中,观察孵育的结果。如果胚胎含 H-Y 抗原,发育就会受阻或发生变性溶解现象;如不含 H-Y 抗原,胚胎可继续发育。本法虽具较高的准确性,但能使雄性胚胎受到破坏。

②间接免疫荧光法。本法需要用绿色荧光染料异硫氰酸荧光素标记的抗体。首先除去胚胎透明带,将其与第一抗体(H-Y 抗体)一起孵育,继之与标记的第二抗体(抗 H-YR 抗体的抗体)孵育,然后用荧光显微镜检查,就会发现有的胚胎带荧光(多为雄性),有的胚胎不带荧光(多为雌性)。本法的优点在于不破坏雄性胚胎,也不影响胚胎活力。

由于 H-Y 抗原是弱抗原,在操作过程中,观察人员的主观影响因素很大,因而结果的误差大,在实际生产中的运用目前还难以实行。

9.2.3　胚胎分割

胚胎分割就是用显微外科方法将胚胎分为两个或多个具有继续发育潜力部分的生物技术。目前运用胚胎分割可获得同卵孪生后代。分割后的两枚半胚,即使性别不明,也可移植给同一头受体牛,而不必担心造成异性孪生母犊不育。在畜牧生产上,胚胎分割可用来扩大优良家畜的数量,是扩大胚胎来源的一条重要途径和方法。

胚胎分割前,一般均需先准备好空透明带,然后将分割后的胚细胞团移入空透明带内。牛分割后的两枚半胚,还可以移植一枚,冷冻储存一枚。如果所移植的半胚获得一头公牛,家畜改良站即可进行半胚公牛的遗传性能测定。如果证明是优秀个体,数年后将另一半胚胎解冻,移植成功,可得到遗传性能完全相同的孪生公牛。

早期胚胎的每个细胞都具有独立发育成一个个体的能力,这是胚胎分割得以成功的理论依据。胚胎分割有两种方法,一种是对 2~6 细胞期胚胎,用显微操作仪上的玻璃针或刀片将每个卵裂球、2 个卵裂球或 4 个卵裂球为一组进行分割,分别放入一个空透明带内,然后进行移植。另一种方法是:用上述相同的方法将桑椹胚或早期囊胚一分为二或一分为四,将每块细胞团移入一个空透明带内,然后进行移植。

胚胎分割的操作一般在显微镜下进行。Leitz 显微操作仪是进行胚胎分割的最佳设备。这种操作仪实际上就是在显微镜上装上机械手,胚胎的固定及分割都是通过操纵机械手实现的。

9.2.4　胚胎融合

胚胎融合又称嵌合体制作,就是将两个不同品种或不同种除去透明带的胚(裸胚)黏合在一起,或者各自一分为二,然后各取一半,融合成新的胚胎,移植给受体,产生具有杂交优势的新后代——嵌合体。

胚胎融合技术不仅为动物胚胎发育及遗传控制等研究提供了有效手段,而且也已证实,嵌合体后代可集不同品种或不同种动物的不同基因于一体,完全有可能把母代动物的优良遗传性能集中表现出来,从而形成具有高度杂种优势的杂合体。另外,嵌合体母畜与公畜交配后,能产生具有正常繁殖力的后代。所以,胚胎融合不仅可成倍缩短家畜改良时间,而且也为创造新型的家畜品种提供新的技术手段。

胚胎融合的主要方法有以下两种：

①石蜡油挤压法。在塑料培养皿上做好 20~30 μl 的联结用培养液小滴，上盖石蜡油。培养液滴中放入要联结的两个品系的裸胚（通常各一个），在显微镜下用细玻璃棒轻轻拔在一起使之联结。联结用的培养液中一般要加联结剂——植物血凝素。没有联结剂，联结也能进行。室温下放置 15 min，使联结完成后，要用培养液洗两次，再继续培养或作移植。

②内细胞团囊胚注入法。即将一个品系的单个卵裂球注入另一品系胚胎的囊胚腔中。

9.2.5　卵核移植

卵核移植又称卵的无性繁殖，是将优良母畜胚胎的卵裂球（核供体）或体细胞核分离开来，获得几十个具有优良遗传基因的供体核，然后将这些供体核分别注入一般母畜的去核卵子中，或去核的原核期受精卵，或 2 细胞期的去核胚胎（核受体）中进行融合，产出遗传素质相同的后代。其目的是：由一个优良胚胎（同卵）生出更多的优良后代，进一步提高优良母畜的繁殖潜力。

9.2.6　基因导入

基因导入就是通过显微操作手段给胚胎注入外源基因，增加新的遗传物质，并使之在后代中能稳定地表达出来。这种技术可达到两个目的：一是加快动物生产性能的改良速度；二是实现常规选择和杂交不能实现的目标。但是，只有在有用的或符合需要的性状，如多胎性、生长快、抗病性的基因可以分离出来，并在动物体内的表达可以控制时，才能应用这种技术。

尽管，目前基因导入过程尚有许多困难有待克服，将这项技术广泛用于家畜尚存在很多技术性问题，但已得到了转基因猪、牛、羊、兔、鼠的后代。随着研究的不断深入，预计随着这项技术的日趋成熟，它将给畜牧业发展插上腾飞的翅膀。

复习思考题

一、名词解释（每题 4 分，共 24 分）

1. 胚胎移植　2. 供体　3. 受体　4. 体外受精　5. 胚胎分割　6. 胚胎融合

二、填空题（每空 2 分，共 32 分）

1. 在胚胎移植实践中，一般供体受体发情同步并要求在_____h 之内。

2. 采胚的方法有_____和_____2 种。羊常用_____法，牛常用_____法。

3. 手术法采胚有_____、_____和_____3 种。

4. 早期胚胎少于 8 细胞时，一般应移植于_____，多于 8 细胞应移植于_____。

5.移胚方法分为_____和_____。

6.胚胎移植的供体和受体在生理状态上应一致指的是_____和_____一致。

7.牛的非手术法采集胚胎时一般在输精后的第_____天进行。羊的手术法采集胚胎一般在输精后的第_____天进行。

三、判断题(每题 3 分,共 15 分)

1.胚胎移植时,供体和受体都应有较高的生产性能和经济价值。 (　　)

2.在胚胎移植实践中,一般供体、受体发情同步差要求在正负 48 h 内。 (　　)

3.胚胎移植时,受体对移植的胚胎不存在免疫排斥反应。 (　　)

4.所移植的胚胎的性状受供体、受体和与供体交配的雄性动物的影响。 (　　)

5.胚胎的质量根据形态特征将其分为 A,B,C,D 4 个等级,A 和 B 等级为可用胚胎,C 和 D 等级为劣质不能用胚胎。 (　　)

四、简答题(共 29 分)

1.简述胚胎移植的意义。

2.胚胎移植的生物学基础有哪些?

3.胚胎移植的基本要求有哪些?

4.简述胚胎移植的操作规程。

实训 13　胚胎移植技术

1.目的要求

通过应用激素,对牛、羊进行超数排卵及同期发情处理,以及胚胎移植全过程的观察,了解动物胚胎移植的程序及主要技术环节的操作要领。

2.材料用品

(1)**实验动物**

选择健康、营养良好、无繁殖疾病、生殖功能正常的母牛或母羊,做供体牛(羊)受体牛(羊)。

(2)**药品**

PMSG、FSH、LH、$PGF_{2\alpha}$、静松灵注射液、2% 普鲁卡因注射液、生理盐水、PBS、75% 酒精、2% 碘酒、抗生素等。

(3)**器械**

子宫扩张棒、二路冲卵器、注射器、输卵器、卡苏枪、连续变倍实体显微镜、腹腔镜、集卵瓶、检卵杯、吸卵管、拨胚针、羊手术台(2 个)、手术刀、剪、镊子、止血钳、创布、缝合针、

缝合线等两套。

3. 方法步骤

(1)牛的非手术法胚胎移植操作

①同期发情与超数排卵处理:受体牛胚胎移植前第 6 d 注射 PGSG 500～800 IU,前 3～4 d 注射 PGF_{2_α} 1～2 mg(子宫灌注法)。

供体牛性周期的第 11 d,肌肉注射 PFSG 3 000～4 000 IU,第 13 d 肌肉注射 PGF_{2a} 20～30 mg,促使黄体退化,第 15 d 供体牛发情(此天为 0 天),间隔 8～12 h 输精 2～3 次,第 7 d 收集胚胎。或用 FSH 在供体发情周期的第 11～14 d 每日上午 8:00 和下午 5:00 各肌肉注射 FSH 50 IU,总剂量 400 IU,第 13 d 注射 PGF_{2_α} 20～30 mg,第 15d 供体牛发情。以后处理用第一种方法,在第一次输精的同时注射 LH 160 IU,共输精 3 次。

②胚胎的收集(采卵)。

A. 供体牛在直检架内固定,用绳尾拉向一侧,排除直肠内的粪便清洗阴户周围。

B. 肌肉注射静松灵 3～5 ml 作镇静。

C. 2% 普鲁卡因注射液 4 ml 作尾椎硬膜外局部麻醉,以松弛子宫颈环肌。

D. 组装冲卵集卵的装置,准备 1 000 ml 冲卵液加温 38 ℃ 备用。

E. 使用子宫扩张棒扩张子宫颈口。

F. 将带有通心钢丝的采卵软管插入子宫角。

G. 充气 20 ml,使冲卵管固定于子宫基部。

H. 用 100 ml 注射器吸取 38 ℃ 的冲卵液 40～60 ml,注入子宫角,再回收冲卵液,反复冲洗,一侧子宫角总计用冲卵液 50 ml,一侧子宫角冲完,以同样的方法冲洗另一侧子宫角,两侧冲完,向子宫内注射抗菌药物。

③胚胎的检查(检卵)。

A. 将盛有冲卵回收液的集卵管静置 10～20 min,然后从集卵管下端放液于检卵标,置于解剖镜下观察,以 10～40 倍仔细将胚胎检出,放入盛有移卵液的凹面培养皿内,仔细观察胚胎的形态和发育情况。

B. 收集外形整齐、大小一致、卵裂球分裂均匀、外膜完整、清晰明亮的桑葚胚或适宜胚期的胚胎,吸入塑料细管内(用 5 段法:移卵液—空气—含有胚胎的移卵液—空气—移卵液),再将细管放入输卵器中。如图实 13.1 所示。

图实 13.1　胚胎吸入细管示意图

④胚胎的移植(授卵)。

A. 选择同发情处理的供体牛相一致的母牛作受体。

B. 按常规输精法,将输卵器插入宫颈,并深入黄体侧子宫角,将胚胎移入。

(2)羊的手术法胚胎移植

①同期发情与超数排卵处理:供体和受体母羊的同期发情及供体母羊的超数排卵处理方案参见表实13.1。

表实13.1　母羊同期发情、超数排卵处理(方案)

时　间	供　体				受　体		
	药物	剂量	方法	配种	药物	剂量	方法
第1 d	FSH	50 IU×2	肌注		PGF	2 mg	肌注
第2 d	FSH	50 IU×2	肌注		FSH	100 IU	肌注
	PGF	2 mg					
第3 d		50 IU	肌注		每天试情并记载 发情开始及结束时间		
第4 d				试情			
第5 d	LH	150 IU	静注	配种			
第6 d							
第7 d							
第8 d	手术收集胚胎				手术移植胚胎		

②胚胎收集。

A.回收时间。供体母羊在发情结束后2~3 d里,胚胎还处于输卵管内,如果在发情结束3~5 d前后,则只能收集到子宫角尖端部位的胚胎。

B.麻醉、保定。用2%的普鲁卡因6~8 ml作腰荐部硬膜外麻醉,手术中母羊骚动时可肌肉注射静松灵1~2 ml。母羊作仰卧保定,再以0.25%普鲁卡因或利多卡因在母羊左后侧腹部作局部麻醉。

C.冲洗胚胎。在乳房左侧腹壁作切口,将子宫角、输卵管及卵巢依次拉出,注意保护卵巢和输卵管勿受挤压。观察并记载卵巢上的红体数和残留的卵泡数。

a.输卵管冲洗液收集。将一条细橡胶管(人用导尿管)由输卵管部插入输卵管腹腔孔内,作好固定不得脱落。橡胶管另一端接一小烧杯,以备盛装回收冲洗液。用一带有钝针头的注射器,吸取冲胚液5~8 ml,由宫管结合部插入输卵管,两手指捏插入针头部位的子宫角,防止冲胚液回流子宫,缓慢推动注射器活塞,冲胚液即可将输卵管内的胚胎经由插入输卵管伞内的细橡胶管冲入承接的小烧杯内。

b.子宫冲洗液收集。用一带有乳胶管的10~12号针头插入距宫管结合部1.5~2 cm的子宫角内用手指捏紧插入针头部位的子宫角。在乳胶管另一端接一小烧杯。再用带有针头的注射器吸取冲胚液10 ml,插入子宫角尖端,亦用手指捏紧宫管结合部,防止冲胚液流入输卵管。缓慢推入冲胚液10 ml,插入子宫角尖端,亦用手指捏紧宫管结合部,防止冲胚液流入输卵管。缓慢推入冲胚液,即可将子宫角尖端部位的胚胎经由乳胶管流入小烧杯中。

③胚胎检查(检卵):同牛的胚胎检查。

④胚胎的移植。

A. 麻醉手术法同供体。

B. 胚胎最好移入排卵侧的生殖道内。从供体输卵管得到的胚胎可用移胚细管吸取正常胚胎注入到输卵管的腹腔孔内。从供体子宫内回收的胚胎可用 1 ml 注射器及封闭长针头吸取胚胎注入到受体子宫角的相应部位。

4. 注意事项

①胚胎体积很小,在检查完胚胎进行分装、移植操作过程中,极容易丢失。因此,在向胚移管或塑料细管内分装胚胎时应特别注意。

②吸入胚胎的细管须在实体显微镜下检查是否确实有胚胎装入,胚胎注出时,亦须经实体显微镜检验。

5. 实训作业

总结手术法和非手术法胚胎移植的程序和主要技术环节。

实训 14　兔的超数排卵、胚胎移植及早期胚胎观察

1. 目的和要求

通过实验了解促卵泡素(FSH),孕马血清促性腺激素(PMSG),人绒毛膜促性腺激素(HCG)的作用。了解卵子的正常和异常形态结构,认识受精卵和未受精卵的区别。初步掌握冲卵、检卵技术,为掌握胚胎移植技术打下基础。

2. 材料用品

(1)实验动物

选择健康的成年未孕母兔。分组后,用做超排处理的供体。另外,准备两只母兔,做胚胎移植受体。实验母兔最好用产过仔的母兔,效果较好。需公兔 2~3 只。

(2)药品

FSH,PMSG,HCG,0.9% NaCl,75% 酒精、碘酒、新洁而灭、冲卵液、846 麻醉药。

(3)器材

注射器(20 ml,10 ml,1 ml)、兔用手术台、创巾、止血纱布、药棉、缝合针、缝合线、消炎粉、青霉素、链霉素、剪毛剪、止血钳、镊子、手术刀、剪、塑料细管(冲卵管)、表面皿、移卵管、连续变倍实体显微镜。

3. 供体兔超排分组及操作步骤

(1)FSH 处理组

先用碘酒棉球消毒母兔颈部皮肤,每只每次颈部皮下注射 FSH 10~15 IU 或 0.15 mg(动物所产品)。连续注射 6 次,每次相隔 10~14 h。总量为 0.9 mg/只。最后一次注射

FSH 后 12 h,从耳静脉注射 HCG 75 IU,先用酒精棉球消毒耳朵边缘,随即放置于公兔笼中,观察是否配种。一般来说,超排处理后,母兔阴部表现出发情症状,能成功地配种。

（2）PMSG 处理组

母兔颈部皮肤消毒同上。于颈部皮下一次注射 PMSG 150 IU。之后 48 ~ 72 h,同上述方法注射同量 HCG,即同公兔交配。

（3）对照组

颈部皮下注射生理盐水。其他处理同上。

4. 手术冲胚方法

于注射 HCG 并与公兔交配后 24 h,36 h 或 48 h,进行冲胚。

（1）耳静脉注射 10 ml 空气,处死母兔。如做活体手术,则用 846 麻醉药麻醉（耳静脉注射 0.3 ml/只）后再按外科手术要求打开腹腔。

（2）将母兔背朝下方固定于兔手术台上。

（3）在母兔腹部最后两对乳头的腹中线部剪毛,用沾满肥皂液的纱布清洗局部,再用剃须刀片刮毛,先后分别用碘酒和酒精棉球由内向外进行消毒,然后盖上创巾并固定好。

（4）用手术刀在腹部正中线处皮肤切开 2 ~ 3 cm 长的术口,再在腹壁肌白线上切一小口,用中指垫着以手术剪来扩大术口。活体冲卵时,要注意止血,随时用温生理盐水纱布保温术部。

（5）打开腹腔后,沿着子宫轻轻引出输卵管及卵巢。于卵巢下脂肪组织处,用长夹夹住以固定卵巢。仔细观察卵巢的变化,记录排卵点（卵巢排过卵后的小红点）。

（6）先在卵巢附近找到输卵管伞,从伞部插入冲卵管并用手指或夹子固定,另一端接表面皿;另一人用 10 ml 注射器配置 9 号针头,吸一管冲卵液（也可用生理盐水代替）。从子宫向输卵管方向,于子宫角末端和输卵管交界的无血管处插入针头,使针头伸入输卵管内并用手指固定。然后慢慢地推动注射器,将冲卵液注入输卵管,使冲卵液由伞部收集到表面皿内。一般每次 5 ml 即可。注意冲卵液不得流失。

5. 胚胎观察

将接有冲卵液的表面皿置于实体显微镜下,检查胚胎的数量和发育形态。

正常兔受精卵为卵圆形,直径约 140 μm,在透明带外围有一厚层薪蛋白层（为兔胚胎特有结构）。卵黄颗粒很细,分布很均匀。容易看到核的变化。在卵黄周隙内可见两个极体。而未受精的卵母细胞中,粗细不一的卵黄颗粒清楚可见,且分布不均。不能看到细胞核。在卵黄周隙汽只有一个极体。一般在交配后 24 h,受精卵已发育成 2-细胞胚胎;48 h 即发育成 16-细胞胚胎（早期桑葚胚）。

6. 胚胎移植

（1）受体的选择

选择与供体发情时间一致（相差不超过 1 d）的受体（自然发情或超排处理诱发发情）。

（2）**麻醉、保定及开腹手术**

参照供体处理方法。

（3）**胚胎分装**

先向移卵管内吸进少量 PBS，接着吸入一点空气，然后将胚胎连同少量 PBS 吸入，接着再吸入一点空气和 PBS，在移卵管尖端需保留一端空隙，这样就可以防止胚胎丢失。

（4）**移植部位**

将胚胎移入排卵侧的生长道内。凡从供体输卵管内得到的胚胎应移植到受体输卵管内。从输卵管伞部插入 2～3 cm 深，轻轻地注入胚胎，然后慢慢地抽出移卵管。一般一侧输卵管可移植 5～10 枚胚胎，如从供体子宫内收集的胚胎也应移植到受体母兔相应的部位。

（5）**缝合**

按外科手术要求分别缝合肌层和皮肤，并进行消毒。注意术后护理。

7. 作业

简述实验过程和结果，根据结果进行分析。

第10章
动物的繁殖力

> **本章导读**:本章主要介绍了评定动物繁殖力的主要指标、动物正常的繁殖力、影响动物繁殖力的主要因素和提高动物繁殖力的主要措施。通过学习,掌握常用繁殖指标的含义及统计方法,运用所学的知识和技能,制订综合方案,提高动物的繁殖力。

10.1 繁殖力的概念和评定指标

10.1.1 繁殖力的概念

所谓繁殖力,是指动物维持正常繁殖机能生育后代的能力,也是雌雄两性动物的生殖力。对种畜来说,繁殖力就是生产力,它能直接影响生产水平的高低。

影响繁殖力的因素很多,除繁殖方法、技术水平外,雄、雌动物本身的生殖条件也起着决定性的作用。因此,雄、雌动物的遗传性,雄性动物的精液质量,雌性动物的发情生理,排卵数量,卵子受精能力,胚胎的发育情况等都是影响繁殖力的重要因素。

对雄性动物而言,表现在每次配种能排出一定量且富有活力精子的精液,能充分发挥其受精的能力,所以也可称为受精力。雌性动物的繁殖力是一个综合性的概念,表现在性成熟的早晚,繁殖周期的长短,每次发情排卵数量的多少,卵子受精能力的大小及妊娠情况(胚胎发育、流产等)。概括起来,集中表现在一生或一段时间内(一年或一个季节内)繁殖后代多少的能力。而科学的饲养管理、正确的发情鉴定、适时配种及人工授精、发情控制、胚胎移植等繁殖控制技术的应用是保证和提高动物繁殖力的重要技术措施。

通过繁殖力的测定,可以随时掌握畜群的增殖水平,反映某项技术措施对提高繁殖力的效果,并及时发现畜群的繁殖障碍,以便采取相应的手段,不断提高畜群数量和品质。

10.1.2 评定繁殖力的主要指标

1)哺乳动物繁殖力指标

雌性动物的繁殖力是以繁殖率来表示的。达到适配年龄后一直到丧失繁殖能力的雌性动物称为适繁母畜。畜群繁殖率是指本年度内出生断奶成活的仔畜数占上年度终存栏适繁母畜数的百分率。可以用下列公式表示:

$$繁殖率 = \frac{本年度出生仔畜数}{上年度末适繁母畜数} \times 100\%$$

根据母畜繁殖过程的各个环节,繁殖率应该是包括受配率、受胎率、分娩率、产仔率和仔畜成活率 5 个方面内容的综合反映。因此,繁殖率又可以用下列公式表示:

$$繁殖率 = 受配率 \times 受胎率 \times 分娩率 \times 产仔率 \times 仔畜成活率$$

(1)受配率

受配率是指本年度内参加配种的母畜占适繁母畜的百分率。不包括因妊娠、哺乳及各种卵巢疾病等原因造成空怀的母畜。受配率主要反映畜群内适繁母畜发情配种的情况。

$$受配率 = \frac{配种母畜数}{适繁母畜数} \times 100\%$$

(2)受胎率

受胎率是指本年度内妊娠母畜数占配种母畜数的百分率。在受胎率统计中,又分为总受胎率、情期受胎率、第 1 期情受胎率和不返情率。

①总受胎率。是指本年度末受胎母畜数占本年度内参加配种的母畜数的百分率,不包括配种未孕的空怀母畜。受胎率主要反映畜群中受胎母畜头数的比例。

$$总受胎率 = \frac{受胎母畜数}{配种母畜数} \times 100\%$$

②情期受胎率。是指在一定期限内妊娠母畜数占本期内配种情期数的百分率。它在一定程度上更能反映受胎效果和配种水平。就同一群体而言,情期受胎率通常低于总受胎率。

$$情期受胎率 = \frac{妊娠母畜数}{配种情期数} \times 100\%$$

③第一情期受胎率。是指第一情期配种的妊娠母畜数占第一情期配种母畜数的百分比。

$$第一情期受胎率 = \frac{第一情期配种妊娠母畜数}{第一情期配母畜数} \times 100\%$$

④不返情率。是指在一定期限内,配种后再未出现发情的母畜占本期内参加配种母畜数的百分比。不返情率又可以分为 30 d,60 d,90 d 和 120 d 不返情率。30 ~ 60 d 的不返情率,一般大于实际受胎率 7% 左右。随着配种时间的延长,不返情率就越接近于实际受胎率。

$$X 天不返情率 = \frac{配种后 X 天未返情母畜数}{配种母畜数} \times 100\%$$

(3)分娩率

分娩率是指本年度内分娩母畜数占妊娠母畜数的百分比(不包括流产母畜数),其大小反映母畜妊娠质量的高低和保胎效果。

$$分娩率 = \frac{分娩母畜数}{妊娠母畜数} \times 100\%$$

(4)产仔率

产仔率是指母畜的产仔(包括死胎)数占分娩母畜数的百分比。

$$产仔率 = \frac{产出仔畜数}{分娩母畜数} \times 100\%$$

单胎动物如牛、马、驴、绵羊因一头母体只产出一头仔畜,产仔率一般不会超过 100%。因此,将单胎动物的分娩率和产仔率看作是同一概念而不使用产仔率。多胎动物如猪、山羊、犬、兔等一胎可产出多头仔畜,产仔率均会超过 100%。这样,多胎动物母体所产的仔畜数不能反映分娩母畜数,所以对于多胎动物应同时使用母畜分娩率和母畜产仔率。

(5)**断奶仔畜成活率**

断奶仔畜成活率是指本年度内断奶成活的仔畜数占本年度产出仔畜数的百分比。不包括断奶前的死亡仔畜数,它反映了仔畜的培育质量。

$$仔畜成活率 = \frac{成活仔畜数}{产出活仔畜数} \times 100\%$$

(6)**产仔(犊)间隔**

产仔(犊)间隔是指母畜两次产仔(犊)平均间隔天数。它反映了不同母畜群的繁殖效率。产仔(犊)的间隔越短,繁殖率就越高。

(7)**窝产仔数**

窝产仔数是指每胎产仔的头数(包括死胎和木乃伊胎)。一般用平均数来进行比较个体和畜群的产仔能力。

2)家禽繁殖力指标

反映家禽繁殖力的指标有:产蛋量、受精率、孵化率、育雏率等。

(1)**产蛋量**

产蛋量是指家禽 1 年内平均产蛋枚数。

$$全年平均产蛋量(枚) = \frac{全年总产蛋数}{总饲养日} \times 100\%$$
$$365$$

(2)**受精率**

种蛋孵化后,经过第一次照蛋确定的受精蛋数占入孵蛋数的百分比。

$$受精率 = \frac{受精蛋数}{入孵蛋数} \times 100\%$$

(3)**孵化率**

孵化率可分为受精蛋的孵化率和入孵蛋的孵化率两种,是指出雏数占受精蛋数或入孵蛋数的百分比。孵化率反映了孵化质量。

$$受精蛋孵化率 = \frac{出雏数}{受精蛋数} \times 100\%$$

$$入孵蛋孵化率 = \frac{出雏数}{入孵蛋数} \times 100\%$$

(4)**育雏率**

育雏率是指在育雏末,成活雏禽数占入舍雏禽数的百分比。它反映了育雏质量。

$$育雏率 = \frac{育雏期末雏禽数}{入舍雏禽数} \times 100\%$$

10.1.3 动物的正常繁殖力

在正常的饲养管理和自然环境条件下,动物所能达到的最经济的繁殖力,称为正常繁殖力。各种动物都有其正常繁殖力。

1)牛的正常繁殖力

我国奶牛的繁殖水平,一般成年母牛的情期受胎率为40%~60%,年总受胎率75%~95%,分娩率93%~97%,年繁殖率70%~90%,母牛产犊间隔为13~14个月,双胎率为3%~4%,母牛繁殖年限在4个泌乳期左右。黄牛的受配率一般为60%左右,受胎率为70%左右,分娩率和犊牛成活率在90%左右,年繁殖率为35%~45%,繁殖年限12~15岁。牦牛的受配率为40%~50%,受胎率为60%~80%,产犊率和犊牛成活率为90%左右,年繁殖率在30%左右。水牛的繁殖率大致与黄牛的繁殖率相同,繁殖年限为7~8岁。

2)猪的正常繁殖率

正常情况下,猪的繁殖力很强,繁殖率很高。中国猪种一般产仔10~12头,太湖猪平均14~17头,个别可以产25头以上,年平均产仔窝数1.8~2.2窝。母猪正常情期受胎率75%~80%,总受胎率85%~95%,繁殖年限8~10年。我国多数地方良种猪的窝产仔数明显高于引进品种,具体参见表10.1和表10.2。

表10.1 我国主要地方猪种窝产仔数

单位:头

品 种	头 胎	二 胎	三胎及三胎以上
太湖猪	12.14 ± 0.29	14.88 ± 0.11	15.83 ± 0.09
民猪	11.04 ± 0.32	11.48 ± 0.47	11.93 ± 0.53
金华猪	7.7	8.8	11.29
大花白猪	11.89	12.93	13.81
内江猪	9.35 ± 2.44	9.83 ± 2.37	10.40 ± 2.28
藏猪	4.78	6.06	6.63

(引自耿明杰主编.畜禽繁殖与改良[M].北京:中国农业出版社,2006.)

表10.2 引入的外国猪种窝产仔数

单位:头

品 种	初 产	经 产	平 均
长白猪	8~9.3	9~12	8.5~10.7
大约克夏猪	11	13	12
汉普夏猪	7~8	8~9	7.5~8.5
杜洛克猪	8.7	10~11	9.7

(引自耿明杰主编.畜禽繁殖与改良[M].北京:中国农业出版社,2006.)

3）羊的正常繁殖率

绵羊的正常繁殖率因品种和饲养管理条件而异。在气候和饲养条件不良的高纬度和高原地区，繁殖率较低。绵羊一般产单羔，但饲养环境较好的地区，母羊多产双胎或更多，其中湖羊繁殖率最强，其次是小尾寒羊，除初产母羊产单羔较多外，平均每胎产羔 2 只以上，最多可达 7~8 只，2 年可产 3 胎或年产 2 胎。山羊的繁殖率比绵羊高，多为双羔和三羔。羊的受胎率均为 90% 以上，情期受胎率为 70%，繁殖年限为 8~10 年。

4）马、驴的正常繁殖率

马的情期受胎率一般为 50%~60%，全年受胎率在 80% 左右。驴平均情期受胎率为 40%~50%。马和驴的繁殖率为 60% 左右。马繁殖年限为 15 岁，驴为 16~18 岁。

5）兔的正常繁殖率

兔性成熟早，妊娠期短，受胎率春季为最高，夏季低。一年可繁殖 3~5 胎，每胎产仔 6~8 只，高的可达 14~16 只，断奶成活率为 60%~80%。

6）家禽的正常繁殖率

家禽因品种不同差异较大。蛋用鸡的产蛋量最高，一般为 250~300 枚，肉用鸡的产蛋量为 150~180 枚，而蛋肉兼用鸡的产蛋量居中。蛋用鸭产蛋量为 200~250 枚，肉用鸭为 100~150 枚，鹅为 30~90 枚。蛋的受精率正常应达到 90% 以上，受精蛋孵化率应在 80% 以上，入孵蛋孵化率应在 65% 以上，育雏率一般达到 80%~90%。

10.2 动物繁殖障碍

动物的繁殖过程错综复杂，从生殖细胞发生，到配子运行、胚胎附植及妊娠，其中某一环节出现问题都会导致繁殖障碍的出现。所谓的繁殖障碍是指动物生殖机能紊乱和生殖器官畸形以及由此引起的生殖活动的异常现象，如雄性动物性欲不强、精液品质降低或无精；雌性动物乏情、不排卵、胚胎死亡、流产和难产等。轻度繁殖障碍可使动物繁殖力降低，严重的繁殖障碍可引起不育或不孕。不育是指雄性和雌性动物暂时或永久性丧失繁殖能力，不孕是指雌性动物的繁殖障碍。

10.2.1 雄性动物的繁殖障碍

1）生精机能障碍

（1）隐睾

胚胎发育的一定时期，公畜的睾丸通过腹股沟管降入阴囊内，由于胚胎期腹股沟管狭窄或闭合，睾丸未能沉入阴囊，即形成隐睾，不能产生正常精子。单侧隐睾尚有一定的生育能力，双侧隐睾则完全丧失了繁殖力。采用人工授精，对公畜可优中选优，凡隐睾的公畜都不能作为种用。

（2）睾丸炎

睾丸炎是由布氏杆菌、结核杆菌及放线菌等感染所致，还可能因外伤等引起。公畜患睾丸炎后常表现睾丸肿胀、发热或充血，影响精子生成，精液品质下降。严重时会出现

生精障碍。发生睾丸炎后,临床上可采取冷敷、封闭、注射抗生素或磺胺药物等方法治疗,病症严重久治不愈者应及时淘汰。

2)副性腺机能障碍

雄性动物常患精囊腺炎,多由布氏杆菌感染所致。病症较轻时,临床表现不明显,重症者会出现发烧、弓背、不爱走动,排粪或排精时有痛感。牛患精囊腺炎时,可见精液中混有絮状物,常伴有出血现象。精囊腺炎可用大量抗生素治疗,如具有传染性,则应立即淘汰。

3)性欲不强

性欲不强是公畜常见的繁殖障碍,表现为性欲不旺盛,采精时阴茎久久不能勃起、性反应冷淡等。实践证明,环境的突然改变、饲养场所和饲养员的更换、饲料中严重缺乏蛋白质和维生素、采精技术不佳、对公畜粗暴或鞭打、过于肥胖等,都会引起性欲不强。公畜马和猪较为常见。

4)精液品质不良

雄性动物的精液达不到输精要求,视为精液品质不良。主要表现为无精、少精、畸形精子超标、精子活力过低、精液中混有异物(如血、尿、脓汁)等。造成精液品质不良的因素很多,如饲养管理不当、饲料中缺乏蛋白质和维生素、运动不足、性腺及副性器官疾病、采精技术不良、采精频率过大等。

10.2.2　母畜的繁殖障碍

1)先天性不育

(1)生殖器官幼稚

雌性动物到了初情期后,一直无发情表现,有时虽出现发情,但屡配不孕。生殖器官幼稚主要表现在子宫角纤细,阴道和阴门狭小,卵巢发育不良。通过激素、物理疗法处理后,仍不能正常发情的母畜应及时淘汰。

(2)雌雄间性

雌雄间性分为真雌雄间性和假雌雄间性。真雌雄间性是性腺一侧为卵巢,另一侧为睾丸,常见于猪和山羊。假两性畸形的性腺可能是卵巢或睾丸,而外生殖器官则属另一性别。雌雄间性的家畜不能繁殖后代。

(3)异性孪生

异性孪生不育主要发生于牛。母牛产异性双胎时,其中的母犊约有94%不育,公犊正常。异性孪生的母犊到了性成熟后,仍无发情表现,阴门狭小,阴道短,阴蒂长,子宫发育不良或畸形,宫角如细绳,卵巢如黄豆粒或玉米粒大小。貌似公牛,乳房几乎不发育。

造成异性双胎母犊不育的原因是孪生胎儿绒毛融合,血管出现较多的吻合支,公犊的性腺形成先于母犊,随着性腺形成而分泌的雄性激素进入母犊体内,使母犊生殖器官的形成受到干扰。母犊的性腺含有卵巢和睾丸的双重结构,激素分泌紊乱,影响了生殖道和外生殖器官的发育,使母犊永久地丧失繁殖力。

（4）种间杂交的后代

一些亲缘关系较近的种间杂交虽然能产生后代，但由于生物学上的某种缺陷或遗传因素，多无繁殖能力。如马和驴的杂交后为骡（母马与公驴的后代为马骡，即常说的骡子；公马与母驴的杂种为驴骡）。骡虽有生育的报道，但为数极少。黄牛和牦牛的杂交后代为犏牛。公黄牛与母牦牛的杂种称真犏牛，其雄性个体无繁殖能力，雌性个体则能生殖。

2）营养性不育

由于饲养管理不当，引起雌性动物营养缺乏或过剩，出现繁殖障碍，营养性繁殖障碍在生产中较为常见，其程度有所不同，容易被忽视。

日粮中的能量水平对卵巢活动有显著作用。能量不足，可使泌乳牛及断奶后的母猪卵巢出现静止而不发情。蛋白质不足，母畜瘦弱，可表现不发情，卵泡发育停止。矿物质和维生素不足可引起不发情或发育受阻。牛和绵羊缺磷会使卵巢机能失调，性成熟晚，发情表现不明显。缺锰可造成母牛和青年猪卵巢机能障碍。缺乏维生素 A 或维生素 E 可造成发情周期紊乱，流产率和胚胎死亡率增加。

饲料营养过剩，会引起母畜肥胖，过度肥胖的母畜内脏器官包括生殖器官有大量脂肪沉积和浸润，卵泡上皮变性，影响卵子的发生及排出，致使卵巢静止。另外，过度肥胖还会引起妊娠母畜胎盘变性，流产率、死胎率、难产率等明显增加。

3）环境气候性不育

雌性动物的生殖机能与日照、气温、气湿、饲料成分的变异等外界因素有密切关系。环境气候对季节性繁殖的家畜影响较为显著，如母马在早春和炎热季节卵泡发育较迟缓，而5～6月发育速度变快，排卵也正常，在早春遇到寒流时，排卵时间会明显延长；在炎热的夏季，遇雨和气温下降会诱发排卵。配种时要依据这些变化，适时输精。高寒及高原地区在气温较低的月份，牛、猪安静发情较多见。

在应激情况下，如高温、高密度饲养，牛、绵羊、猪的发情受抑制，受精出现障碍，从外地引进的种畜，由于运输应激及饲养管理的突然变化，会出现暂时性的繁殖抑制。

4）管理利用性不育

雌性动物妊娠期间过度使役，可造成生殖机能减退，容易诱发流产及产道感染。运动不足会影响家畜健康，生殖能力下降，发情征状不明显。由于长期运动不足，家畜肌肉的紧张性降低，分娩时易发生难产、造成胎衣不下、子宫不能复原等现象。在泌乳期间如果家畜的泌乳量高或仔畜哺乳期长，由于激素的作用导致母畜出现乏情。另外，在人工授精工作实施中，技术员的技术水平低，不能适时输精，精液品质差，消毒不严格等，都会引起母畜的繁殖障碍。

5）卵巢机能性不育

（1）卵巢发育不全、萎缩及硬化

卵巢发育不全是指卵巢由于营养、激素等原因发育过小，导致母畜生殖器官发育不良，不能正常发情、排卵和受胎。发生卵巢机能减退之后，由于卵巢机能受到干扰，处于静止状态。如卵巢机能衰退久而不能恢复，即引起卵巢组织的萎缩、硬化。母畜卵巢萎

缩硬化后,不能形成卵泡,出现不育。

(2)持久黄体

持久黄体是指母畜发情或分娩后,卵巢上黄体长期不消失。饲养管理不当,饲料单一,缺乏矿物质和维生素,长期舍饲,运动不足,体内激素分泌失调,可引起持久黄体。持久黄体也常继发于子宫内膜炎、子宫积水、子宫积脓、胎衣滞留之后。

雌性动物患持久黄体时,表现为长期不发情,阴道检查发现阴道黏膜苍白、干涩、子宫颈关闭;直肠检查感到一侧或双侧卵巢上有黄体存在,黄体略突出于卵巢表面,呈蘑菇状,触之粗糙而坚硬。隔几日检查,症状如初,即可诊断。

(3)卵巢囊肿

卵巢囊肿可分为卵泡囊肿和黄体囊肿两类,在牛、猪、马中较多见。卵巢囊肿是卵泡发育过程中,卵子死亡,卵泡壁变性,结缔组织增生并吸收部分泡液所致。黄体囊肿是排卵后,黄体化不足,黄体内出现空腔,并蓄积液体或卵泡壁上皮黄体化而形成。

引起卵巢囊肿的病因很多,如饲料中缺乏维生素,能量饲料使用过多,长期舍饲缺乏运动,过度使役,激素使用不当,及其他生殖器官疾病都可能诱发囊肿出现。

卵泡囊肿的发病率较高,常见于牛和马。母牛卵泡囊肿时,表现为长期发情,出现所谓的"慕雄狂"。病牛精神极度不安,大声咆哮,食欲明显减退或废绝,爬跨或和追逐其他母牛。病程长时,母牛明显消瘦,体力严重下降,常在尾根与肛门之间出现明显塌陷,久而不治可衰竭致死。直肠检查时可感到母牛卵巢明显增大,囊肿直径达 3~5 cm,如乒乓球大小。用指肚触压,紧张而又有微波动。稍用力按压囊肿部位,如母牛表现为回头观望、后肢踏地或移动不定,说明痛感明显,隔 2~3 d 检查,症状如初可确诊。马患卵泡囊肿时,囊肿直径可达 7~10 cm,发情表现明显。

黄体囊肿较卵泡囊肿少见,雌性动物患黄体囊肿时,因有孕酮分泌,所以卵巢上无卵泡发育,动物表现为长期不发情。直肠检查时,发现黄体肿大,马、驴的黄体直径可达 7~15 cm,壁厚而软,紧张性弱,如不治疗,可持续数月甚至 1 年不消退。

(4)卵巢机能障碍的防治

①加强饲养管理。多喂一些富含矿物质和维生素的饲料,注意饲料比例的搭配。对适繁母畜特别是孕畜合理使役,每天安排一定的运动时间。

②物理疗法。

A. 子宫热浴。大家畜可用生理盐水、1%~2% 的碳酸氢钠溶液,加温至 45 ℃,向子宫内灌注,停留 10~20 min 后排出。通过热浴,可促进子宫和卵巢的血液循环,加快代谢,改善营养。对卵巢发育不全、萎缩及硬化较适用。

B. 卵巢按摩。适于牛、马等大家畜。将手伸入直肠内,隔肠壁按摩卵巢,以激发卵巢的机能。适于卵巢发育不全、萎缩及硬化,此法连日或隔日进行,每次持续 3~5 min。

C. 激光治疗。应用氦氖激光治疗仪进行穴位照射。通常照射地户穴和交巢穴,根据治疗仪的功率及型号调整光斑直径和照射距离,每次 10~30 min,每天 1 次,连续 7~10 次为一疗程。对卵巢发育不全、卵巢囊肿效果较好。

③激素疗法。应用外源激素调整和恢复卵巢的机能,促进卵泡正常发育、排卵。安静发情、卵巢发育不全、萎缩或硬化,可用促卵泡素、促黄体素、绒毛膜促性腺等调整。如

促卵泡素,大家畜1次肌注200~400 IU,配合使用促黄体素200 IU;持久黄体和黄体囊肿,首选前列腺素$PGF_{2\alpha}$,或用其类似物,一般牛、马2~5 mg,猪、羊1~2 mg;如持久黄体和黄体囊肿由子宫炎等继发,应先治疗原发病,再使用激素,方能达到预期的效果;卵泡囊肿可用促黄体素肌肉注射,大家畜1次200 IU,隔2~3 d再注射1次即可。孕激素治疗卵泡囊肿效果也较理想,大家畜1次肌注50~150 mg,连日或隔日进行,连续7次为1疗程。

6)生殖器官疾病

在动物繁殖障碍中,以生殖器官疾病所占的比例最大,包括卵泡炎、输卵管炎、阴道炎、子宫炎,尤其以子宫内膜炎发病率最高。

(1)子宫内膜炎

子宫内膜炎是适繁殖动物一种常发病,由于炎性分泌物的危害作用,造成受精、附植、妊娠等障碍,使动物不能繁殖。

①病因。人工授精因违反操作规程、消毒不彻底、精液污染、分娩及助产时生殖道感染所致。子宫内膜炎也常继发于输卵管炎、阴道炎等之后。

②症状及诊断。子宫内膜炎在各种动物中均有发生,以牛、猪、马为多见,根据临床症状及病理变化可分为卡他性子宫内膜炎和脓性子宫内膜炎。

卡他性子宫内膜炎属子宫黏膜的浅层炎症,病理变化较轻,一般无全身症状。动物发病时,发情周期多正常,发情持续期延长。发情时外部表现较明显,精液流出量较正常多,常混有絮状物,特别是在趴卧时流出量更大,屡配不孕。直肠检查感到子宫角略肥大、松软、弹性减弱,收缩反应不敏感。

脓性子宫内膜炎的病理变化较深,有轻度的全身反应,如体温升高、精神不振、食欲减退等。发情周期紊乱,可见灰白色、黄褐色的脓性分泌物由阴门流出,附于尾根、坐骨结节及臀部形成结痂。阴道检查发现阴道黏膜充血,子宫颈口开张,有脓汁蓄积或流出,如无脓汁流出,可用输精枪或金属棒插入子宫内探查。直肠检查感觉子宫角肿大、下沉,角壁肥厚且不平整,触压有波动,收缩反应消失。

③治疗。临床上治疗子宫内膜炎多采用子宫冲洗结合灌注抗生素的方法。

卡他性子宫内膜炎可用无刺激药物(即生理盐水、5%的葡萄糖溶液)冲洗子宫。一般用量牛为1 000 ml左右,马为1 500~2 000 ml。加温至40 ℃,一边注入一边排出。冲洗液充分排净后,向子宫注入抗生素保留。

脓性子宫内膜炎一般选用5%盐水、0.1%的高锰酸钾、0.05%呋喃西林、0.5%来苏儿等药物冲洗子宫,药液排尽后再用生理盐水冲洗,直至回流液清亮。取青霉素100万IU,链霉素200万IU,溶解后灌入子宫内保留。

(2)子宫积水和子宫积脓

①病因。子宫积水和子宫积脓一般由子宫内膜炎继发。子宫积水发生于卡他性子宫内膜炎之后,由于治疗不及时,炎性分泌物蓄积而致。子宫积脓常发生于脓性子宫内膜炎之后,牛较多见。

②症状及诊断。患病动物长期不发情,定期排出分泌物。阴道检查可见子宫颈外口脓肿、开张、有分泌物附着或流出。直肠检查发现子宫显著增大,与妊娠2~3个月的状

态相似,收缩反应消失,但摸不到子叶,隔数日复查,症状如初可诊断。

(3)治疗

首先应尽力排出子宫内的蓄积物,注射催产素、雌激素等药物促进子宫开张、收缩,然后按脓性子宫内膜炎的治疗方法处置。

子宫积水和子宫积脓常诱发持久黄体,可用前列腺素消除。

10.3　提高繁殖力的措施

10.3.1　影响动物繁殖力的主要因素

繁殖力是畜牧生产的重要经济指标,动物繁殖是动物生产的重要环节之一,与动物饲养、管理、遗传育种、疾病防治关系十分密切。因此,了解影响繁殖力的因素,对于正确治疗繁殖疾病、提高动物繁殖率具有重要意义。

1)遗传的影响

遗传因素对动物繁殖力的影响较为明显,不同动物及同种动物的不同品种,繁殖力均有差异。牛是单胎动物,但也可产双胎,比例约为2%。双胎个体的后代产双胎的可能性明显大于单胎个体的后代,但母牛的双胎个体不提倡留种。绵羊一般产单羔较多,而湖羊、小尾寒羊产双羔、三羔较多,平均产羔率可达250%。我国地方品种猪的繁殖性能明显高于外国品种猪。

2)环境的影响

环境是动物赖以生存的物质基础,是保证动物繁殖力充分发挥的首要条件。

日照对绵羊等季节性发情的动物影响很大。羊属短日照动物,在光照逐渐缩短的秋季出现周期性的性活动,光照增加后,其发情活动受到抑制。以上现象在放牧情况下尤为明显。通过人工控制光照可改变动物的繁殖季节,能使动物在非繁殖季节出现发情、排卵、受胎。

温度对动物的繁殖力影响也较明显。牛虽然一年四季均可发情,但高寒地区的母牛在气温适宜的季节发情者居多,其他季节相对减少。高温比低温对动物繁殖力的危害更大。在热应激下,睾丸的生精能力下降,精子获能和受精过程也不能正常进行,受精卵在高温逆境下不能存活,导致配种后受胎率也明显比冬、春季低。

3)营养的影响

营养是影响动物繁殖力的重要因素。营养不良会导致雌性动物性成熟晚,雌性动物的发情规律紊乱,受胎率降低,流产、死胎的比例增加。

蛋白质是动物繁殖必需的营养物质,蛋白质长期缺乏会使雄性动物精液品质下降,精子活力降低;蛋白质不足,使雌性动物生殖器官发育受阻,卵巢发育不全,出现安静发情等。

饲料中能量水平对动物繁殖影响也较大。能量过高,动物过于肥胖,造成雄性动物精液品质下降,影响其性欲和交配能力;雌性动物卵巢、输卵管等性器官上脂肪过度沉积,致使卵泡发育受阻,影响排卵和受精,受胎率明显下降。

矿物质和维生素缺乏对动物的繁殖力亦有影响。缺乏钙、磷会使卵巢萎缩,易出现死胎或流产;铜过低能抑制发情,导致胚胎的死亡率增加,使繁殖力下降;缺乏维生素 A 可使雌性动物阴道上皮角质化,胎儿发育异常;缺乏维生素 E 会使动物繁殖机能紊乱,屡配不孕。

4) 年龄的影响

动物的繁殖力是一个发生、发展至衰亡的过程,随着年龄的变化而波动。青年雄性动物的精液品质随年龄的增长而逐渐提高,到了一定年龄以后,又开始下降。如种公牛 5～6 岁后繁殖机能呈下降趋势。雌性动物到了一定年龄以后,受胎率、产仔数等也明显下降。初产猪窝产仔数较少,3～6 胎出现高峰,8～9 胎后开始下降,此时母猪多发生难产,故生产中应及时淘汰。

5) 管理的影响

随着畜牧业的发展和科学技术的进步,动物的繁殖已全部在人类的控制之下进行。良好的管理是保证动物繁殖力充分发挥的重要条件。放牧、饲喂、运动、调教、使役及畜舍环境卫生状况等,对动物繁殖力均有影响。如果管理不善,不但会使动物繁殖力下降,严重时会造成不育。

10.3.2　提高繁殖力的措施

要提高动物的繁殖力,首先应在综合考虑上述因素,保证正常繁殖力的前提下,从提高雄性和雌性动物繁殖力两方面着手,采用现代化的繁殖新技术和措施,充分挖掘优良雄性和雌性动物的繁殖潜力,争取达到或接近最大可能的繁殖能力。

1) 选择优秀的动物作种用

选择好种畜是提高动物繁殖率的前提。繁殖力受遗传因素影响很大,不同品种和不同个体的繁殖性能也有差异。尤其是种公畜,其品质好坏对后代群体的影响更大。同时,每年要做好畜群的更新工作,对老、弱、病、残的雌性动物应及时淘汰。

2) 科学的饲养管理

加强种畜的饲养管理是保证种畜正常繁殖机能的物质基础。营养缺乏会使雌性动物瘦弱,内分泌活动受到影响,性腺机能减退,生殖机能紊乱,常出现不发情、安静发情、发情不排卵、多胎动物排卵少等。雄性动物表现为精液品质差、性欲下降等。缺乏运动或营养过度,易造成体内脂肪堆积,使其种用价值下降,繁殖力降低。

3) 生产优质的精液

优良品质的精液是保证获得理想繁殖力的重要条件。因此,首先饲养好公畜,保证全价营养,同时还必须合理利用,配种不宜过频,加强公畜运动。采集精液后要进行细致、严格地检查和处理,不符合标准的精液禁止用于输精。

4) 做好发情鉴定和适时配种

发情鉴定是掌握适时配种的前提,是提高繁殖力的重要环节。各种动物发情各有特点,应根据不同动物发情的外部表现、生殖道内的变化、外阴部的变化和卵巢上卵泡的变

化情况等进行综合判定,确定最佳的配种时间,提高动物受胎率。

5)积极推广繁殖新技术

加强繁殖新技术的推广应用,为提高动物繁殖力发挥更大的作用。主要包括:通过推广早期妊娠诊断技术,防止失配空怀;通过推广人工授精和冷冻精液技术,最大限度地提高优良种公畜的繁殖能力;通过推广诱导发情、同期发情、超数排卵等发情控制技术,可以诱发母畜发情、排卵等,提高母畜的繁殖力;通过推广胚胎移植技术,可大大提高优良母畜的利用率,充分发挥母畜的繁殖潜力。

实施以上新技术,一定要遵守操作规程,从发情鉴定、清洗消毒器械、采精、精液处理、冷冻、保存及输精这一整套程序化操作中,务必细致、规范、严密。

6)减少胚胎死亡和防止流产

胚胎死亡和流产是影响动物繁殖力不可忽视的一个重要方面,牛的情期受胎率一般为70%～80%,但最终产犊者一般在50%左右,其主要原因就是胚胎死亡。猪在妊娠后1个月左右,大约有30%的胚胎死亡。适当的营养水平和良好的饲养管理可减少胚胎的死亡。母畜输精配种后,要尽早地进行妊娠诊断,加强孕畜的饲养管理,给以全价的日粮,小心使役,避免鞭打和强行驱赶。要抓好母畜的复配工作,防止误配。出现流产先兆的母畜,可肌肉注射孕酮治疗。准确推算母畜的预产期,做好正常分泌的助产和难产救助工作,达到提高繁殖力的目的。

7)消除动物的繁殖障碍

在人工授精工作中,要严格遵守操作规程,对产后母畜做好术后护理,加强饲养管理,尽量减少不孕症的出现。确认动物患不孕症后,要认真分析不育的原因,并采取相应的措施,及时调整和治疗,使动物尽快恢复繁殖力。

对于遗传性、永久性和衰老性不育的动物应尽早淘汰。对于营养性和利用性不育,应通过改善饲养管理和合理利用加以克服。对于传染性疾病引起的不育,应加强防疫及时隔离和淘汰。对于一般性引起的不育,应采取积极的治疗措施,以便尽快恢复种畜的繁殖能力。

8)做好繁殖组织和管理工作

提高繁殖力不单纯是技术问题,而是技术工作和组织管理工作相互配合的综合工作,所以必须有严密的组织措施相配合。

首先要建立一支有事业心的技术队伍,定期培训,及时交流经验,作好各种繁殖记录。其次,加强对流产母畜的检查和治疗,对配种后的母畜,要进行早期妊娠检查,以便及时补配,对已孕的母畜要做好保胎工作。第三,要做好动物的接产工作,特别注意母畜产道的保护和产后子宫的处理。第四,应保持合理的畜群结构,不同生产类型的母畜,其基本母畜占畜群的比例有所不同。一般情况下,适繁母畜占畜群数量的50%～70%比较合理。

复习思考题

一、名词解释（每题 3 分，共 30 分）

1. 繁殖力　2. 适繁母畜　　3. 受配率　4. 总受胎率　5. 分娩率　6. 产仔率　7. 仔畜成活率　8. 受精率　9. 孵化率　　10. 繁殖率

二、填空题（每空 1 分，共 10 分）

1. 根据动物繁殖过程的各环节，动物正常繁殖力主要反映在＿＿＿＿＿、＿＿＿＿＿、＿＿＿＿＿、＿＿＿＿＿和仔畜成活率 5 个方面的指标上。

2. 动物的正常的繁殖力常用＿＿＿＿＿来表示受胎效果。

3. 母畜的繁殖力是以＿＿＿＿＿来表示的。

4. 影响动物繁殖力的因素主要有＿＿＿＿＿、＿＿＿＿＿、＿＿＿＿＿、＿＿＿＿＿和管理等。

三、选择题（每题 3 分，共 15 分）

1. 能反映母畜维持妊娠质量的指标是（　　　）。
A. 总受胎率　　　B. 情期受胎率　　　C. 母畜分娩率　　　D. 母畜产仔率

2. 可以反映仔畜培育成绩的指标是（　　　）。
A. 母畜分娩率　　　B. 仔畜成活率　　　C. 母畜产仔率　　　D. 受胎率

3. （　　　）主要反映畜群内适繁母畜发情和配种情况。
A. 受配率　　　B. 母畜受胎率　　　C. 不返情率　　　D. 母畜分娩率

4. （　　　）反映不同母牛群的繁殖效率。
A. 产犊间隔　　　B. 窝产仔数　　　C. 产仔窝数　　　D. 仔畜成活率

5. 能反映孵化质量的指标是（　　　）。
A. 育雏率　　　B. 受精蛋孵化率　　　C. 孵化率　　　D. 受精率

四、判断题（每题 3 分，共 15 分）

1. 选好种公畜和母畜是提高繁殖力的前提。　　　　　　　　　　　（　　　）

2. 对于多胎家畜，应同时使用母畜分娩率和母畜产仔率来表示其繁殖力。　（　　　）

3. 繁殖力只是对种母畜而言的，种公畜没有繁殖力。　　　　　　　（　　　）

4. 绵羊中，小尾寒羊的繁殖力最强。　　　　　　　　　　　　　　（　　　）

5. 窝产仔数是指母猪每胎所产的活仔猪数。　　　　　　　　　　　（　　　）

五、简答题（每题 15 分，共 30 分）

1. 试述影响动物繁殖力的主要因素。

2. 如何提高动物繁殖力？

实训 15　观看录像

1. 实验目的

通过观看专题录像片,使学生认识和掌握冻精制作、发情鉴定、人工授精技术、妊娠诊断、助产及胚胎移植等各项繁殖技术的规范操作方法。

2. 实验内容

(1)各种动物的发情行为表现和发情鉴定方法。
(2)各种动物的人工授精技术。
(3)各种动物妊娠后的表现和妊娠诊断方法。
(4)各种动物的分娩过程和助产方法。
(5)牛、羊的胚胎移植技术。

3. 实验安排

安排 1~2 个班级,在实验室和多媒体教室观看 VCD 和本课程网络录像资料。由于录像时间长,不可能仅在实验课时间观看,由任课教师签字,有计划地在课余时间上网或在实验室观看录像。对关键技术应反复观看。

4. 作业

(1)简述猪、牛、羊的发情特点和判断配种时机的方法。
(2)简述猪、牛、羊妊娠后的表现和妊娠诊断的一般方法。
(3)简述动物的分娩过程、助产方法和助产注意事项。

实训 16　配种站和种牛站的参观实习

1. 目的和要求

联系生产实习,了解家畜配种站和公牛站各环节的实际操作以及冷冻精液站的工业化生产流程。

2. 材料和仪器设备

结合课堂教学内容,组织学生到附近的家畜配种站和种牛站进行一次参观实习。

3. 方法和步骤

参观前,先由教师介绍参观的内容和要点。到站后,应请有关技术人员,对该站的主要生产情况和技术要求作一个总体介绍。然后分组进行有关部分的参观,并结合实际操作和生产流程,请有关人员进行重点讲解。

(1)对动物配种站的参观

①精液稀释液的配方、配制方法、稀释比例和受胎效果。

②采精器械、容器的消毒和使用方法。

③假阴道的准备、发情母畜或假台畜的准备,公畜的准备等。

④采精的方法、特点及操作要领。

⑤精液的检查和处理方法。

⑥母畜的发情鉴定方法和依据,发情鉴定的记录方法。

⑦输精前发情母畜的准备、输精量和输精方法。

(2)种牛站的实习

①观察用假阴道对牛采精的方法。

②冷冻精液稀释液的配方和配制方法。

③精液品质的检查项目和方法。

④精液稀释倍数的确定和稀释程序。

⑤平衡的方法和平衡时间。

⑥冷冻前精液的分装、剂量和冷冻方式。

⑦初冻温度的确定,降温速度和投入液氮的时间。

⑧解冻方法和解冻后活率的检查,冷冻效果及冷冻精液品质的评定。

⑨冷冻精液的标记、包装、保存和运输方法。

⑩液氮的制取,使用液氮的安全措施。

4. 作业

根据参观内容和要点,写出家畜配种站和种牛站对各生产环节的要求,以及生产流程。

参考文献

［1］Hafez E. S. E. Reproduction in Farm Animals 5th ed. 1987.

［2］Hafez E. S. E. Reproduction in Farm Animals 6th ed. 1993.

［3］Hunter R H F. Reproduction in Farm Animals. 1993.

［4］北京农业大学. 家畜繁殖学［M］. 2 版. 北京:农业出版社,1989.

［5］中国农业大学. 家畜繁殖学［M］. 3 版. 北京:中国农业出版社,2000.

［6］杨利国. 动物繁殖学［M］. 北京:中国农业出版社,2002.

［7］桑润滋. 动牧繁殖生物技术［M］. 北京:中国农业出版社,2001.

［8］岳文斌,杨国义,等. 动物繁殖新技术［M］. 北京:中国农业出版社,2003.

［9］张周. 家畜繁殖［M］. 北京:中国农业出版社,2001.

［10］潘庆杰,等. 奶牛繁殖技术与产科病防治［M］. 东营:石油大学出版社,2000.

［11］李清宏,任有蛇. 家畜人工授精技术［M］. 北京:金盾出版社,2004.

［12］岳文斌,杨国义,任有蛇,斛智莲. 动物繁殖新技术［M］. 北京:中国农业出版社,2003.

［13］李青旺. 畜禽繁殖与改良［M］. 北京:高等教育出版社,2002.

［14］徐相亭. 猪的繁育技术指南［M］. 北京:中国农业大学出版社,2003.

［15］李建国. 畜牧学概论［M］. 北京:中国农业出版社,2002.

［16］黄功俊. 家畜繁殖［M］. 2 版. 北京:中国农业出版社,1999.

［17］侯放亮. 牛繁殖与改良新技术［M］. 北京:中国农业出版社,2005.

［18］耿明杰. 畜禽繁殖与改良［M］. 北京:中国农业出版社,2006.

［19］徐相亭,秦豪荣. 动物繁殖［M］. 北京:中国农业出版社,2008.

［20］张忠诚. 家畜繁殖学［M］. 4 版. 北京:中国农业出版社,2004.